AF552253

Basiswissen Automotive Softwaretest

Über die Autoren

Ralf Bongard ist Geschäftsführer und Trainer der ISARTAL akademie GmbH und seit 1999 in der Automobilindustrie als Entwickler, Berater und Trainer tätig. Seine Themenschwerpunkte liegen im Anforderungs- und Testmanagement im Kontext des Systems Engineering sowie in der Ausbildung von Fachtrainern. Er ist Mitglied des GTB und Leiter der GTB-Arbeitsgruppe »Certified Automotive Software Tester«.

Dr. Klaudia Dussa-Zieger ist leitende Beraterin bei der imbus AG und verfügt über 20 Jahre Berufserfahrung in den Bereichen Softwaretest, Testmanagement sowie Testprozessberatung und -verbesserung. Sie ist ASPICE Principal Assessor. Seit 2008 ist sie die Obfrau des DIN-Normenausschusses 043-01-07 AA »Software und System-Engineering« und seit 2018 die Vorsitzende des GTB.

Prof. Dr. Ralf Reißing ist Professor für Automobilinformatik an der Hochschule Coburg und seit 2002 in der Automobilindustrie mit den Schwerpunkten Testen und Requirements Engineering tätig. Er ist Leiter des Steinbeis-Transferzentrums Automotive Software Engineering, wo er zum Thema Testen im Automobil berät und schult. Er ist Mitglied des GTB und stellvertretender Leiter der GTB-Arbeitsgruppe »Certified Automotive Software Tester«.

Alexander Schulz arbeitet bei der BMW Group in der Fahrzeugentwicklung im Bereich der Funktionssicherheit. Er ist seit 2012 schwerpunktmäßig im Bereich der funktionalen Sicherheit nach IEC 61508 und ISO 26262 tätig.

Alle Autoren dieses Buches sind Mitglieder der GTB-Arbeitsgruppe »Certified Automotive Software Tester« und waren aktiv an der Entwicklung des Lehrplans zum *ISTQB Foundation Level Specialist – CTFL® Automotive Software Tester V2.0* beteiligt.

Ralf Bongard · Klaudia Dussa-Zieger · Ralf Reißing · Alexander Schulz

Basiswissen Automotive Softwaretest

Aus- und Weiterbildung zum ISTQB® Certified Tester Foundation Level Specialist – Automotive Software Tester

dpunkt.verlag

Ralf Bongard · *ralf.bongard@isartal-akademie.de*

Klaudia Dussa-Zieger · *klaudia.dussa-zieger@imbus.de*

Ralf Reißing · *ralf.reissing@hs-coburg.de*

Alexander Schulz · *alexander.schulz72@gmx.de*

Lektorat: Christa Preisendanz
Copy-Editing: Ursula Zimpfer, Herrenberg
Satz: Birgit Bäuerlein
Herstellung: Stefanie Weidner
Umschlaggestaltung: Helmut Kraus, *www.exclam.de*
Druck und Bindung: mediaprint solutions GmbH, 33100 Paderborn

Fachliche Beratung und Herausgabe von dpunkt.büchern zum Thema »ISTQB® Certified Tester«:
Prof. Dr. Andreas Spillner · *Andreas.Spillner@hs-bremen.de*

Bibliografische Information der Deutschen Nationalbibliothek
Die Deutsche Nationalbibliothek verzeichnet diese Publikation in der Deutschen Nationalbibliografie; detaillierte bibliografische Daten sind im Internet über *http://dnb.d-nb.de* abrufbar.

ISBN:
Print 978-3-86490-580-3
PDF 978-3-96088-492-7
ePub 978-3-96088-493-4
mobi 978-3-96088-494-1

Wieblinger Weg 17
69123 Heidelberg

Hinweis:
Dieses Buch wurde auf PEFC-zertifiziertem Papier aus nachhaltiger Waldwirtschaft gedruckt. Der Umwelt zuliebe verzichten wir zusätzlich auf die Einschweißfolie.

Schreiben Sie uns:
Falls Sie Anregungen, Wünsche und Kommentare haben, lassen Sie es uns wissen: *hallo@dpunkt.de*.

Dieses Buch basiert auf und enthält Auszüge aus dem Lehrplan
Foundation Level Specialist – CTFL® Automotive Software Tester,
bereitgestellt durch den Inhaber der ausschließlichen Nutzungsrechte, German Testing Board e.V (GTB).
An der Entwicklung des Lehrplans V1.0 von 2011 beteiligter Autor: Hendrik Dettmering.
An der Aktualisierung des Lehrplans V2.0 von 2017 beteiligte Autoren: Graham Bath, André Baumann, Arne Becher, Ralf Bongard, Kai Borgeest, Tim Burdach, Mirko Conrad, Klaudia Dussa-Zieger, Matthias Friedrich, Dirk Gebrath, Thorsten Geiselhart, Matthias Hamburg, Uwe Hehn, Olaf Janßen, Jacques Kamga, Horst Pohlmann, Ralf Reißing, Karsten Richter, Ina Schieferdecker, Alexander Schulz, Stefan Stefan, Stephanie Ulrich, Jork Warnecke und Stephan Weißleder.

5 4 3 2 1 0

Vorwort

Software im Fahrzeug

Die Automobilindustrie ist im stetigen Wandel. Auch wenn das Testen von Fahrzeugen und ihrer Bestandteile schon immer ein wichtiger Teil der Entwicklung war, so ist das Testen heute noch bedeutender als zuvor. Denn der Umfang der Software im Fahrzeug nimmt stetig zu. So spricht man aktuell von 100 Millionen Codezeilen, aus denen sich die Software eines Fahrzeugs zusammensetzt. Hinzu kommt, dass Software im Vergleich zu Hardware und Mechanik wegen ihrer besonderen Eigenschaften erfahrungsgemäß noch fehleranfälliger ist.

Daher ist mit dem Zuwachs an Software auch mit einem deutlichen Zuwachs an Fehlern in den Fahrzeugsystemen zu rechnen. Diese Fehler muss der Softwaretester im Rahmen der Entwicklung finden, um zu verhindern, dass Endkunden die Fehler im Betrieb aufdecken und dies im schlimmsten Fall nicht überleben. Bücher zum Testen der Software in der Automobilindustrie sind dennoch selten, weshalb dieses Buch eine Lücke schließt.

Lehrplan Automotive Software Tester

Alle vier Autoren dieses Buches sind Mitglieder der Arbeitsgruppe Certified Automotive Software Tester des German Testing Board e.V. (GTB). Die Mitglieder dieser Arbeitsgruppe kommen überwiegend von Automobilherstellern (z.B. BMW, Daimler), von Automobilzulieferern (z.B. Continental, Marquardt, Schaeffler, ZF) sowie deren Dienstleistern (z.B. Werkzeughersteller, Berater, Trainingsanbieter).

Die Arbeitsgruppe entwickelt seit 2014 den (ursprünglich deutschen) Lehrplan zum *CTFL Automotive Software Tester* (CTFL-AuT) weiter. Gerade aktuell ist die Version 2.0.2 von 2020 [ISTQB 2020]. Die Version 1.0 des Lehrplans, auf der die GTB-Arbeitsgruppe 2014 aufgesetzt hat, erstellte 2011 die Firma Prozesswerk im Auftrag von GASQ.

Seit 2018 gibt es auch den englischen Lehrplan, der die Internationalisierung des CTFL-AuT über Deutschland, Österreich und die Schweiz hinaus angestoßen hat. Chinesische, japanische und koreanische Übersetzungen des Lehrplans sind bereits sehr weit fortgeschritten. Parallel dazu entwickelt die GTB-Arbeitsgruppe den Lehrplan inhaltlich weiter, um neuere Themen aus der Automobilindustrie mit Testbezug wie SOTIF (safety of the intended functionality) und IT-Sicherheit zu integrieren.

Der dpunkt.verlag schlug vor, zu dem in 2017 sehr stark umgestalteten Lehrplan ein Lehrbuch für die *Basiswissen*-Reihe zu schreiben, das die Inhalte des Lehrplans vertieft und die Vorbereitung auf die Zertifizierungsprüfung unterstützt. Daraufhin haben sich spontan vier Autoren gefunden, die allerdings nicht nur den Lehrplan in Buchform gießen, sondern diesen vertiefen und didaktisch aufbereiten wollten. Deren Lehrbuch halten Sie nun in den Händen.

Rollenbezeichnungen

Aus Gründen der besseren Lesbarkeit verzichtet das Buch auf geschlechtsneutrale Rollenbezeichnungen wie Tester*innen und verwendet stattdessen ausschließlich die männliche Form, also Tester. Sämtliche Rollenbezeichnungen gelten selbstverständlich trotzdem für alle Geschlechter.

Website zum Buch

Zum Buch gibt es die Website *www.ctfl-aut.de*. Auf dieser Website sind die Lehrpläne, Probeprüfungen und andere hilfreiche Materialien verlinkt. Außerdem kann dort Feedback zum Buch gegeben werden.

Danksagung

Wir danken den Gutachtern Matthias Friedrich, Thorsten Geiselhart, Thomas Hagler, Michael Haimerl, Dennis Herrmann, Peter Raab und Tobias Schmid für ihre wertvollen Rückmeldungen zu den Entwürfen einzelner Kapitel sowie Andreas Spillner für seine umfassenden Anmerkungen zum gesamten Buchmanuskript. Wir danken auch den Autoren der Geleitworte, Gerd Baumann, Thomas Konschak und Horst Pohlmann. Außerdem danken wir dem dpunkt.verlag, insbesondere Christa Preisendanz, für die unendliche Geduld ob der immer größer gewordenen Verspätung bei der Ablieferung des Buchmanuskripts. Und nicht zuletzt möchten wir unseren Familien danken, die uns bei dem umfangreichen Projekt einer Fachbuchveröffentlichung so lange und geduldig unterstützt haben.

Wir wünschen unseren Lesern nun viel Freude und viele Aha-Erlebnisse mit unserem Buch.

Ralf Bongard, *Klaudia Dussa-Zieger*,
Ralf Reißing und *Alexander Schulz*

München, Baiersdorf und Coburg,
im Juli 2020

Geleitwort von Gerd Baumann

»*Wir sollten uns mit großen Problemen beschäftigen, solange sie noch klein sind.*« Dieser Satz der polnischen Journalistin Jadwiga Rutkowska entstammt einem anderen Kontext, er benennt aber auch ein Grundprinzip des Testens. Das Auffinden von Elektronik- und Softwarefehlern in frühen Entwicklungsphasen spart Zeit und Kosten. Fehler, die erst im Serienfahrzeug erkannt werden, verärgern Kunden und beschädigen das Markenimage.

Automobilhersteller und Zulieferer haben dies bereits vor vielen Jahren erkannt und erhebliche Investitionen in Verfahren und Anlagen zur Erprobung von vernetzten elektronischen Steuergeräten getätigt. Parallel wurden im Hochschulbereich die theoretischen Grundlagen und Testmethoden für Software im Kraftfahrzeug geschaffen. Dabei konnte man sich auf eine breite Basis von Testprozessen aus der technischen Informatik stützen, die in anderen Branchen wie der Telekommunikation bereits etabliert waren. Heute gehören Hardware-in-the-Loop-Tests von mechatronischen Fahrzeugsystemen und statische Codeanalysen zum Standardrepertoire der Fahrzeugentwicklung.

Allerdings erfolgt das Testen von Automobilelektronik und -software nicht in jedem Fall systematisch. Häufig basieren Tests primär auf Heuristiken, also auf Erfahrungswissen des Entwicklungsteams. Dies ermöglicht eine rasche und effiziente Testfalldefinition, allerdings ist in der Regel nicht bekannt, welche Testabdeckung (Coverage) erreicht wird. Am anderen Ende der Skala stehen Brute-Force-Ansätze. Dabei wird mit hohem Geräte- und Zeitaufwand versucht, alle möglichen Kombinationen von Eingangs- und Zustandsgrößen des zu testenden Moduls zu durchlaufen, was bei umfangreichen Funktionen stets an Kapazitätsgrenzen stößt.

Eine Qualifizierung des Testpersonals anhand des Schemas »Certified Tester« ist die passende Antwort auf diese Herausforderungen. Den Autoren des vorliegenden Buches ist es gelungen, das hierfür notwendige Fachwissen in kompakter und praxisgerechter Form zusammenzufassen.

Die Beherrschung der methodischen Grundlagen ist essenziell, weil der Softwarefunktionsumfang von Kraftfahrzeugen aktuell einen immensen Schub erfährt. Automatisierte, vernetzte Fahrzeuge und deren Absicherung bezüglich Safety und Security erfordern einen Quantensprung beim Testen. Beispielsweise ist heute noch unklar, ob sogenannte Künstliche Intelligenz (KI) zukünftig Bestandteil sicherheitsrelevanter Funktionen zur automatisierten Fahrzeugführung werden kann. Technisch gesehen stellt ein KI-Softwaremodul auf der Basis neuronaler Netze, dessen Parameter sich durch »Lernen« während der Fahrt verändern können, ein zeitvariantes Unikat-System dar. Die etablierten Testansätze für Blackbox- und Whitebox-Prüflinge versagen hierbei. Aufgabe der Forschung ist es, für diesen Anwendungsbereich völlig neue Methoden zu erschließen, die für den praktischen Einsatz in der Automobilindustrie geeignet sind.

Gerd Baumann
Leiter Kraftfahrzeug-Mechatronik/Software,
Forschungsinstitut für Kraftfahrwesen und
Fahrzeugmotoren Stuttgart (FKFS)

Stuttgart, Juli 2020

Geleitwort von Thomas Konschak

Die Automobilindustrie steht in der Entwicklung von softwarebestimmten Systemen großen Herausforderungen gegenüber. Um dem Kunden ein umfassendes Fahrerlebnis zu ermöglichen, werden in modernen Automobilen die Funktionen zunehmend komplexer sowie die Wirkketten länger und hochvernetzt. Die Teilstrecken der Funktionen werden dazu in skalierbaren Baukästen organisiert. Dabei liefert eine Vielzahl an Sensoren und Off-Board-Systemen mit unterschiedlichsten Wirkprinzipien massive Datenströme an hochintegrierte Steuergeräte. Diese Steuergeräte müssen dann mit immenser Rechenpower eine Vielzahl an interagierenden Funktionen und Regelkreisen berechnen, um die Aktuatoren anzusteuern.

Um diese Herausforderungen meistern zu können, werden die Systeme arbeitsteilig entwickelt und umgesetzt. Daran sind vor allem die Automobilhersteller (OEMs) und Automobilzulieferer (Tiers) beteiligt, aber immer öfter auch innovative Start-ups und branchenfremde Unternehmen. Will man nun die Systembausteine zu einem stimmigen Gesamtsystem integrieren, so ist u.a. ein aufeinander aufbauendes, methodisches und arbeitsteiliges Testen notwendig. Das beginnt beim Test von Algorithmen und Softwaremodulen in unterschiedlichsten Integrationsstadien. Der Testprozess setzt sich dann fort bei der Zielhardware mit integrierter Software, den Teilsystemen mit den integrierten Steuergeräten bis hin zum Gesamtsystem in seinen unterschiedlichen Varianten.

Um diese Aufgabe professionell, strukturiert und methodisch durchzuführen, ist es notwendig, ein gemeinsames fachlich-methodisches Grundverständnis hinsichtlich der Herangehensweise und Durchführung der Tests zu haben. Auch ein gemeinsamer Nenner bei den Begrifflichkeiten erleichtert die Zusammenarbeit und vermeidet Missverständnisse zwischen den Entwicklungspartnern. Diesen gemeinsamen Nenner bieten die Ausbildung und Zertifizierung der Tester nach dem ISTQB®-Schema. Schon der Foundation Level bietet ein methodisches und begriffliches Grundgerüst, das jeder, der am Test beteiligt ist, haben sollte. Mittlerweile wurde dieses Grundgerüst um das Spezialisierungsmodul zum ISTQB® Automotive Software Tester ergänzt, das die Lücke zwischen klassischem Softwaretest und dem Testen automobiler Systeme schließt.

Mit der spezialisierten Ausbildung zum *ISTQB® Foundation Level Specialist – CTFL Automotive Software Tester* wird ein solides Fundament gelegt, um den Ansprüchen an einen professionellen Softwaretester in der Automobilindustrie gerecht zu werden. Durch die gut verständliche Aufbereitung und Vermittlung der Inhalte ist dieses Buch der ideale Begleiter für die Ausbildung und die Anwendung des Erlernten.

Thomas Konschak
Leiter E/E-Integration und Variantenabsicherung
für automatisiertes Fahren der BMW AG

München, Juli 2020

Geleitwort von Horst Pohlmann

In den letzten 15 Jahren hat sich der Anteil der Elektronik und der Software an den Fahrzeugkosten mehr als verdoppelt. Der Trend ist stetig weiter ansteigend bei gleichzeitig wachsender Komplexität. Parallel hat sich in diesem Zeitraum das Testen von Software in der Automobilelektronik als eigene Disziplin etabliert. Dabei nennen die anzuwendenden Normen und Standards lediglich Testverfahren, ohne dem Automotive Softwaretester eine Anleitung zu liefern, welche Testverfahren in welchem Kontext einzusetzen sind. Eine Hilfestellung bieten die Lehrpläne und ergänzenden Materialien des International Software Testing Qualifications Board (ISTQB®).

Die ursprünglich rein branchenunabhängige Ausbildung und Qualifikation von Softwaretestern hat seit der Gründung des ISTQB® im Jahre 2002 einen enormen Zuwachs erfahren. Die Zahlen sprechen für sich: Aktuell gibt es über 700.000 zertifizierte ISTQB®-Tester weltweit, wobei der Anteil in Deutschland mehr als 75.000 Certified Tester beträgt.

Bereits im Jahre 2008 hatte Ralf Bongard die Idee, eine Qualifikation zum Automotive Software Tester zu etablieren. Mit der Gründung der GTB-Arbeitsgruppe »Automotive Software Tester« im Jahre 2013, deren Leiter er heute ist, wurde parallel zur Entwicklung der Inhalte in den Folgejahren die Idee auf vielen Konferenzen im In- und Ausland präsentiert. Auf diesem Wege konnten viele neue Mitstreiter **für die aktive Mitarbeit** gewonnen werden.

Die Einbettung des Automotive Softwaretesters in das ISTQB®-Produktportfolio schließt eine Lücke: Der Certified Tester Foundation Level (CTFL) vermittelt das notwendige Basiswissen und eine Spezialisierung ergänzt die automobilspezifischen Aspekte. Beide Anteile zusammen bilden die Basis für die Zertifizierung zum CTFL Automotive Software Tester. In den kommenden Jahren wird die Entwicklung des Lehrplans weitergehen, indem weitere Aspekte des Testens von Automotive Software (z.B. Penetrationstesten für IT-Sicherheit) Eingang in den Lehrplan finden.

Das vorliegende Buch »Basiswissen Automotive Softwaretest« vermittelt über den Lehrplan hinaus das erforderliche Fachwissen im Detail und stellt somit eine wertvolle Ergänzung zum ISTQB®- und GTB-Portfolio dar.

Horst Pohlmann
Vorstandsmitglied des German Testing Board e.V. (GTB)
Leiter Prozesse, Methoden und Tools der
Lemförder Electronic GmbH

Bünde, Juli 2020

Inhaltsübersicht

Inhaltsverzeichnis

1 Einführung

Dieses Buch richtet sich an Personen, die in der Automobilindustrie Testaktivitäten für softwarebasierte Systeme planen, vorbereiten, durchführen oder beurteilen. Das Buch soll das Thema Automotive-Softwaretest möglichst allgemein darstellen, weshalb es sich nicht mit allen relevanten Spezialthemen befasst.

Für die vertiefende Behandlung einiger Spezialthemen gibt es eigene ISTQB®-Lehrpläne und zugehörige Bücher im dpunkt.verlag, beispielsweise [Linz 2016] zum Testen in der agilen Softwareentwicklung, [Simon et al. 2019] zum Testen der IT-Sicherheit und [Winter et al. 2016] zum modellbasierten Testen. Zum momentan sehr aktuellen Thema des Testens von Systemen, die auf künstlicher Intelligenz (KI) basieren, wie autonomen Fahrzeugen, ist ein ISTQB®-Lehrplan gerade im Entstehen.

1.1 Lehrpläne

ISTQB® CTFL Automotive Software Tester

Das Buch unterstützt bei der Vorbereitung auf die Zertifizierungsprüfung zum *ISTQB® Foundation Level Specialist – CTFL Automotive Software Tester* (CTFL-AuT), sowohl im Selbststudium als auch begleitend zu einer Schulung. Es deckt die Inhalte des Lehrplans in der zum Zeitpunkt des Erscheinens aktuellen Version 2.0.2 [ISTQB 2020] vollständig ab. Anhang E enthält eine Tabelle mit Querverweisen, wo im Buch die einzelnen Abschnitte des Lehrplans zum CTFL-AuT behandelt werden. Das Buch geht aber auch über den Lehrplan hinaus, um wichtiges Hintergrundwissen zu vermitteln sowie einzelne Aspekte zu vertiefen.

Vorbereitung Zertifizierungsprüfung

Für die Vorbereitung auf die Zertifizierungsprüfung muss auf jeden Fall neben dem Buch auch der Lehrplan durchgearbeitet werden, da die Prüfungsfragen aus dem Lehrplan abgeleitet sind, und der Lehrplan manche Themen etwas anders behandelt als das Buch. Abweichungen vom Lehrplan sind im Buch aber gekennzeichnet.

ISTQB® Certified Tester Foundation Level

Der CTFL-AuT baut auf dem Lehrplan zum ISTQB® Certified Tester Foundation Level (CTFL) [ISTQB 2018] auf und ergänzt diesen um automobilspezifische Inhalte. Daher erfordert eine Zertifizierung zum CTFL-AuT eine vorhandene Zertifizierung zum CTFL. Das Buch setzt im Wesentlichen die Kenntnisse der Inhalte des CTFL voraus, die beispielsweise im Buch »Basiswissen Softwaretest« [Spillner & Linz 2019] vertieft nachzulesen sind.

ISTQB®-Glossar

Die hier im Buch verwendeten Fachbegriffe des Testens basieren auf dem lehrplanübergreifenden ISTQB®-Glossar [ISTQB & GTB 2020]. Sollte ein testspezifischer Begriff nicht geläufig sein, findet sich dort die zugehörige Definition.

1.2 Übersicht über das Buch

Das Buch orientiert sich im Wesentlichen an der Struktur des Lehrplans zum CTFL-AuT (siehe Anhang E).

Grundlagen

Kapitel 2 geht auf die *Grundlagen* aus dem CTFL ein. Es skizziert die Grundprinzipien aus dem CTFL, die für das Verständnis des CTFL-AuT notwendig sind. Darüber hinaus beschreibt es den für die Automobilindustrie typischen Produktentstehungsprozess (PEP) und diskutiert die Mitwirkung der Tester im PEP, beispielsweise bei Freigaben.

Normen und Standards

Kapitel 3 umfasst die *Normen und Standards*, mit denen ein Softwaretester in der Automobilindustrie typischerweise in Kontakt kommt. Der besondere Fokus liegt auf Automotive SPICE, ISO 26262 und AUTOSAR. Dabei werden die Grundstrukturen der Normen und Standards erklärt sowie die Herausforderungen bzw. relevanten Anforderungen an den Tester erläutert. Im Vergleich zum Lehrplan finden sich im Buch mehr Informationen und Hintergründe zu den jeweiligen Normen und Standards. Zielsetzung des Kapitels ist es, dem Tester ausreichend Informationen an die Hand zu geben, sodass er fundiert bei den Diskussionen um die aus den Normen und Standards abgeleiteten Testanforderungen mitsprechen kann. Das Kapitel schließt mit einer Gegenüberstellung der Zielsetzung, der Teststufen und der Testverfahren und Testansätze in den Normen und Standards.

Virtuelle Testumgebungen

Kapitel 4 beschreibt die unterschiedlichen *virtuellen Testumgebungen*, die in der Automobilindustrie zum Einsatz kommen. Nach einer allgemeinen Einführung in Testumgebungen stellt es die Unterschiede zwischen Closed- und Open-Loop-Systemen dar. Danach vertieft es die Charakteristika virtueller Testumgebungen wie MiL (Model-in-the-Loop), SiL (Software-in-the-Loop) und HiL (Hardware-in-the-Loop). Abschließend erfolgt ein Vergleich der unterschiedlichen virtuellen Testumgebungen und ihrer Einsatzgebiete bei der Produktentwicklung.

Kapitel 5 erklärt spezielle *Testansätze und Testverfahren*, die in der Automobilindustrie eingesetzt werden, und zeigt ihre Anwendung anhand von Beispielen auf. Im Softwaretest sind Testansätze von genereller Natur und repräsentieren prinzipielle Vorgehensweisen und Theorien zur Lösung von Testaufgaben. Im Gegensatz dazu sind Testverfahren konkrete Vorgehensweisen und Techniken zur Lösung von Testaufgaben. Hierzu zählen Verfahren sowohl für statische als auch für dynamische Tests. Bei den statischen Testverfahren liegt der Fokus auf der Codeanalyse nach MISRA-C sowie auf den Qualitätsmerkmalen für das Review von Anforderungen. Bei den dynamischen Testverfahren wird insbesondere auf die Testverfahren eingegangen, die die ISO 26262 empfiehlt. Hierzu gehören beispielsweise modifizierte Bedingungs-/Entscheidungstests (MC/DC-Test), Back-to-Back-Tests und Fehlereinfügungstests. Darüber hinaus zeigt Kapitel 5 auf, wie eine Auswahl der Testverfahren in einem konkreten Projektkontext erfolgen kann.

Testansätze und Testverfahren

Beim Schreiben des Buches hat der eine oder andere Autor Inhalte entwickelt, die die Hauptkapitel des Buches sprengen würden. Da es sich aber um wertvolle Informationen handelt, sind diese Inhalte im Anhang zu finden. Beispielsweise die Zusammenfassung aller Bände der ISO 26262, inkl. einer Aussage zu den Neuerungen in der Version von 2018.

Anhang

Um dem Leser das Verständnis für die Inhalte zu erleichtern, haben wir das Projekt *ULV* des Fahrzeugherstellers Bavarian Electric Cars (BEC) als durchgängiges Beispiel eingeführt (siehe Abschnitt 1.3). Wo möglich und sinnvoll, stellen die einzelnen Abschnitte im Buch einen Bezug zu dem Beispielprojekt her. Dies soll dem Leser das Verständnis der Inhalte und den Transfer auf den Projektalltag erleichtern.

Beispiele

1.3 Einführung in das Beispielprojekt

Ein durchgängiges Beispiel soll in diesem Buch zum besseren Verständnis der Inhalte beitragen. Alle Beispiele sind im Buch grau hinterlegt:

Beispiel Tempomat

Bei der zu entwickelnden Tempomatfunktion handelt es sich um einen reinen Geschwindigkeitsregler, nicht um einen Abstandsregeltempomaten.

1.3.1 Projekthintergrund

Systemlieferant Eddison Electronics

Dreh- und Angelpunkt des Beispielprojekts ist die Firma *Eddison Electronics*. Eddison Electronics ist ein mittelständisches Unternehmen, das sich auf elektrische Antriebe für Kraftfahrzeuge spezialisiert hat. Der Fahrzeughersteller Bavarian Electric Cars (BEC) hat Eddison Electronics beauftragt, den elektrischen Antriebsstrang für ihr neues Stadtfahrzeug *Urban Lite Vehicle (ULV)* zu entwickeln. Eddison Electronics hat in diesem Projekt die Rolle des Systemlieferanten (Tier-1) und entwickelt für BEC den kompletten elektrischen Antrieb – einschließlich damit verbundener Funktionen, wie Antriebsschlupfkontrolle oder Tempomat. Abbildung 1–1 zeigt, für welche Umfänge des Fahrzeugs Eddison Electronics zuständig ist.

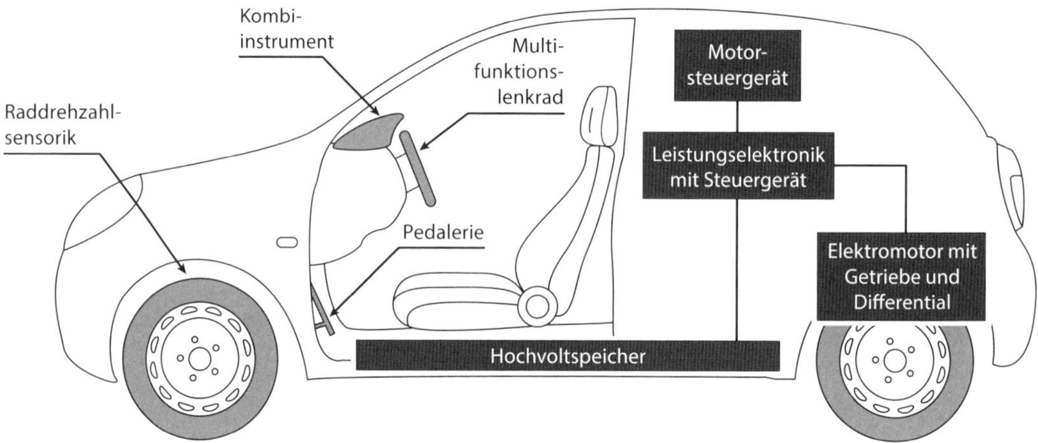

Abb. 1–1
Umfänge der Firma Eddison Electronics (EE) am Projekt ULV

1.3.2 Aufbau des Systems

Der Antriebsstrang des *ULV* besteht aus dem E/E-Antriebssystem und den rein mechanischen Umfängen, wie Getriebe und Differenzial. Das E/E-Antriebssystem umfasst den Elektromotor, die Leistungselektronik (Inverter), den Hochvoltspeicher und die Steuergeräte für Leistungselektronik und Elektromotor. Sie sind in das elektrische Bordnetz und die Bussysteme des Fahrzeugs (u.a. CAN) eingebunden. Die Steuergeräte sind moderne Plattformsteuergeräte. Hardware und Software werden von Eddison Electronics selbst entwickelt.

Abbildung 1–2 zeigt die Struktur des Antriebsstrangs bis hin zu den Softwarekomponenten, aus denen die Software der beiden Steuergeräte besteht. Für die Beispiele in diesem Buch sind speziell die Strukturelemente *mit* Softwareanteil relevant. Sie sind in der Abbildung grau eingefärbt.

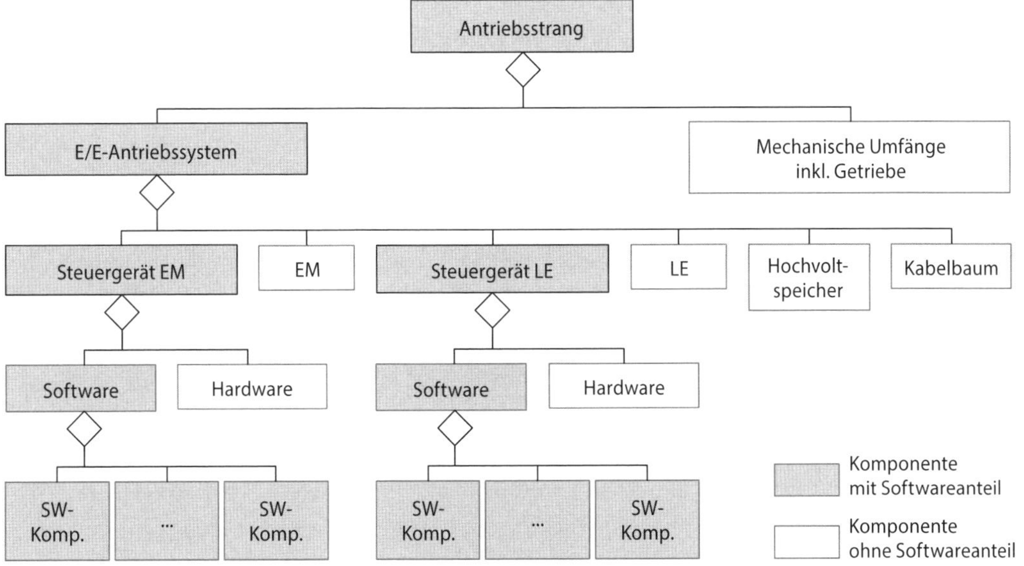

Abb. 1–2 *Struktur des elektrischen Antriebsstrangs*

Feature Tempomat

Da der gesamte elektrische Antriebsstrang sehr umfangreich ist, konzentrieren sich die Beispiele im Folgenden auf das Feature *Tempomat*. BEC hat den Tempomaten zu Projektbeginn grob beschrieben:

- Es handelt sich um einen reinen Geschwindigkeitsregler, nicht um einen Abstandsregeltempomaten.
- Die Geschwindigkeitsregelung erfolgt ausschließlich über den elektrischen Antrieb. Ein Bremseingriff durch den Tempomaten ist nicht vorgesehen.
- Der Fahrer kann den Tempomaten über das Multifunktionslenkrad aktivieren und deaktivieren. Beim Aktivieren stellt er die Wunschgeschwindigkeit ein. Während der Tempomat aktiv ist, kann er die Wunschgeschwindigkeit ändern.
- Eine Betätigung des Fahrpedals über die aktuell eingestellte Wunschgeschwindigkeit hinaus (z.B. zum Beschleunigen) unterbricht die Geschwindigkeitsregelung des Tempomaten. Sobald die Fahrpedalstellung wieder unter diesen Wert fällt, nimmt der Tempomat die Geschwindigkeitsregelung wieder auf.

- Eine Betätigung der Bremse durch den Fahrer deaktiviert den Tempomaten sofort.
- Aus Komfortgründen ist die Beschleunigung durch den Tempomaten auf 4 m/s² limitiert.

Eddison Electronics hat anhand der Beschreibung von BEC eine Systemanforderungsspezifikation verfasst (siehe Anhang D) und auf dieser Basis eine funktionale Systemarchitektur erarbeitet – einschließlich verfeinerter Anforderungen an die Systembestandteile (ebenfalls im gleichen Anhang). Abbildung 1–3 zeigt die funktionale Architektur des Features Tempomat.

Abb. 1–3
Funktionale Architektur der Tempomatfunktion

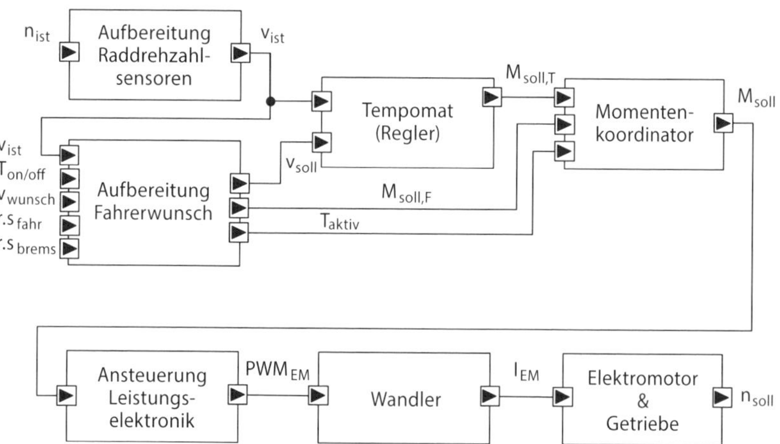

Das Feature Tempomat besteht aus sieben Architekturelementen:

- *Aufbereitung Raddrehzahlsensoren* wertet die Messwerte der Drehzahlsensoren an den vier Rädern aus und berechnet daraus die Ist-Geschwindigkeit des Fahrzeugs.
- *Aufbereitung Fahrerwunsch* bereitet den Fahrerwunsch (z.B. die Wunschgeschwindigkeit und den Status des Bremspedals) auf. Dieses Element wertet aus, ob der Tempomat aktiv ist, und liefert die Soll-Geschwindigkeit für den Tempomaten.
- *Tempomat (Regler)* berechnet auf Basis von Soll- und Ist-Geschwindigkeit das Soll-Drehmoment des Motors.
- *Momentenkoordinator* ermittelt das richtige Soll-Drehmoment, abhängig davon, ob der Tempomat aktiv ist oder nicht.
- *Ansteuerung Leistungselektronik* leitet aus dem Soll-Drehmoment die nötige Ansteuerung des Elektromotors ab.
- Der *Wandler* setzt die Ansteuerung in einen konkreten Stromfluss um.
- Der *Elektromotor* treibt über ein integriertes Getriebe die Räder an.

Die kleinen Kästen an den Rändern der Architekturelemente in Abbildung 1–3 stellen die Schnittstellen dar. Das Dreieck im Kästchen zeigt die Signalrichtung an und markiert eine Schnittstelle als Sender bzw. Empfänger von Daten. Die an den Schnittstellen übertragenen Signale sind in Tabelle 1–1 genauer beschrieben.

Tab. 1–1 *Signale der Tempomatfunktion*

Signal	Beschreibung
I_{EM}	Stromstärke des Stromflusses zum Elektromotor
M_{soll}	Konsolidiertes Soll-Drehmoment
$M_{soll,F}$	Soll-Drehmoment auf Basis des Fahrpedals
$M_{soll,T}$	Soll-Drehmoment auf Basis des Tempomatreglers
n_{ist}	Werte der vier Raddrehzahlsensoren
n_{soll}	Raddrehzahl nach Elektromotor und Getriebe
PWM_{EM}	Pulsweitenmodulationssignale zur Ansteuerung des Elektromotors
$r.s_{brems}$	Stellung des Bremspedals
$r.s_{fahr}$	Stellung des Fahrpedals
T_{aktiv}	Tatsächlicher Aktivitätsstatus des Tempomaten
$T_{on/off}$	Fahrerwunsch zum Aktivierungsstatus des Tempomaten (an/aus)
v_{ist}	Aktuelle Geschwindigkeit des Fahrzeugs
v_{soll}	Soll-Geschwindigkeit des Fahrzeugs für den Tempomaten
v_{wunsch}	Wunschgeschwindigkeit des Fahrers für den Tempomaten

1.3.3 Einzuhaltende Standards

Entwicklung nach Stand der Technik

BEC erwartet, dass Eddison Electronics nach dem Stand der Technik entwickelt, der unter anderem durch Normen und Standards definiert ist. Hier sind drei für die Fahrzeugentwicklung zentrale Standards hervorgehoben, auf die Kapitel 3 ausführlicher eingeht.

- Der Entwicklungsprozess bei Eddison Electronics muss konform zu Automotive SPICE (siehe Abschnitt 3.1) sein. BEC hat sich auf den VDA-Scope festgelegt und erwartet, dass im Projekt für diese Prozesse die Fähigkeitsstufe 2 erreicht wird. Der VDA-Scope ist im Anhang in Abschnitt B.2 dargestellt.
- Da es sich bei dem elektrischen Antriebsstrang des *ULV* um ein sicherheitskritisches System handelt, muss Eddison Electronics bei der Entwicklung die Anforderungen der ISO 26262 berücksichtigen (siehe Abschnitt 3.2).
- Bei der Entwicklung der Steuerungssoftware muss Eddison Electronics konform zum AUTOSAR-Standard (siehe Abschnitt 3.3) vorgehen.

Darüber hinaus gibt es noch viele weitere Normen und Standards, die für das Projekt relevant sind. Kapitel 3 führt einige davon auf.

1.3.4 Beteiligte Personen

Die folgenden Personen sind bei Eddison Electronics im Projekt tätig:

- **Karsten, Kaufmännischer Leiter**
  Karsten ist neben seinen kaufmännischen Aufgaben auch für die Steuerung und Überwachung der Zulieferer zuständig (Supplier Monitoring).
- **Petra, Projektleiterin**
  Petra ist die Gesamtprojektleiterin für das Projekt *ULV* und zentrale Ansprechpartnerin für BEC.
- **Lars, Leiter der Entwicklungsabteilung**
  Lars ist in seiner Funktion als Entwicklungsleiter auch Process Owner für den Produktentwicklungsprozess bei Eddison Electronics.
- **Thorsten, Teilprojektleiter**
  Thorsten verantwortet das Teilprojekt *Tempomat*.
- **Stefan, Safety Manager**
  Stefan ist u.a. für das Sicherheitskonzept der Tempomatfunktion verantwortlich. Bei seiner Arbeit wird er von einem Expertenteam unterstützt.
- **Quentin, Qualitätsmanager**
  Quentin ist für die Qualitätssicherung, das Konfigurationsmanagement und das Änderungsmanagement verantwortlich. Er ist Provisional ASPICE-Assessor und unterstützt das Projekt bei der Vorbereitung des Assessments.
- **Thomas, Testmanager**
  Thomas verantwortet alle Testaktivitäten im Projekt bei Eddison Electronics. Da Eddison Electronics einen Teil der Testaktivitäten an externe Dienstleister vergeben hat, koordiniert er auch die Aktivitäten bei den Dienstleistern.
- **Tim, Softwaretester**
  Tim führt die Tests für die Tempomatfunktion durch.
- **Erika, Entwicklerin**
  Erika entwickelt die Software der Tempomatfunktion.
- **Simon, System- und Softwarearchitekt**
  Simon ist als Chefarchitekt für die Plattformarchitektur verantwortlich und hat die konkrete System- und Softwarearchitektur für den Antriebsstrang im Projekt *ULV* abgeleitet.

- **Rolf, Anforderungsmanager**
  Rolf ist für das Requirements Engineering und das Requirements Management verantwortlich. Er ist Autor der Anforderungsspezifikation des Antriebsstrangs (siehe Anhang D).
- **Rudi, Releasemanager**
  Rudi ist für die zeitliche und inhaltliche Aussteuerung der Releases zuständig.

2 Grundlagen

Auch der Automotive Softwaretester (im Weiteren als Tester bezeichnet) ist ein Softwaretester. Für ihn gelten die gleichen Grundsätze, Prozesse und Verfahren. Er bewegt sich jedoch im automotive-spezifischen Kontext. So sind die Grundlagen des Testens, die im Rahmen der Ausbildung zum *ISTQB® Certified Tester – Foundation Level (CTFL)* [ISTQB 2018] vermittelt werden, auch hier anwendbar.

Hierzu gehören neben den Grundsätzen des Testens (Abschnitt 2.1) auch der Testprozess (Abschnitt 2.2) im Kontext des Systemlebenszyklus (Abschnitt 2.3). Darüber hinaus gilt es, die drei Dimensionen des Testens (Abschnitt 2.4) mit Teststufen, Testarten und Testverfahren im Kontext der Softwareentwicklung in der Automobilindustrie zu betrachten.

2.1 Grundsätze des Testens

Im CTFL sind die sieben Grundsätze des Testens beschrieben, die jedem Tester als Leitlinien in seiner täglichen Arbeit dienen [ISTQB 2018]:

Grundsatz 1:
Testen zeigt die Anwesenheit von Fehlerzuständen, nicht deren Abwesenheit

In der Praxis wird der Tester oft mit der Anforderung konfrontiert, eine *Funktionsfreigabe(empfehlung)* (siehe Abschnitt 2.3) oder *Funktionsbestätigung* zu liefern. Dabei muss klar sein: Der Tester kann nur das Risiko unerkannter Fehlerzustä[1]nde reduzieren und einschätzen. Er kann die Fehlerfreiheit einer Funktion niemals nachweisen!

---

1. Eine Unzulänglichkeit oder ein Mangel in einem Arbeitsergebnis, sodass es seine Anforderungen oder Spezifikationen nicht erfüllt [ISTQB & GTB 2020].

Grundsatz 2:
Vollständiges Testen ist nicht möglich

Um Marktanteile zu gewinnen und Kundenwünsche zu erfüllen, bieten die Fahrzeughersteller eine wachsende Anzahl an Modellvarianten, Konfigurationen und Features an. Im Jahr 2017 hat VW »fast 84.000 Golf in Deutschland verkauft. Davon hatten mehr als 58.000 unterschiedliche Konfigurationen. Gerade einmal 400 Golf waren identisch – von den unterschiedlichen Farben ganz abgesehen. Das heißt: Wir (VW) bauen Unikate« [Doll 2018, S. 15]. Und so wie VW geht es auch anderen Fahrzeugherstellern, die ihren Kunden eine umfangreiche Individualisierung der Fahrzeuge anbieten.

Die große Konfigurationsvielfalt führt unweigerlich zu einer hohen Komplexität, was das Risiko möglicher Fehlerzustände erhöht. Außerdem führt sie zu einer Explosion der Testaufwände, was hohe Kosten mit sich bringt. Selbst wenn ein *vollständiger Test* möglich wäre, die vollständig getesteten *Unikate* wären wegen der hohen Testkosten unbezahlbar. Wenn in Konsequenz ein vollständiges Testen weder sinnvoll noch möglich ist, kann Testen nur stichprobenhaft erfolgen. Bei der Auswahl geeigneter Stichproben können dem Tester sowohl Normen und Standards (siehe Kap. 3) als auch Testansätze und Testverfahren (siehe Kap. 5) helfen.

Grundsatz 3:
Frühes Testen spart Zeit und Geld

Je später der Tester einen Fehlerzustand aufdeckt, desto teurer ist die Korrektur des Fehlerzustands. Zu den Gestaltungsprinzipien des Lean Development[2] gehört auch das *Frontloading*. Es basiert auf dem Ansatz, hohe Kosten durch spät entdeckte Mängel und Änderungen so weit wie möglich zu vermeiden. Für das frühe Finden von Fehlern spielen der statische Test (siehe Abschnitt 5.2) und der (Software-)Komponententest eine wichtige Rolle.

Darüber hinaus stellt das Testen von eingebetteten Systemen (Embedded Systems) den Tester vor große Herausforderungen. Da eingebettete Fahrzeugsysteme in den technischen Kontext des Fahrzeugs eingebunden sind, lässt sich das Verhalten der Software häufig auch nur im Fahrzeugkontext bewerten. Allerdings ist das Testen unter realen Bedingungen (d.h. auf der Zielhardware und in der realen Umgebung) häufig sehr zeit- und kostenintensiv. Frühes Testen spart auch

---

2. *Lean Development* ist die Anwendung des Lean-Management-Konzepts auf den Produktentstehungsprozess (siehe Abschnitt 2.3).

hier Zeit und Geld, bedingt jedoch den Einsatz virtueller Testumgebungen, die den Kontext simulieren, in den die Systeme eingebettet sind (siehe Kap. 4).

Grundsatz 4: Häufung von Fehlerzuständen

In der Praxis hat sich gezeigt, dass Fehlerzustände nicht gleichmäßig (im Sinne einer gleichen Fehlerdichte) über alle Testobjekte verteilt sind. Die Ursache hierfür liegt darin, dass während der Entwicklung Fehlerzustände durch Fehlhandlungen[3] entstehen. Treiber von Fehlhandlungen sind Zeitdruck, hohe Komplexität, hoher Innovationsgrad des Testobjekts und mangelnde Qualifikation der Mitarbeiter.

Eine gleichmäßige Verteilung der Testressourcen hat den Nachteil, dass kritische Bereiche möglicherweise nicht ausreichend und unkritische Bereiche zu ausführlich getestet werden. Beides reduziert die Effizienz des Testens (Mehrwert des Testens bezogen auf den Aufwand für das Testen). Hier ermöglicht ein risikobasierter Testansatz (siehe Abschnitt 5.1.3) ein effizientes Testen. Bei diesem Ansatz ist die Verteilung der Testaufwände abhängig vom Risiko einer Fehlerhäufung (Produktrisiko) oder dem Risiko von Fehlhandlungen (Projektrisiko).

Grundsatz 5: Vorsicht vor dem Pestizid-Paradoxon

Häufig trifft man in der Softwareentwicklung der Automobilindustrie die Regressionsteststrategie an, dass der Tester alle oder zumindest immer die gleichen Regressionstests durchführt. Dabei kann es zu dem vermeintlich positiven Effekt einer abnehmenden Anzahl von Regressionsfehlern kommen. Vermeintlich positiv, da die daraus abgeleitete Annahme eines zunehmend reiferen Produkts falsch sein kann. Denn auch das *Pestizid-Paradoxon* kann zu einer abnehmenden Anzahl von Regressionsfehlern führen. Ähnlich wie bei Schädlingen, die durch intensiven Einsatz von Pestiziden eine Resistenz gegen diese entwickeln können, können auch Testobjekte eine Resistenz gegen ständig wiederkehrende Regressionstests entwickeln. Tatsächlich können diese Bereiche von höherer Qualität sein. Da vollständiges Testen wiederum nicht möglich ist, lässt sich die Annahme einer höheren Qualität nicht automatisch auf alle Bereiche übertragen.

---

3. Die menschliche Handlung, die zu einem falschen Ergebnis (z.B. zu einem Fehlerzustand) führt [ISTQB & GTB 2020].

Die Auswahl der stichprobenhaften Regressionstests erfolgt auf Basis einer Regressionsteststrategie. Leider passen sich die Entwickler im Laufe der Zeit ebenso an diese Strategie an. So wie sich der Schädling an das Pestizid anpasst. Aus diesem Grund sollte eine Regressionsteststrategie immer variable Anteile enthalten. Beispielsweise durch wechselnde Schwerpunkte im Test oder den Einsatz erfahrungsbasierter Tests.

Grundsatz 6: Testen ist kontextabhängig

Es gibt nicht *die* Teststrategie und *die* Testvorgehensweise. Testen ist an den Entwicklungskontext anzupassen. Hierzu gehören vor allem das verwendete Entwicklungsmodell, die Branche und die eingesetzte Technologie.

Entwicklungsmodell

Testen ist abhängig vom eingesetzten Entwicklungsmodell. So findet beispielsweise das Testen im Rahmen von sequenziellen Entwicklungsmodellen (wie dem V-Modell) innerhalb abgeschlossener Testphasen statt. Im Rahmen von iterativ/inkrementellen Entwicklungsmodellen (wie Prototyping oder Scrum) ist das Testen hingegen eine kontinuierliche und begleitende Aktivität.

Die Entwicklung eines Fahrzeugs verläuft typischerweise entlang der sequenziellen Phasen des Produktentstehungsprozesses (siehe Abschnitt 2.3). Um die hohe Komplexität und die Größe des Entwicklungsumfangs beherrschen zu können, lagern Fahrzeughersteller (im Weiteren als Hersteller bezeichnet) Teile der Entwicklung an Zulieferer aus. In der so entstehenden Zulieferkette steht der Hersteller an der Spitze, gefolgt von einer Kette von Zulieferern.

Exkurs: OEM und Tier-1

In der Automobilindustrie haben sich die Bezeichnungen Original Equipment Manufacturer (OEM) für den Fahrzeughersteller und Tier (dt. Ebene, Rang) für die Zulieferer etabliert. Die Zulieferer werden abhängig von der Distanz zum OEM in der Zulieferkette als Tier-1, Tier-2 usw. bezeichnet. Die erste Zuliefererebene Tier-1 repräsentiert also direkte Zulieferer des OEM. Der Tier-2 liefert an den Tier-1 und so weiter. Durch das Zusammenspiel von Auftraggebern und Auftragnehmern auf jeder Ebene hat die Anzahl der Ebenen Einfluss auf die Anzahl und die Ausgestaltung der Teststufen.

Das Testen ist auf die Branche bzw. die Art des zu testenden Produkts anzupassen. So muss beispielsweise der Bestellvorgang in einem Webshop auch für einen Laien möglich sein. Im Falle einer Fehlfunktion geht zumeist der Umsatz verloren. Im schlimmsten Fall kann die Fehlfunktion das Image des Betreibers schädigen. Wichtige Testziele sind also die Bewertung der Funktionalität (Geschäftszweck) und der Gebrauchstauglichkeit. Für die Nutzung der Bremsen in einem Fahrzeug darf hingegen ein Führerschein vorausgesetzt werden. Allerdings kann hier eine Fehlfunktion tödliche Folgen haben. Wichtiges Testziel ist hier zwar auch die Bewertung der Funktionalität (Geschäftszweck), allerdings bekommt die Bewertung der Zuverlässigkeit einen deutlich höheren Stellenwert.

Branche

Die Software klassischer *IT-Systeme* läuft meistens auf kommerzieller Standardhardware (wie PC, Workstation, Server). Hierzu liefern die Hersteller der Hardware auch die notwendigen Treiber. Die Entwicklung eines IT-Systems beschränkt sich somit meistens auf die Softwareapplikationen. Die Hardware und das Betriebssystem nimmt der IT-Entwickler als gegeben und getestet an.

Technologie

Im Gegensatz dazu sind in der Softwareentwicklung von *eingebetteten bzw. mechatronischen Systemen* die Hardware (Elektrik/Elektronik) und die Mechanik untrennbare Bestandteile des Gesamtsystems. Daher lässt sich der Softwaretest nicht unabhängig von Hardware und Mechanik betrachten. Die enge Verzahnung der Entwicklungsprozesse für Software, Hardware und Mechanik wird dadurch zu einem wesentlich Erfolgsfaktor.

Grundsatz 7:
Trugschluss: »Kein Fehler« bedeutet ein brauchbares System

Es ist ein Irrglaube, dass allein Verifizierung und Behebung identifizierter Fehlerzustände den Erfolg eines Systems sicherstellen. Denn mit der Verifizierung weist der Tests nur die Erfüllung *festgelegter Anforderungen* nach. Doch damit fehlt noch der Nachweis, dass das System auch die Anforderungen für einen spezifischen *beabsichtigten Gebrauch* oder eine spezifische *beabsichtigte Anwendung* erfüllt (Validierung).

Dies stellt eine besondere Herausforderung dar, wenn die *festgelegten Anforderungen* die Basis des Entwicklungsvertrags zwischen dem Fahrzeughersteller und seinen Zulieferern darstellen. Erfüllt die Software, das Steuergerät oder das System des Zulieferers diese Anforderungen, hat er den Vertrag erfüllt. Was ist aber in dem Fall, wenn der Zulieferer die Anforderungen in einer Weise interpretiert, dass dadurch der Liefergegenstand für den *beabsichtigten Gebrauch* nicht (vollumfänglich) geeignet ist? Testen darf deshalb nicht nur auf die Verifikation begrenzt sein. Der Tester sollte durch Validierung auch den beabsichtigten Gebrauch und die beabsichtigte Anwendung im Auge behalten.

2.2 Der Testprozess

Testen ist mehr als nur die Testdurchführung (Abschnitt 2.2.1). Zu einer systematischen Vorgehensweise gehört auch die Testvorbereitung (Abschnitt 2.2.2 mit der Testanalyse, dem Testentwurf und der Testrealisierung) und das Testmanagement (Abschnitt 2.2.3 mit Testplanung, Testüberwachung und -steuerung und Testabschluss).

Abb. 2–1
Der Testprozess

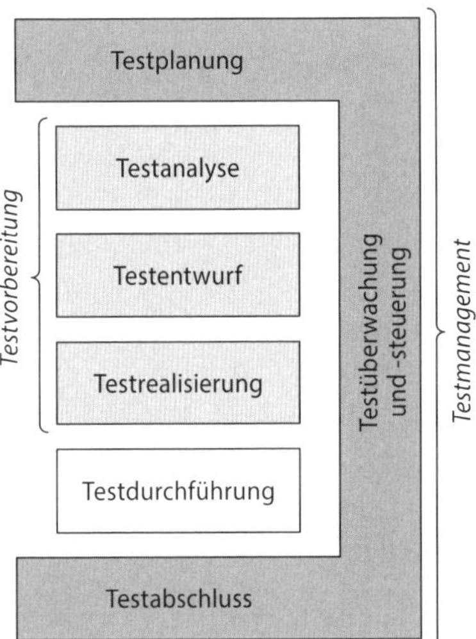

Abhängig vom verwendeten Entwicklungsmodell können alle in Abbildung 2–1 dargestellten Testaktivitäten sowohl in sequenzieller Reihenfolge als auch (teilweise) parallel zueinander verlaufen. So kann beispielsweise der Testentwurf für einen später zu implementierenden Funktionsumfang bereits parallel zu der Testdurchführung für einen bereits implementierten Funktionsumfang erfolgen.

2.2.1 Testdurchführung

Testprotokoll und Fehlerbericht

Wer von *Testen* spricht, redet meistens von der Testdurchführung. Während der Testdurchführung führt der Tester (oder der Entwickler) die zuvor spezifizierten Tests aus, protokolliert diese in Testprotokollen und berichtet in Fehlerberichten über etwaige Abweichungen vom erwarteten Ergebnis. Liegen die Testabläufe in maschinenlesbarer Form vor, kann die Durchführung unter Zuhilfenahme eines Testausführungswerkzeugs auch automatisiert erfolgen.

2.2.2 Testvorbereitung

Von allen Testaktivitäten ist die Testdurchführung die Testaktivität, die alle Projektbeteiligten am meisten wahrnehmen. Denn sie liefert die im Projekt sichtbaren Testergebnisse und Fehlerberichte. Doch bevor der Tester die Tests ausführen kann, muss er die zugrunde liegende Testbasis analysieren, die Tests spezifizieren und im Anschluss die zur Durchführung benötigten Testmittel realisieren.

Leider suggerieren viele Entwicklungsmodelle (wie das V-Modell in Abb. 2–3), dass Testen nur am Ende der Entwicklung erfolgt. Dabei betrachten diese Modelle (zumindest zeitlich gesehen) lediglich die Testdurchführung. Mit den Tätigkeiten der Testvorbereitung kann und sollte der Tester schon früh und parallel zu den anderen Entwicklungsaktivitäten beginnen.

Testanalyse

Während der Testanalyse bewertet und analysiert der Tester die für die Tests zugrunde liegende Testbasis[4] und identifiziert die zu testenden Aspekte (Testbedingungen).

Testbasis

Die Testbasis liefert ihm die Informationen, die er als Basis für den Testentwurf der Testfälle verwenden kann. Dabei kann es sich um Spezifikationen, interne Strukturen oder auch um Erfahrung des Testers aus anderen Projekten bzw. mit anderen Systemen handeln.

Testbedingung

Mit den identifizierten Testbedingungen bestimmt der Tester, *was* zu testen ist. Abhängig von der Testbasis können dies z.B. die Grenzwerte eines spezifizierten Parameters, die Entscheidungen eines Programmcodes oder die Erwartungen eines erfahrenen Testers sein.

Testentwurf

Während des Testentwurfs entwirft der Tester sowohl die zur Überdeckung der Testbedingungen erforderlichen Testfälle als auch die Anforderungen an die hierfür benötigte Testumgebung. Im Gegensatz zur Testanalyse bestimmt der Tester beim Testentwurf, *wie* zu testen ist.

Testfall

Die Testfälle beinhalten vorrangig die Eingaben und die darauf erwarteten Ergebnisse. Darüber hinaus können sie auch die für die Testdurchführung notwendigen Aktionen (Testschritte) und Vor- und Nachbedingungen enthalten. Zum Entwurf der Testfälle kann der Tester,

4. Alle Informationen, die als Basis für die Testanalyse und den Testentwurf verwendet werden können. Hierzu zählen beispielsweise Spezifikationen, Code und die Erfahrung des Testers aus anderen Projekten bzw. mit anderen Systemen.

abhängig von der Testbasis und der gewählten Testvorgehensweise, unterschiedliche Testentwurfsverfahren einsetzen (siehe Abschnitt 5.3).

Testumgebung

Insbesondere eingebettete Systeme werden immer für den Einsatz in einem spezifischen Kontext geschaffen. Steht die *reale* Testumgebung (z.B. das reale Fahrzeug) nicht zur Verfügung, benötigt der Tester eine *virtuelle* Testumgebung (siehe Kap. 4). Diese simuliert die reale Umgebung des Testobjekts. Über diese ist es dem Tester möglich, das Testobjekt zu stimulieren und dessen Verhalten zu beobachten. Da die Testumgebung wiederum abhängig von der Testart (funktional/nicht funktional) und der Teststufe ist, muss der Tester die daraus resultierenden Anforderungen an die Testumgebungen spezifizieren.

Testrealisierung

Während der Testrealisierung erstellt oder aktualisiert der Tester die Testumgebungen gemäß den Anforderungen und stellt die für die Testdurchführung benötigten Testfälle zusammen. Die Testrealisierung ist abgeschlossen, sobald alles für die Durchführung der Tests bereit ist.

Testablauf

Beim Zusammenstellen der Testfälle muss der Tester neben den neu durchzuführenden Tests auch Fehlernach- und Regressionstests berücksichtigen. Die ausgewählten Testfälle bringt er im Anschluss in Testabläufen in die gewünschte Reihenfolge. Dabei berücksichtigt er neben den Abhängigkeiten zwischen den Testfällen untereinander auch deren Priorität und eine effiziente Reihenfolge. Ist ein Testablauf für eine automatisierte Testdurchführung vorgesehen, erstellt der Tester dafür ein entsprechendes Testskript.

2.2.3 Testmanagement

Zum Testmanagement gehören sowohl die Testplanung, die Testüberwachung und -steuerung als auch der Testabschluss. Aufgabe des Testmanagements ist die zielgerichtete Koordination aller Testaktivitäten und die Verwaltung der dabei erzeugten Artefakte. Hierzu werden die Testaktivitäten dahingehend ausgerichtet, die Projektziele (z.B. Qualitätsziele) unter Berücksichtigung der verfügbaren Ressourcen (Zeit und Budget) bestmöglich zu erreichen.

In eher traditionellen Entwicklungsmodellen (wie dem V-Modell) obliegen diese Aufgaben häufig einem *Testmanager* (oder: Testleiter, Testkoordinator). In leichtgewichtigen, agilen Entwicklungsmodellen (wie Scrum) übernimmt hingegen *das Entwicklungsteam* einen Großteil dieser Aufgaben. In der Praxis sind auch Mischformen anzutreffen (z.B. im Rahmen eines hybriden Projektmanagements), wo sich ein Testmanager und ein agiles Team die Testaufgaben teilen.

Testplanung

Testkonzept

Im Rahmen der Testplanung definiert der Testmanager (bzw. das Entwicklungsteam) die Testziele und legt die Testvorgehensweise im Testkonzept fest. Sowohl die Testziele als auch die Testvorgehensweise sind abhängig vom Projektkontext. So wird er beispielsweise bei der Überarbeitung eines Fahrzeugmodells (mit vielen Gleichteilen) eine andere Vorgehensweise wählen als bei einer vollständigen Neuentwicklung (mit völlig neuen Konzepten und Technologien).

Die Testplanung ist eine fortlaufende Aktivität, da der Testmanager seine Vorgehensweise mit fortschreitendem Projekt kontinuierlich verfeinert und an sich ändernde Rahmenbedingungen anpasst. Das Feedback hierzu erhält er über eine kontinuierliche Überwachung der Testaktivitäten.

Testüberwachung und -steuerung

Testfortschrittsbericht

In der Testüberwachung vergleicht der Testmanager (bzw. das Entwicklungsteam) fortlaufend den tatsächlichen mit dem geplanten Testfortschritt. Hierzu nutzt er Metriken zur Überwachung, die er zuvor im Testkonzept definiert hat. Diese wertet er aus und konsolidiert sie im Testfortschrittsbericht (auch Teststatusbericht genannt). Im Rahmen der Testüberwachung ergreift er im Falle einer Abweichung Maßnahmen, die zum Erreichen der Testziele und Testendekriterien führen.

Testabschluss

Testabschlussbericht

Sind die Testendekriterien[5] erreicht, kann der Testmanager (bzw. das Entwicklungsteam) einzelne Testaktivitäten oder auch den gesamten Testprozess abschließen. Im Rahmen des Testabschlusses sammelt er die Daten aus allen beendeten Testaktivitäten und konsolidiert diese im Testabschlussbericht. Der Testabschluss kann am Ende

- eines Projekts,
- eines Projektmeilensteins (z.B. im Rahmen einer Softwarefreigabe, siehe Abschnitt 2.3),
- einer Teststufe (z.B. im Rahmen einer Systemabnahme) oder
- einer Iteration im Projekt (z.B. als Sprint-Review bei Scrum) erfolgen.

5. Die Menge an Bedingungen für den offiziellen Abschluss einer bestimmten Aufgabe [ISTQB & GTB 2020] wie die vollständige Anforderungsüberdeckung mit Testfällen oder die vollständige Durchführung aller Testfälle.

Zum Testabschluss gehören auch die Archivierung bzw. die Übergabe aller Testmittel[6], die zum Testabschluss (und damit zu einer Freigabeempfehlung, siehe Abschnitt 2.3) geführt haben. Im Falle einer Schadensersatzforderung ist es damit einem Unternehmen möglich, auch Jahre nach dem Inverkehrbringen, ein früheres Testergebnis zu belegen.

Darüber hinaus nimmt das Testteam im Rahmen des Testabschlusses häufig an einer Rückschau (Retrospektive) auf die zurückliegenden Testaktivitäten teil. Während im Testabschlussbericht der Fokus auf dem Testobjekt liegt, steht hier der Testprozess selbst im Mittelpunkt: Welche Lessons Learned und Best Practices lassen sich für zukünftige Testaktivitäten ableiten?

2.3 Testen im Systemlebenszyklus

Jedes System, unabhängig von Art und Größe, hat einen Lebenszyklus. Dieser erstreckt sich in sechs Phasen von der Konzeption bis hin zur Außerbetriebnahme (siehe Abb. 2–2). Der Produktentstehungsprozess (PEP) deckt dabei die Phasen von der Konzeption bis zur Produktion ab.

Abb. 2–2
Phasen des Systemlebenszyklus nach ISO 24748-1 [ISO 24748]

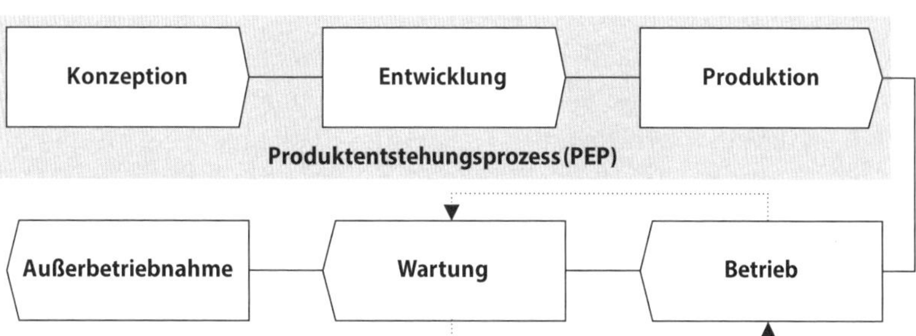

In der Phase der Entwicklung finden die wesentlichen Tätigkeiten des Testers statt. Doch auch an den meisten anderen Phasen ist der Tester beteiligt.

Konzeption

Am Anfang des Systemlebenszyklus steht die Phase der Konzeption. In dieser Phase werden Marktstudien bewertet, vorläufige Systemanforderungen erhoben und erste Lösungsansätze entworfen. Bereits in dieser frühen Phase legt der Testmanager seine Testvorgehensweise fest.

6. Die Arbeitsergebnisse, die während des Testprozesses erstellt werden und dazu gebraucht werden, um die Tests zu planen, zu entwerfen, auszuführen, auszuwerten und darüber zu berichten [ISTQB & GTB 2020].

Darüber hinaus wirkt er an der Priorisierung und Planung der Implementierungsreihenfolge der Funktionen mit, zum Beispiel wenn eine Funktion Voraussetzung für einen Test oder eine Freigabe ist.

Entwicklung

In der Phase der Entwicklung wird das System entwickelt, das die Anforderungen und Erwartungen der Stakeholder erfüllen soll. Diese Phase ist das wesentliche Arbeitsfeld des Testers – von der Analyse der Testbasis bis zur Freigabeempfehlung.

Freigabe

Im Produktentstehungsprozess erreicht ein Projekt durch die Freigabe (Release [ZVEI 2016]) ein Projektziel bzw. einen Meilenstein. Ab diesem Zeitpunkt erfüllt das Freigabeobjekt den für den Einsatz und Zweck benötigten Reifegrad. Die Freigabe wird beispielsweise für den Übergang in die Phase der Produktion benötigt (Serienfreigabe) – aber auch schon vorher im Rahmen der Entwicklung, wie z.B. vor einer Erprobung im realen Fahrzeug (Erprobungsfreigabe). Die Freigabekriterien hängen hierbei auch davon ab, ob die Erprobung auf einer öffentlichen Straße (Straßenfreigabe) oder auf einem Testgelände stattfinden soll.

Freigabeobjekt

Das Freigabeobjekt (Release Item) besteht aus dem eigentlichen Testobjekt (mit Software, Parametrierungsdaten, ggf. Hardware und Mechanik) und der dazugehörigen Begleitdokumentation.

Freigabeprozess

Der Freigabeprozess (engl. Release Process) soll zur Freigabe des Freigabeobjekts führen. Für diesen Freigabeprozess liefert der Testmanager über seinen Testabschlussbericht wichtige Informationen:

- getestete Objekte und Leistungsmerkmale
- bekannte Fehler
- ermittelte Produktmetriken

Produktion

In der Phase der Produktion wird das System gefertigt und am Produktionsende getestet. Mit SOP (Start of Production) ist die Phase der Entwicklung abgeschlossen und damit auch die Arbeit der Tester. Und doch wird auch in der Produktion getestet: Sowohl am Band-Ende der Zulieferer als auch am Band-Ende der Fahrzeughersteller.

Band-Ende-Tests

Beim *Band-Ende-Test* ist das Testziel, einen Nachweis zu führen, dass der Verbau von Bauteilen, Baugruppen, Steuergeräten und (Teil-)Systemen und damit die Integration zum Gesamtfahrzeug erfolgreich war. So kann beispielsweise ein Band-Ende-Test eine fehlerhafte Verbindung von Steckkontakten aufdecken.

Betrieb

In der Phase des Betriebs wird das Fahrzeug genutzt, um seinen Nutzern Dienste und Leistungen bereitzustellen. Hierzu gehören auch alle Maßnahmen, um diese Leistungen kontinuierlich sicherzustellen (wie das Laden des Hochvoltspeichers oder das Tanken von Kraftstoff).

In dieser Phase ist das Testen nicht direkt wahrnehmbar. So läuft beispielsweise die Feldüberwachung unbemerkt vom Nutzer. Die Feldüberwachung beinhaltet die Prüfung von Fahrzeugen im realen Betrieb, um deren Übereinstimmung mit geltendem Recht sicherzustellen [KBA 2020].

Darüber hinaus finden auch Nutzer Mängel[7] im Betrieb. So laufen auch in dieser Phase die Prozesse des Fehlermanagements weiter. In dieser Phase ist meistens ein Mitarbeiter der Qualitätssicherung für das Fehlermanagement verantwortlich. Er bewertet Mängel und leitet Maßnahmen zur Korrektur ein. Die eigentliche Korrektur des Fehlers im Fahrzeug erfolgt im Rahmen der geplanten oder ungeplanten Wartung des Fahrzeugs. Bei Fahrzeugen, die mit dem Internet verbunden sind, ist ein Softwareupdate auch in Betriebspausen möglich.

Wartung

Während der Phase der Wartung werden Logistik-, Wartungs- und Unterstützungsleistungen bereitgestellt, die einen kontinuierlichen Betrieb des Fahrzeugs ermöglichen. Diese Phase wechselt sich zyklisch mit der Phase des Betriebs ab. Im klassischen Fall ist hier mit der Wartungsphase der regelmäßige Fahrzeugservice in der Werkstatt zu verstehen. Ergänzend hierzu erfolgt die Wartung der eingebetteten Software parallel zur Entwicklung.

Neben der Analyse und dem Austausch von Verschleißteilen testet und analysiert der Werkstattmitarbeiter auch die Funktionen des Fahrzeugs. Im Betrieb (ggf. auch vom Nutzer unbemerkt) aufgetretene Fehlerwirkungen speichern Steuergeräte in ihren Fehlerspeichern. Diese kann der Werkstattmitarbeiter auslesen und durch die Analyse des Fehlerbildes Rückschlüsse auf defekte Steuergeräte, Aktuatoren oder Sensoren ziehen.

7. Ein Mangel ist eine nicht erfüllte Anforderung [ISO 9000].

Nach dem Tausch verschlissener oder defekter Teile erfolgt der Wartungstest. Ziel des Wartungstests ist es:

Wartungstest

- die Behebung eines Fehlerbildes (einer Fehlerwirkung) durch Tausch eines defekten Teils (mit dem Fehlerzustand) zu bestätigen (vergleichbar mit dem Fehlernachtest in der Entwicklung) sowie
- den Leistungserhalt des Fahrzeugs nach jeglicher Änderung und De-/Remontage zu bestätigen (vergleichbar mit dem Regressionstest in der Entwicklung).

Außerbetriebnahme

Die Phase der Außerbetriebnahme wird durchgeführt, um das Fahrzeug und die damit verbundenen Dienste und Leistungen aus dem Verkehr zu ziehen. Hierzu gehören überwiegend Recyclingprozesse, wie das Zerlegen des Fahrzeugs und die Trennung der Materialien für die Wiederverwendung. Tests sind in dieser Phase nicht üblich.

2.4 Dimensionen des Testens

Mit der Testvorgehensweise legt der Testmanager fest, wie er auf eine möglichst effiziente Art und Weise die gesteckten Testziele erreichen will. Aus fachlicher Sicht muss er dabei die folgenden Aspekte betrachten:

- Die *Teststufe* legt fest, *wo* ein Test ausgeführt wird.
- Die *Testart* beschreibt, *wozu* ein Test notwendig ist.
- Das *Testverfahren* definiert, *wie* ein Test entworfen oder durchgeführt wird.

Die meisten Testarten und Testverfahren sind auf allen Teststufen möglich. Auch die Testverfahren lassen sich häufig für unterschiedliche Testarten anwenden. So ergibt sich je nach Testziel und Kontext eine Vielzahl von Kombinationsmöglichkeiten, die mehr oder weniger effektiv und effizient zum Testziel führen.

2.4.1 Teststufen

Jede Teststufe stellt eine spezifische Instanziierung des Testprozesses (siehe Abschnitt 2.2) dar. Das wesentliche (und zum Teil namensgebende) Unterscheidungsmerkmal der Teststufen ist das betrachtete Testobjekt und die zugehörige Entwicklungsaktivität.

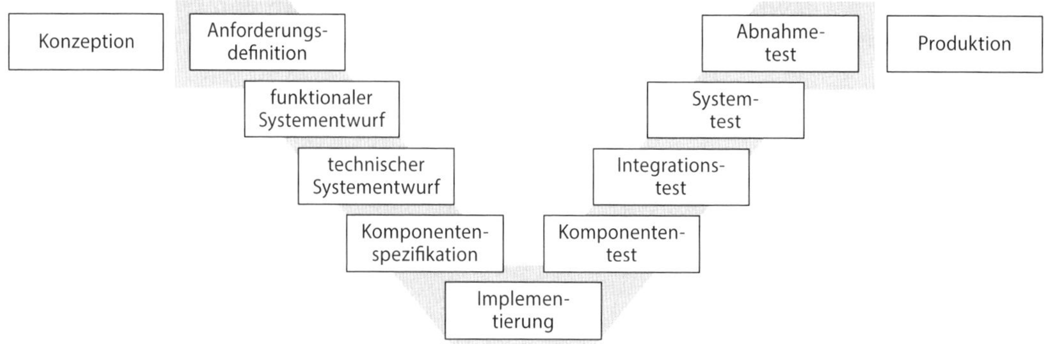

Abb. 2–3
Entwicklung nach V-Modell mit Teststufen

In Abbildung 2–3 ist das allgemeine V-Modell mit den Teststufen dargestellt. Es betrachtet insbesondere die Phasen bzw. Aktivitäten der Softwareentwicklung, hat aber keinen Anspruch auf eine detailgenaue Abbildung der Realität. Daher findet sich das V-Modell in der Fahrzeugentwicklung in vielen Abwandlungen wieder. Für den Tester sind folgende Aspekte besonders zu beachten:

1. Für jede Entwicklungsaktivität (linke Seite) existiert eine zugehörige Testaktivität (rechte Seite). Somit kann die Anzahl der hier abgebildeten Teststufen in der Realität abweichen. Insbesondere bei sehr großen und komplexen Systemen, wozu auch Fahrzeuge gehören, erfolgt der funktionale und technische Systementwurf in mehreren Schritten. In Konsequenz wird auch der Integrations- und Systemtest mehrmals durchgeführt.
2. Die Teststufen sind auf der rechten Seite des V-Modells angesiedelt. Dies suggeriert, dass alle Testaktivitäten erst nach der Implementierung erfolgen. Tatsächlich ist es nur die Testdurchführung, die zeitlich der Implementierung nachgelagert ist. Die Testvorbereitung kann und sollte parallel zu den Entwicklungsaktivitäten auf der linken Seite des V-Modells erfolgen.

Eine detaillierte Gegenüberstellung der Teststufen nach CTFL (auf Basis des allgemeinen V-Modells) und der Teststufen nach Automotive SPICE [VDA 2017] sowie ISO 26262 [ISO 26262:2018] ist in Abschnitt 3.4.2 zu finden.

Komponententest

Der Komponententest (auch Unit Test oder Modultest genannt) konzentriert sich auf Komponenten. Streng genommen handelt es sich bei der Komponente um die kleinste testbare Einheit eines Systems. In einem Softwaresystem sind dies beispielsweise in der Programmiersprache C die einzelnen Funktionen, in der Programmiersprache Java die einzelnen Klassen. In einem Hardwaresystem sind die kleinsten testbaren Elemente die einzelnen Bauteile (z.B. Widerstände, Kondensatoren, integrierte Schaltkreise).

In der Automobilindustrie werden häufig auch Steuergeräte (aus der Sicht des OEM) als Komponenten bezeichnet (siehe auch *Komponenten-HiL* in Kap. 4). Diese Bezeichnung ist allerdings irreführend, da ein Steuergerät aus Sicht des Zulieferers ein (zum Teil hochkomplexes) System ist. Ein Steuergerät besteht schließlich sowohl aus vielen Softwarekomponenten als auch aus vielen elektrischen und mechanischen Bauteilen. Daher ist der Test eines Steuergeräts streng genommen ein *Systemtest*.

Integrationstest

Der Integrationstest legt den Schwerpunkt auf die Schnittstellen zwischen den integrierten Testelementen und ihrem Zusammenwirken. Abhängig davon, was der Betrachtungsgegenstand ist, lässt sich der Integrationstest nach CTFL[8] in Komponentenintegrationstest und Systemintegrationstest unterscheiden:

- Beim *Komponentenintegrationstest* sind die Testelemente die Schnittstellen und das Zusammenwirken zwischen integrierten Komponenten.
- Beim *Systemintegrationstest* sind die Testelemente die Schnittstellen und das Zusammenwirken zwischen integrierten Systemen.

Der jeweils zugehörige technische Systementwurf liefert die benötigte Testbasis wie beispielsweise Architektur- und Schnittstellenspezifikationen.

In der Praxis wird häufig nicht sauber zwischen dem Systemtest und dem Integrationstest unterschieden. Auch wenn nach einem erfolgreichen Systemtest die Integration der Elemente als erfolgreich angenommen werden kann, handelt es sich deshalb noch um keinen Integrationstest. Es fehlt die explizite Betrachtung der Schnittstellen zwischen den Elementen.

Integrationsstrategie

Auch nicht zu verwechseln ist der Integrationstest mit der Integrationsstrategie. Der Integrationstest bewertet die Schnittstellen und das Zusammenwirken zwischen den integrierten Elementen. Im Gegensatz dazu legt die Integrationsstrategie die Vorgehensweise fest, wie der Tester zu einem vollständigen System kommt. Folgende Integrations-

8. Die Bezeichnung der Integrationsteststufen nach CTFL weicht von der Bezeichnung nach ASPICE teilweise ab (siehe Abschnitt 3.4.2).

strategien sind auch in der Softwareentwicklung der Automobilindustrie weit verbreitet:

- Bei der *Big-Bang-Integrationsstrategie* werden alle Elemente eines Systems vollständig integriert und in Betrieb genommen. Ein im Komponententest unentdeckter Fehlerzustand kann hier zu einem Big Bang führen. Diese Strategie kommt häufig zum Einsatz, wenn das Risiko durch unentdeckte Fehlerzustände in den Komponenten und Schnittstellen niedrig ist.
- Bei der *inkrementellen Integrationsstrategie* werden erst einzelne Komponenten zu einem Teilsystem integriert und getestet. Erst wenn diese Tests erfolgreich waren, werden weitere Komponenten oder Teilsysteme hinzugefügt. Dies wiederholt sich so lange, bis alle Komponenten des Systems vollständig integriert sind. Diese Strategie kommt häufig bei sequenziellen Softwareentwicklungsmodellen (wie V-Modell) zum Einsatz.
- Bei *Continuous Integration* hingegen handelt es sich um eine *iterative Integrationsstrategie*, die das fortlaufende Integrieren von Komponenten zu einem System beschreibt. Dadurch ist es Entwicklern möglich, nach Änderungen an ihren Komponenten zeitnah die Auswirkungen auf das Systemverhalten zu beobachten. Diese Strategie kommt häufig bei agilen Softwareentwicklungsmodellen (wie Scrum) zum Einsatz.

Systemtest

Der Systemtest verfolgt vorrangig das Testziel, ein System als Ganzes zu verifizieren, also zu testen, ob das System die spezifizierten Anforderungen erfüllt. Beim Zulieferer steht häufig am Ende dieser Teststufe die interne Freigabe zur Übergabe an den OEM.

Ein System besteht aus einer Menge miteinander interagierender Elemente, die so organisiert sind, dass sie einen gemeinsamen Zweck erfüllen. So handelt es sich beim Fahrzeug selbst um ein System, das dem Zweck dient, Personen und Gegenstände (z.B. Gepäck) zu transportieren. Aber auch das Bremssystem des Fahrzeugs ist ein System, allerdings mit dem Zweck, das Fahrzeug zu verzögern. So lässt sich wie beim Integrationstest auch der Systemtest abhängig von den jeweiligen Systemgrenzen in eine Vielzahl von Systemtests unterteilen. In der Fahrzeugentwicklung sind folgende Abstufungen des Systemtests häufig anzutreffen:

- Systemtest *vernetzter Fahrzeuge*
  Test des Fahrzeugs, das in seine Systemumgebung integriert ist. So müssen beispielsweise alle in der EU zugelassenen Neuwagen mit Mobilfunk für den Notfall ausgestattet sein (eCall [EU 2019]). Damit dieser Dienst möglich ist, muss sich das Fahrzeug mit dem Mobilfunknetz verbinden und im Notfall eine Verbindung mit einer Rettungsleitstelle aufbauen.
- Systemtest des *Gesamtfahrzeugs* in einer Fahrzeugkonfiguration
  Test des Gesamtfahrzeugs mit allen Komponenten und (Teil-)Systemen. Dadurch lässt sich das Zusammenspiel der Software, Elektronik, Mechanik in virtuellen oder realen Umwelt- und Fahrsituationen bewerten.
- Systemtest eines Fahrzeug*teilsystems*[9]
  Test eines Teilsystems, das für einen spezifischen Funktionsumfang des Gesamtfahrzeugs benötigt wird. Bei dem Teilsystem kann es sich beispielsweise um das Antriebssystem handeln. Beim Test dieses Systems sind ausschließlich die Steuergeräte und Komponenten verbaut, die zum Antrieb des Fahrzeugs benötigt werden.
- Systemtest eines *Steuergeräts*
  Fälschlicherweise auch als Komponententest bezeichnet (siehe oben beim Komponententest), besteht doch auch ein Steuergerät aus einer Vielzahl von Software- und Hardwarekomponenten. Häufig ist dieser Test als Teil des Freigabeprozesses beim Zulieferer anzutreffen. Die Ergebnisse dieses Tests sind dann Grundlage für die Freigabe durch den Hersteller.
- Systemtest einer *Software*
  Test eines Softwaresystems, bestehend aus allen Softwarekomponenten. Existiert eine virtuelle Infrastruktur, kann dieser Test sogar mit Softwarekomponenten durchgeführt werden, die später auf mehreren Steuergeräten verteilt sind.

Abnahmetest

Der Abnahmetest bewertet hauptsächlich, ob ein Kunde ein System abnehmen kann. Häufig liegt der Fokus auf der Validierung, also ob das System den Erwartungen des Kunden entspricht und seinen Zweck erfüllt. Auch beim Abnahmetest existieren gemäß CTFL unterschiedliche Ausprägungen:

---

9. Einige Fahrzeughersteller gruppieren Fahrzeugfunktionen nach ihrer logischen Zugehörigkeit zu einer Domäne wie Infotainment, Fahrwerk oder Antriebsstrang.

- *Benutzerabnahmetest*
  Bei klassischen Kundenprojekten stellt der Nutzer des Produkts die Anforderungen an das Produkt und nimmt dieses auch ab. Im Gegensatz dazu handelt es sich bei der Entwicklung eines Fahrzeugs um ein Marktprojekt. Hier repräsentieren Stellvertreter die Interessen der späteren Endkunden. So erfolgt die Benutzerabnahme häufig durch diese Stellvertreter.
- *Betrieblicher Abnahmetest*
  Vor dem Start der Produktion und des Vertriebs eines neuen Fahrzeugmodells bedarf es der Abnahme (Freigabe) durch die Fertigungsstätten (Produktion) und die Werkstätten (Wartung). Hier liegt der Fokus auf Produzierbarkeit (in der Fertigung) und Wartbarkeit (in den Werkstätten). Für die Fertigung kann es beispielsweise von Interesse sein, dass Bauteilvarianten gegen Verwechslung am Band eindeutig gekennzeichnet sind. Hingegen ist es für Werkstätten wichtig, dass sich Bauteilfehler ohne spezielle Hilfsmittel leicht lokalisieren lassen.
- *Regulatorischer Abnahmetest*
  Bei dieser Art des Abnahmetests wird verifiziert, ob das System Gesetze, Richtlinien und Vorschriften erfüllt. In Deutschland ist beispielsweise für den Betrieb eines Fahrzeugs im öffentlichen Straßenverkehr sowohl eine Typengenehmigung (durch das Kraftfahrt-Bundesamt) als auch eine fahrzeugspezifische Straßenzulassung (durch die zuständige Kraftfahrzeug-Zulassungsbehörde) erforderlich. Diese Genehmigung erfolgt unter anderem auf Basis von Prüfungen, die z.B. unabhängige Instanzen wie TÜV oder DEKRA durchführen (z.B. Homologation[10] des Bremssystems nach ECE-R13).
- *Vertraglicher Abnahmetest*
  Diese Art des Abnahmetests ist häufig dort anzutreffen, wo ein Vertragspartner für die Entwicklung und Lieferung von Teilumfängen beauftragt ist. Zum vertraglichen Abnahmetest gehören Testumfänge beim Zulieferer, die vertraglich mit dem Fahrzeughersteller vereinbart sind (z.B. genau festgelegte Testfälle für die elektromagnetische Verträglichkeit). Eine Abnahme des Lieferumfangs erfolgt durch den Fahrzeughersteller erst dann, wenn auch diese vertraglich vereinbarten Tests durchgeführt und vertraglich vereinbarte Abnahmekriterien (Testendekriterien) erfüllt wurden.

10. Homologation ist ein überstaatliches System für die Zulassung von Kraftfahrzeugen und Fahrzeugteilen.

2.4.2 Testarten

Testarten sind Gruppen von Testaktivitäten, die auf bestimmten Testzielen basieren, mit dem Zweck, eine Komponente oder ein System auf spezifische Merkmale zu prüfen. Somit beschreiben die Testarten, *wozu* ein Test durchgeführt wird. Die unterschiedlichen Testziele können sein:

- Bewertung funktionaler Qualitätsmerkmale durch funktionale Tests
- Bewertung nicht funktionaler Qualitätsmerkmale durch nicht funktionale Tests
- Bewertung struktureller Qualitätsmerkmale durch strukturelle Tests (Whitebox-Tests)
- Bewertung von Änderungen durch änderungsbezogene Tests

Es ist möglich, alle diese Testarten auf allen Teststufen durchzuführen. In der Praxis bemühen sich kontextspezifische Teststrategien aber um eine möglichst effiziente Zielerreichung. So führt der Entwickler strukturelle Tests eher im Rahmen der Komponententests durch als in höheren Teststufen. Die Performanz der Bordnetz-Architektur lässt sich hingegen erst im Systemtest bewerten, da nur hier alle Steuergeräte vorhanden sind, die die Kommunikation beeinflussen.

Funktionale Tests

Die Funktion ist das, *was* das System tut. Sie soll Informationen verarbeiten (wie die Funktion eines Navigationssystems, eine Route zum Zielort zu berechnen) oder Aufgaben erfüllen (wie die Funktion des Antriebssystems, ein Fahrzeug zu beschleunigen). Funktionale Tests führt der Tester durch, um die Funktion einer Komponente oder eines Systems zu bewerten. Hierzu gehören auch folgende Aspekte der funktionalen Eignung nach ISO/IEC 25010 [ISO 25010]:

- Der Test auf funktionale Vollständigkeit bestimmt den Grad, in dem der Funktionsumfang *alle* festgelegten Aufgaben und Benutzerziele abdeckt.

  Beispiel: Der Tempomat erfüllt 100 % der funktionalen Anforderungen (Verifizierung).
- Der Test auf funktionale Korrektheit bestimmt den Grad, in dem ein Produkt oder System die richtigen Ergebnisse mit der erforderlichen Präzision liefert.

  Beispiel: Eine Berechnung erfolgt innerhalb spezifizierter Toleranzen.

- Der Test auf funktionale Angemessenheit bestimmt den Grad, in dem die Funktionen die Erfüllung bestimmter Aufgaben und Ziele erleichtert.

  Beispiel: Der Tempomat ist für den beabsichtigten Gebrauch geeignet (Validierung).

Funktionale Tests basieren häufig auf funktionalen Anforderungen, die natürlichsprachlich, aber auch in Form von Modellen (wie UML-Aktivitätsdiagrammen) vorliegen können. Je nach Erfahrung des Testers kann er funktionale Tests auch aus seiner Intuition und seinen Erwartungen an das Testobjekt ableiten.

Nicht funktionale Tests

Im Gegensatz zum funktionalen Test betrachtet der nicht funktionale Test, *wie gut* das System funktioniert. Hierzu gehört zum Beispiel, dass eine Berechnung in ausreichender Geschwindigkeit und Zuverlässigkeit erfolgt. Der nicht funktionale Test setzt somit die eigentliche Funktion voraus.

Nach ISO 9000 [ISO 9000] ist Qualität *»der Grad, in dem ein Satz inhärenter Merkmale eines Objekts Anforderungen erfüllt«*. Die ISO/IEC 25010 [ISO 25010] liefert hierzu ein generelles Modell für Qualitätsmerkmale von Software und Systeme. Um den Erfüllungsgrad der Softwarequalitätsmerkmale zu bewerten, gibt es die folgenden nicht funktionalen Tests:

- Der Performanz-/Effizienztest bewertet Aspekte wie das zeitliche Verhalten und die Ressourcennutzung.

  Beispiel: Test der Verarbeitungsgeschwindigkeit und der CPU-Auslastung.
- Der Kompatibilitätstest bewertet Aspekte wie Koexistenz und Interoperabilität.

  Beispiel: Test, ob eine neue Funktion bereits bestehende Funktionen stört bzw. mit anderen Funktionen Daten austauschen kann.
- Der Benutzbarkeitstest bewertet Aspekte wie Erlernbarkeit und Barrierefreiheit.

  Beispiel: Bewerten, ob ausreichend Hilfeinformationen vorhanden sind und Styleguides eingehalten werden.
- Der Zuverlässigkeitstest bewertet Aspekte wie die Verfügbarkeit und Robustheit.

  Beispiel: Lebensdauertests, die eine mehrjährige Nutzung simulieren, oder Negativtests, die das Verhalten der Funktion auf fehlerhafte Daten bewerten.

- Der IT-Sicherheitstest (im Sinne von Zugriffsschutz) bewertet Aspekte wie Authentizität und Integrität.

  Beispiel: Test, ob eine nicht authentifizierte Software auf ein Steuergerät geladen werden kann oder ein unerlaubter Zugriff abgewiesen wird.

- Der Wartbarkeitstest bewertet Aspekte wie Modularität und Analysierbarkeit.

  Beispiel: Bewertung der Softwarestruktur durch ein Codereview oder eine statische Codeanalyse.

- Der Übertragbarkeitstest bewertet Aspekte wie Installierbarkeit und Anpassbarkeit.

  Beispiel: Test, ob sich eine Funktion an die Fahrzeugkonfiguration anpasst oder eine Software auch auf einen älteren Hardwarestand installierbar ist.

Neben den in der ISO/IEC 25010 [ISO 25010] aufgeführten Qualitätsmerkmalen können noch weitere produkt- oder branchenspezifische Qualitätsmerkmale existieren. Beispielsweise das Qualitätsmerkmal der funktionalen Sicherheit (Functional Safety). Auch existieren Normen und Standards, die zu einzelnen Qualitätsmerkmalen spezifische Anforderungen stellen. Beispielsweise enthält die ISO 26262 [ISO 26262:2018] Anforderungen zur funktionalen Sicherheit.

Nicht funktionale Tests basieren häufig auf nicht funktionalen Anforderungen, die meistens in natürlichsprachlicher Form vorliegen. Darüber hinaus spielt die Erfahrung der Tester eine sehr große Rolle. So entstehen viele sogenannte Prüfvorschriften und Prüfstandards auf Basis langjähriger Erfahrung der Tester.

Strukturelle Tests (Whitebox-Tests)

Strukturelle Tests (auch Whitebox-Tests genannt) basieren auf der internen Struktur bzw. der Implementierung einer Komponente bzw. eines Systems. Die Struktur kann, je nach Teststufe, der Code, die Architektur, eine Menüstruktur oder ein Workflow sein.

Im Gegensatz zum funktionalen und nicht funktionalen Test zielt der strukturelle Test nicht auf das äußere Verhalten, sondern auf strukturelle Qualitätsmerkmale wie eine vollständige Anweisungs- oder Entscheidungsüberdeckung.

Beispiel

Folgendes Beispiel macht die Notwendigkeit struktureller Tests deutlich: Sie sollen ein innovatives Bremssystem für die Serie freigeben. Ihnen liegen die Testberichte der Funktionstests und Langzeiterprobung vor. Dabei wurden keinerlei freigabeverhindernde Fehler gefunden. Auf Grundlage dieser Informationen spricht scheinbar nichts gegen eine Freigabe.

Doch dann erfahren Sie zufällig von einem der Softwareentwickler, dass durch die bisherigen Tests erst 30% des Programmcodes ausgeführt wurden. Die bisher nicht getesteten Anweisungen werden nach Auskunft des Entwicklers für eventuelle Ausnahmebehandlungen in der Software benötigt. Würden Sie ein kritisches System mit diesen neuen Erkenntnissen freigeben?

Änderungsbezogene Tests

Änderungen an einer Komponente oder an einem System werden vorgenommen, um einen Fehlerzustand zu korrigieren oder um eine Funktion hinzuzufügen bzw. zu ändern. Im Fall einer solchen Änderung sollte der Tester änderungsbezogene Tests durchführen.

- *Fehlernachtests* zur Bewertung, ob nach einer Fehlerkorrektur eine zuvor gefundene Fehlerwirkung nicht mehr auftritt. Hierzu werden die Testfälle erneut durchgeführt, die aufgrund des Fehlerzustands fehlgeschlagen sind.
- *Regressionstests* zur Bewertung, ob eine Änderung (z.B. durch eine neue Funktionalität oder durch eine Fehlerkorrektur) negative Folgen auf bestehende Leistungsmerkmale hat, also zu einer Regression führt.

Änderungsbezogene Tests basieren häufig auf der Sammlung bereits existierender Testfälle. Das heißt, der Tester entwirft meistens keine neuen Regressions- und Fehlernachtests. Er wählt sie vielmehr aus bereits vorhandenen Testfällen aus. Lediglich beim Regressionstest kann es notwendig sein, auf Basis der Auswirkungsanalyse weitere Testfälle zu entwerfen.

2.4.3 Testverfahren

Testverfahren beschreiben, *wie* ein Tester einen Test entwirft oder durchführt. Es stehen ihm sowohl Verfahren für *statische Tests* als auch für *dynamische Tests* zur Verfügung:

- statische Tests (Abschnitt 5.2)
  - statische Codeanalysen (Abschnitt 5.2.1)
  - Reviews (Abschnitt 5.2.2)
- dynamische Tests (Abschnitt 5.3)
  - spezifikationsbasierte Tests (Abschnitt 5.3.1)
  - erfahrungsbasierte Tests (Abschnitt 5.3.2)
  - strukturbasierte Tests (Abschnitt 5.3.3)
  - Testverfahren für die Testdurchführung (Abschnitt 5.3.4)

Der Begriff *strukturbasierter Test* steht sowohl für ein Testverfahren als auch für eine Testart. Das liegt daran, dass auf Basis der Struktur entworfene Tests (Testverfahren) zugleich das Ziel einer strukturellen Überdeckung (Testart) verfolgen. Umgekehrt ist zum Bewerten der strukturellen Qualität neben dem Testverfahren des strukturbasierten Tests auch eine statische Analyse möglich. So gilt für alle *Testverfahren*, dass sie häufig für mehrere *Testarten* und auf mehreren *Teststufen* anwendbar sind.

3 Normen und Standards

Definition

Normen und Standards sind formale Regelwerke, die alle Nutzer in die Lage versetzen, nach einheitlichen Vorgaben zu arbeiten. Sie beeinflussen maßgebliche Projektaspekte wie Zeit, Kosten, Qualität, Projekt- und Produktrisiken. Darüber hinaus steigern sie die Effizienz der Prozesse (um beispielsweise bei gleichbleibender Qualität die Entwicklungszeit bzw. -kosten zu reduzieren) durch folgende Punkte:

- einheitliche Benennung
- bessere Transparenz
- einfachere Zusammenarbeit (intern und extern)
- höhere Wiederverwendbarkeit
- konsolidierte Erfahrungen (Best Practice)

Normen und Standards beschreiben anerkannte »Regeln der Technik«. Als Branchenstandard kann ihre Anwendung sogar obligatorisch sein (z.B. ISO 9001 [ISO 9001]) und als Basis für Audits dienen. Dadurch kann ein Gutachter (Auditor) die Qualität eines Produkts oder Prozesses bewerten und feststellen, ob diese die geforderten Vorgaben erfüllen. Normen stellen dabei die *formaleren* Vorgabedokumente dar, da sie für die Veröffentlichung einen (oft mehrjährigen) Normungsprozess durch die herausgebende Stelle durchlaufen müssen. Standards hingegen kommen in der Praxis in unterschiedlichen Formen vor (z.B. Firmen- und Industriestandards).

Nationale und internationale Normen

Waren Normen anfangs oft nationale Dokumente, so sind sie heute in der Regel international. Oft werden dann internationale Normen, in die Landessprache übersetzt, zu nationalen Standards. Bekannte Organisationen, die Normen herausgeben, sind beispielsweise das Deutsche Institut für Normung (DIN), die Internationale Organisation für Normung (ISO) und die amerikanische Society of Automotive Engineers (SAE). Normen und Standards sind häufig branchenspezifisch (z.B. Luftfahrt, Automotive). Eine der bekanntesten Normen ist die Norm für Qualitätsmanagement ISO 9001, die es auch in einer deutschen Übersetzung gibt.

Die Anwendung von Normen und Standards ist üblicherweise freiwillig, sie sind aber häufig Teil vertraglicher oder regulatorischer Vorschriften und Vorgaben. Umgangssprachliche »Normen«, die verpflichtenden Charakter haben, sind oftmals keine Normen im eigentlichen Sinn, sondern gesetzliche Verordnungen (z.B. die Verordnung EG Nr. 715/2007 für die Abgasnormen Euro 5 und Euro 6). Es gibt viele Normen und Standards, die Vorgaben für die Produktentwicklung machen. Diese beleuchten typischerweise unterschiedliche Aspekte der Entwicklung (z.B. Qualitätsnormen, Prozessnormen, testrelevante Normen). Tabelle 3–1 führt Beispiele von Normen und Standards aus der Fahrzeugentwicklung auf, die für den Tester relevant sein können.

Tab. 3–1
Auswahl relevanter Normen und Standards für Tester

Norm	Titel	Erscheinungsjahr[a]
Qualität/Qualitätsmanagement		
DIN EN ISO 9001	Qualitätsmanagementsysteme – Anforderungen	2015
IATF 16949	Anforderungen an Qualitätsmanagementsysteme für die Serien- und Ersatzteilproduktion in der Automobilindustrie	2016
Prozesse		
ISO/IEC 33004	Information technology – Process assessment – Requirements for process reference, process assessment and maturity models	2015
ISO/IEC 33020	Information technology – Process assessment – Process measurement framework for assessment of process capability	2019
ASPICE	Automotive SPICE® Process Reference and Assessment Model – RELEASE 3.1	2017
ISO/IEC/IEEE 12207	Systems and software engineering – Software life cycle processes	2017
DIN EN 61508	Funktionale Sicherheit sicherheitsbezogener elektrischer/elektronischer/programmierbarer elektronischer Systeme	2011
ISO 26262	Road vehicles – Functional safety	2018
ISO/PAS 21448	Road vehicles – Safety of the intended functionality	2019
ISO/SAE 21434	Road vehicles – Cybersecurity engineering	in Erstellung
SAE J3061	Cybersecurity Guidebook for Cyber-Physical Vehicle Systems	2016

→

Norm	Titel	Erscheinungsjahr[a]
Diagnose		
ASAM MCD-2 D	Data Model for ECU Diagnostics	2008
ISO 14229	Road vehicles – Unified diagnostic services (UDS)	2012 bis 2020
Test		
ISO/IEC/IEEE 29119	Software and systems engineering – Software testing	2013 bis 2016
ISO 11452	Road vehicles – Component test methods for electrical disturbances from narrowband radiated electromagnetic energy	2002 bis 2019
ISO 16750	Road vehicles – Environmental conditions and testing for electrical and electronic equipment	2010 bis 2018
Architektur		
AUTOSAR	AUTOSAR Classic Release R19-11	2019
ISO 11898	Road vehicles – Controller area network (CAN)	2004 bis 2016
Programmierrichtlinien		
MISRA C:2012	Guidelines for the use of the C language in critical systems	2013

a. Erscheinungsjahr der jeweils aktuell gültigen Version der Norm (Stand: Mai 2020).

Drei der für den Tester besonders relevanten Normen und Standards werden in den folgenden Abschnitten näher vorgestellt:

- ASPICE [VDA 2017] in Abschnitt 3.1
- ISO 26262 [ISO 26262:2018] in Abschnitt 3.2
- AUTOSAR [AUTOSAR 2019a] in Abschnitt 3.3

Das Buch behandelt zwar Themen wie Automotive SPICE und ISO 26262 aus der Perspektive der Tester; es soll und kann aber keine dedizierte Ausbildung zum Automotive SPICE Assessor oder Safety Manager ersetzen.

3.1 Automotive SPICE

Automotive SPICE ist ein Prozessreifegradmodell, das Anforderungen an den Produktentwicklungsprozess in der Automobilindustrie definiert. Fahrzeughersteller setzen es zur Bewertung der Entwicklungsprozesse ihrer Zulieferer ein und Zulieferern wiederum dient es zur internen Prozessverbesserung.

Prozessverbesserung basiert auf der Annahme, dass die Qualität eines Produkts – sei es ein System oder eine Software – auch von der Qualität der Entwicklungsprozesse abhängt. Je reifer die Entwicklungsprozesse, desto höher ist die Wahrscheinlichkeit eines qualitativ hochwertigen Produkts. Prozessreifegradmodelle bieten hier einen Ansatz für Verbesserungen. Sie helfen einer Organisation, den Reifegrad ihrer Prozesse zu bewerten und Vorschläge zu deren Verbesserung abzuleiten.

Ab 2001 entwickelte die SPICE[1]-User-Group im Auftrag der HIS[2] das Prozessverbesserungsmodell Automotive SPICE (ASPICE) für die Automobilindustrie. ASPICE basierte ursprünglich auf dem internationalen Standard ISO/IEC 15504[3] [ISO 15504], umgangssprachlich auch SPICE genannt. Seit der ersten Veröffentlichung im Jahr 2005 hat sich ASPICE in der Automobilindustrie stark verbreitet und wurde bis heute mehrfach überarbeitet. Die aktuell gültige Version 3.1 [VDA 2017] gab der Verband der Automobilindustrie e.V. (VDA) im November 2017 frei.

Um die Forderungen von ASPICE besser zu verstehen, ist ein Verständnis der grundlegenden Struktur des Prozessassessmentmodells erforderlich. Diese Grundlagen sind in Abschnitt 3.1.1 zu finden. Im anschließenden Abschnitt 3.1.2 liegt der Fokus auf den Forderungen von ASPICE an den Test.

3.1.1 Aufbau und Struktur

ASPICE besteht aus einem Prozessreferenzmodell (PRM) und einem Prozessassessmentmodell (PAM). Das Prozessreferenzmodell spezifiziert die Prozesse, während das Prozessassessmentmodell darüber hinaus die Anforderungen für die einzelnen Fähigkeitsstufen enthält. Das Prozessassessmentmodell ist für die Bewertung der Prozesse relevant. Es bildet die Basis für das Assessment eines Projekts. Das PAM verfügt über zwei Dimensionen: die Prozessdimension und die Fähigkeitsdimension.

1. SPICE steht für Software Process Improvement and Capability dEtermination.
2. Hersteller Initiative Software der deutschen Automobilhersteller.
3. Der Standard ISO/IEC 15504 [ISO 15504] wurde überarbeitet und in die neue Standardfamilie ISO/IEC 330xx überführt. ASPICE ist seit der Version 3.0 konform zum neuen Standard ISO/IEC 33004.

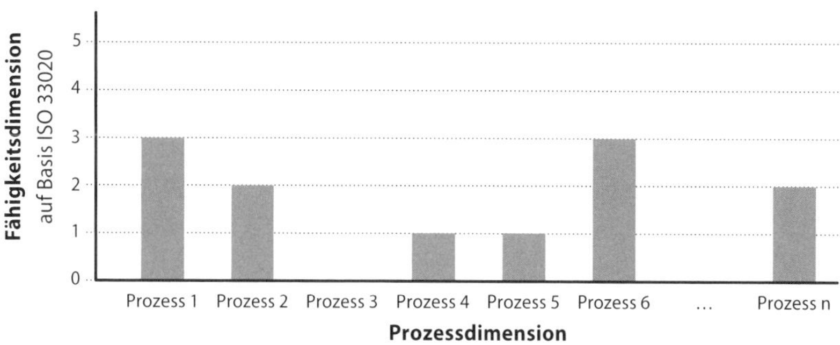

Abb. 3–1
Assessmentergebnisse

Mithilfe des ASPICE-Prozessassessmentmodells kann der Assessor die in einem Projekt gelebten Prozesse (Prozessdimension) bezüglich ihrer Fähigkeit (Fähigkeitsdimension) bewerten. Abbildung 3–1 zeigt eine solche Bewertung der Prozesse. Die zwei Dimensionen des PAM bilden die Achsen der Grafik.

Jedes Assessment ist dabei immer eine Momentaufnahme des Projekts. Die Assessmentergebnisse spiegeln den Reifegrad der Prozesse im Projekt zum Zeitpunkt des Assessments wider und können sich über der Zeit verändern.

Prozessdimension

In der Prozessdimension legt ASPICE die *Referenzprozesse* fest. Diese dienen als Referenz, um damit die eigenen Prozesse zu vergleichen, zu bewerten und zu verbessern. Zu jedem Prozess spezifiziert ASPICE in seinem Prozessreferenzmodell (PRM) neben dem Namen und einer eindeutigen ID auch den Zweck und die Ergebnisse des Prozesses, die bei einem erfolgreich gelebten Prozess erwartet werden. Die Prozessbeschreibung für den Prozess SWE.6 Softwarequalifikationstest ist als Beispiel im Anhang in Abschnitt B.1 dargestellt. Benötigt eine Organisation über ASPICE hinaus weitere Referenzprozesse, kann sie diese z.B. aus der ISO/IEC 12207 [ISO 12207] oder ISO/IEC 15288 [ISO 15288] entnehmen.

ASPICE fasst alle Referenzprozesse nach der Art ihrer Aktivität in acht Prozessgruppen zusammen. Diese Gruppen sind wiederum einer der drei Kategorien *primäre Prozesse*, *unterstützende Prozesse* und *organisatorische Prozesse* im Lebenszyklus zugeordnet (Abb. 3–2). Eine tabellarische Darstellung aller Prozesse aus ASPICE V3.1 findet sich im Anhang in Abschnitt B.2.

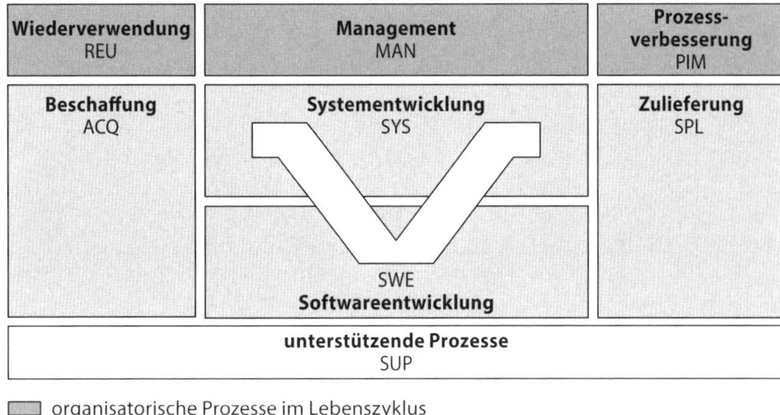

Abb. 3–2
Die Prozessgruppen nach ASPICE

Primäre Prozesse

Die *primären Prozesse* sind Prozesse, die der Wertschöpfung des Unternehmens dienen (die sogenannten Kernprozesse):

- Beschaffung (ACQ) von Produkten und/oder Dienstleistungen
- Zulieferung (SPL) von Produkten und/oder Dienstleistungen
- Systementwicklung (SYS)
- Softwareentwicklung (SWE)

Für den Tester sind die Prozessgruppen Systementwicklung (SYS) und Softwareentwicklung (SWE) von besonderem Interesse. In diesen Prozessen stellt ASPICE die Anforderungen an den Test (siehe Abschnitt 3.1.2), die der Tester dann im Projekt erfüllen muss.

Unterstützende Prozesse

Die *unterstützenden Prozesse* (SUP) sind Prozesse, die sowohl die Kernprozesse als auch alle weiteren Prozesse unterstützen. Zu dieser Gruppe gehören unter anderem folgende, für den Tester relevante Prozesse:

- Konfigurationsmanagement (SUP.8)
- Problemlösungsmanagement (SUP.9)[4]
- Änderungsmanagement (SUP.10)

Die hier aufgeführten Prozesse betreffen den Tester ebenso wie den Entwickler. So fordert der Prozess Konfigurationsmanagement (SUP.8), dass ein Tester seine Arbeitsergebnisse (wie die Testspezifikation) gemäß dem Konfigurationsmanagementplan ablegen muss. Da ein Tester Fehler meldet und Änderungen verifiziert, ist es für ihn hilfreich, wenn er die

4. Der englische Prozessname ist »Problem Resolution Management«. Der Prozess geht über das typische Fehlermanagement hinaus und beschäftigt sich mit allen Problemen, die im Projekt auftreten, nicht nur mit Fehlern.

Anforderungen für Prozesse des Problemlösungsmanagements (SUP.9) und Änderungsmanagements (SUP.10) kennt.

Organisatorische Prozesse

Die *organisatorischen Prozesse* sind Prozesse, die Unternehmensziele unterstützen:

- Management (MAN) zum Leiten eines Projekts oder Prozesses
- Prozessverbesserung (PIM) zur Verbesserung der Prozesse
- Wiederverwendung (REU) von Systemen und Komponenten

Organisatorische Prozesse sind überwiegend für das Management relevant. So betreffen beispielsweise die Anforderungen zum Projektmanagement (MAN.3) und Risikomanagement (MAN.5) überwiegend den Testmanager und nicht den Tester. Für die System- und Softwareentwicklung spielt darüber hinaus der Aspekt der Wiederverwendung von Arbeitsergebnissen eine Rolle. Daher betrachtet der Assessor gelegentlich auch das Reuse-Management (REU.2).

Fähigkeitsdimension

In der Fähigkeitsdimension definiert ASPICE eine Menge an Prozessattributen (PA), die die unterschiedlichen *Fähigkeiten* (Reifegrade) für die oben genannten Prozesse ausdrücken. Jedes Prozessattribut beschreibt einen Aspekt zur Steuerung und Effektivitätssteigerung eines Prozesses. Die Prozessattribute liefern die messbaren Indikatoren der Prozessfähigkeit. Für jeden Prozess existieren hierzu sowohl prozessspezifische als auch prozessübergreifende (generische) Indikatoren.

Fähigkeitsstufen

ASPICE nutzt im PAM die in der ISO 33020 [ISO 33020] definierten Fähigkeitsstufen 0 bis 5 (siehe Abb. 3–3), die aufeinander aufbauen.

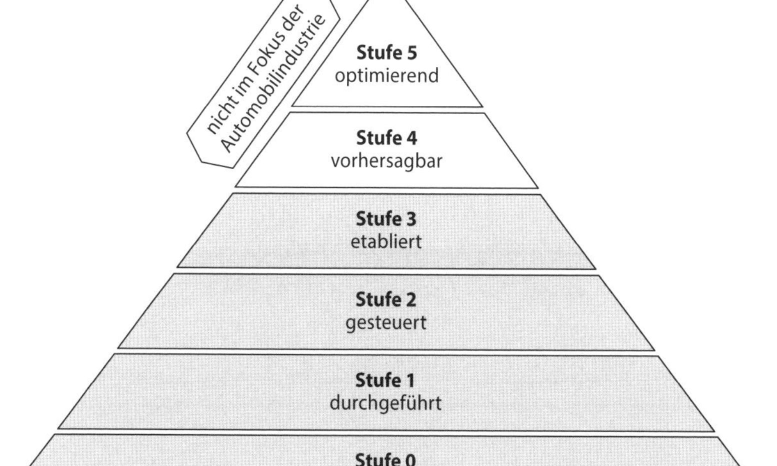

Abb. 3–3 Fähigkeitsstufen der ISO 33020

- **Stufe 0**
  Ein *unvollständiger Prozess* bedeutet, er existiert nicht oder es gibt kaum Nachweise, dass der Prozesszweck erfüllt wird.
- **Stufe 1**
  Der im Projekt *durchgeführte Prozess* erreicht (wenn auch möglicherweise unsystematisch) den Prozesszweck.
- **Stufe 2**
  Das Projekt hat einen *gesteuerten Prozess*, wenn es den Prozess in seiner Durchführung plant und überwacht. Bei Bedarf passt es das Vorgehen im Zuge der Ausführung auf das Ziel an. Die Vorgaben an die Arbeitsprodukte sind definiert. Ein Projektmitarbeiter prüft die Arbeitsprodukte und gibt diese frei.
- **Stufe 3**
  Das Projekt hat einen *etablierten Prozess*, wenn es einen organisationsweit standardisierten Prozess gibt und das Projekt diesen anwendet. Dabei verbessert das Projekt den Prozess fortlaufend auf Basis der damit gemachten Erfahrungen.
- **Stufe 4**
  Das Projekt hat einen *vorhersagbaren Prozess*, wenn der im Projekt etablierte Prozess innerhalb definierter Grenzen abläuft, um seine Prozessergebnisse zu erreichen.
- **Stufe 5**
  Das Projekt hat einen *optimierenden Prozess*, wenn der bisher gelebte vorhersagbare Prozess kontinuierlich verbessert wird, um gegenwärtige oder zukünftige Unternehmensziele zu erreichen.

In der Praxis verwenden Hersteller nur die Fähigkeitsstufen 0 bis 3. Die Stufe 4 (*vorhersagbarer Prozess*) und die Stufe 5 (*optimierender Prozess*) sind deshalb nicht Bestandteil dieses Buches und der CTFL-AuT-Ausbildung.

Fähigkeitsindikatoren

Anhand der Definitionen der Fähigkeitsstufen kann ein Assessor keine Bewertung der Prozesse durchführen. Dafür benötigt er »handfeste« Kriterien. Die ISO 33020 [ISO 33020] hat daher für jede Fähigkeitsstufe stufenspezifische Prozessattribute (PA) definiert (siehe Tab. 3–2). Diese Prozessattribute spiegeln unterschiedliche Aspekte der einzelnen Stufen wider und spezifizieren vor allem *Indikatoren*, anhand derer ein Assessor den Reifegrad der Prozesse bewerten kann.

Fähigkeitsstufe	Prozessattribute
Stufe 0	*kein Prozessattribut*
Stufe 1	PA 1.1 Prozessdurchführung
Stufe 2	PA 2.1 Durchführungsmanagement
	PA 2.2 Arbeitsproduktmanagement
Stufe 3	PA 3.1 Prozessdefinition
	PA 3.2 Prozessanwendung

Tab. 3–2
Fähigkeitsstufen mit Prozessattributen

Stufe 0

Für die Stufe 0 gibt es kein Prozessattribut. Die Stufe 0, der *unvollständige* Prozess, ist die minimale Bewertung, die jeder Prozess automatisch erreicht. Dafür benötigt ein Assessor keine Indikatoren.

Stufe 1

Für die Stufe 1 ist das Prozessattribut *PA 1.1 Prozessdurchführung* ein Maß dafür, inwieweit ein Prozess seinen Zweck erfüllt. Hierzu verwendet ASPICE zwei Arten von Indikatoren, die es für jeden Prozess *individuell* definiert:

- *Basispraktiken (BP)* beschreiben die durchzuführenden Prozessaktivitäten. Sie sind das Kernstück der Prozessbeschreibungen.
- *Arbeitsprodukte (WP)* beschreiben die erwarteten Arbeitsergebnisse, die bei der Durchführung des Prozesses entstehen.

In den Basispraktiken und Arbeitsprodukten der unterschiedlichen Prozesse finden sich viele Aktivitäten und Arbeitsergebnisse, die aus typischen Entwicklungsprozessen bekannt sind. Tatsächlich handelt es sich bei den Basispraktiken um grundlegende Arbeitsschritte. Die Basispraktiken beschreiben hierbei, *was* gemacht werden soll. *Wie* etwas gemacht wird, entscheidet das Projekt. Grundsätzlich geht es in Stufe 1 darum, dass der Prozess *gelebt* wird. Tabelle 3–3 zeigt exemplarisch die Basispraktiken und Arbeitsprodukte für den Prozess SWE.6 Softwarequalifikationstest.

Beispielprojekt *ULV*

Projektleiterin Petra schreibt das Projekthandbuch für das Projekt. Sie verweist darin auf den Entwicklungsprozess, der bei Eddison Electronics gut bekannt ist und prinzipiell angewendet wird. Der Entwicklungsprozess ist auf die Entwicklung eines elektronischen Antriebsstrangs ausgerichtet und setzt Best Practices aus der Vergangenheit um. Er erfüllt bereits die Prozessanforderungen aus Automotive SPICE 3.1.

→

BEC hat zu Projektbeginn angekündigt, dass sie nach einem Jahr ein Assessment mit eigenen Assessoren durchführen werden. Zur Vorbereitung des Projektteams auf das externe Assessment holt Petra den Qualitätsmanager Quentin hinzu. Um dem Projektteam bei der Einhaltung der ASPICE-Anforderungen zu helfen, führt Quentin kleine Workshops mit den unterschiedlichen Entwicklungsgruppen durch. In diesen Workshops präsentiert Quentin den Teilnehmern, welche Basispraktiken und Arbeitsprodukte für den jeweiligen Prozess gefordert sind; nachstehend als Beispiel seine Checkliste für SWE.6 *Softwarequalifikationstest* (siehe Tab. 3–3). Quentin verwendet in seinen Checklisten immer die IDs für die Basispraktiken und Arbeitsprodukte aus ASPICE. So können sich die Teilnehmer in ASPICE besser zurechtfinden und bei Bedarf noch weitere Details zu den beiden Indikatoren nachlesen.

Tab. 3–3
Checkliste für SWE.6

ID	**Basispraktik**
SWE.6.BP1	Entwickle eine Teststrategie inkl. Regressionsteststrategie für den Softwarequalifikationstest
SWE.6.BP2	Entwickle eine Spezifikation für den Softwarequalifikationstest
SWE.6.BP3	Wähle die Testfälle aus
SWE.6.BP4	Teste die integrierte Software
SWE.6.BP5	Stelle die bidirektionale Verfolgbarkeit her
SWE.6.BP6	Stelle die Konsistenz sicher
SWE.6.BP7	Fasse die Ergebnisse zusammen und kommuniziere sie
ID	**Arbeitsprodukt**
08-50	Testspezifikation
08-52	Testkonzept (Test plan)
13-04	Kommunikationsaufzeichnung
13-19	Reviewprotokoll
13-22	Traceability-Matrix
13-50	Testergebnis

Quentin startet in den Workshops immer mit den Anforderungen für Stufe 1. Er will erst eine solide Basis erreichen, bevor er sich um die Anforderungen für Stufe 2 kümmert.

Im Workshop für SWE.6 erklärt Quentin dem Tester Tim und dem Testmanager Thomas, dass sie die sieben geforderten Basispraktiken nachweisen und die erwarteten Arbeitsergebnisse vorlegen müssen, um Stufe 1 zu erreichen.

→

Konkret bedeutet das für das Projekt, dass Thomas mit Unterstützung von Tim eine Teststrategie für den Softwaretest entwickeln und dokumentieren muss (BP1, 08-52). Die Teststrategie für den Softwaretest hatte Thomas bereits erstellt. Sie ist in einem Kapitel seines Testkonzepts beschrieben.

Tim muss eine Testspezifikation (BP2, 08-50) vorweisen, die mit den Softwareanforderungen verknüpft ist und gemäß den Vorgaben aus der Teststrategie (BP5, 13-22) erstellt wurde. Das ist kein Problem für Tim. Das Projekt setzt ein ALM-Werkzeug[a] ein, in dem der Anforderungsmanager Rolf seine Anforderungen ablegt. Wenn Tim einen Testfall spezifiziert, setzt er auch die Verknüpfung zu den durch den Testfall geprüften Anforderungen. Der Link zur Anforderung ist ein verpflichtendes Element der Testfallspezifikation.

Sobald Tim die Spezifikation der Testfälle abgeschlossen hat, führt er mit Rolf ein Review der Testfälle durch. Dabei bewertet Rolf, wie gut die Testfälle die verknüpften Softwareanforderungen abdecken (BP6, 13-19). Im Projekt ist es so geregelt, dass Tim die Testfälle erst nach Rolfs Freigabe ausführen darf.

Nach einigen schmerzvollen Erfahrungen mit unnötigen Testdurchführungen nimmt Tim die Auswahl der Testfälle im Projekt sehr ernst. Vom Releasemanager Rudi erhält Tim kurz vor der geplanten Testdurchführung die aktuellen Release-Notes und wählt die hierzu geeigneten Testfälle aus (BP3, 13-50).

Da Thomas alle Regressionstests automatisieren will, hat er ein Testautomatisierungswerkzeug angeschafft. Die bereits automatisierten Testfälle werden bei jedem Regressionstest ausgeführt und die Testprotokolle von dem Werkzeug generiert (BP4, 13-50).

Thomas fasst die Ergebnisse der durchgeführten Tests zusammen. Er kommuniziert sie regelmäßig in den Projektstatusmeetings ans Projektmanagement und die Entwicklungsleitung (BP7, 13-50, 13-04).

a. ALM-Werkzeug steht für Applikations-Lebenszyklus-Management-Werkzeug. Ein Werkzeug, das häufig aus Anforderungs-, Testmanagement-, Fehlermanagement- und Konfigurationsmanagementwerkzeug besteht.

Stufe 2

Stufe 1 steht für ein intuitives Prozessverständnis. Jeder weiß, was er zu tun hat, und tut es auch. In der Stufe 2 *gesteuerter Prozess* geht es um das Management des in Stufe 1 gelebten Prozesses. Hierzu müssen sowohl die Prozessaktivitäten als auch die Arbeitsprodukte geplant, überwacht und gesteuert werden. Um die unterschiedlichen Aspekte zu beleuchten, hat diese Stufe zwei Prozessattribute:

- Das Attribut PA 2.1 *Durchführungsmanagement* ist ein Maß dafür, inwieweit die Durchführung des Prozesses gesteuert ist.
- Das Attribut PA 2.2 *Arbeitsproduktmanagement* ist ein Maß dafür, inwieweit die vom Prozess erzeugten Arbeitsprodukte angemessen verwaltet sind.

Um beurteilen zu können, ob die Projekte sowohl die Prozessaktivitäten als auch die Arbeitsprodukte managen, definiert ASPICE zwei neue Arten von Indikatoren:

- *Generischen Praktiken* spiegeln die Anforderungen an das Prozessattribut wider.
- *Generischen Ressourcen* sollen bei der Prozessausführung auf dieser Fähigkeitsstufe unterstützen.

Generische Praktiken und generische Ressourcen sind *individuell* für jedes Prozessattribut ab Stufe 2 definiert. Sie heißen generisch, da sie nicht auf einzelne, sondern auf alle Prozesse anwendbar sind.

PA 2.1 Durchführungsmanagement

Die generischen Praktiken für das *Durchführungsmanagement* (PA 2.1) betrachten die Planung (GP 2.1.2), Steuerung und Überwachung (GP 2.1.3, GP 2.1.4) aller Aktivitäten (u.a. der Base Practices) sowie das Ressourcenmanagement (GP 2.1.6) für Personal, Werkzeuge und Infrastruktur (siehe auch Abschnitt B.3 im Anhang). Darüber hinaus erwarten sie die Darstellung der Rechte, Pflichten und Qualifikation aller Prozessbeteiligten (GP 2.1.5) und das Management der Prozessschnittstellen (GP 2.1.7). Diese generischen Praktiken sind für alle Manager im Projekt relevant. Bevor ein Manager mit der Planung beginnt, fordert die GP 2.1.1, dass er sich Gedanken über Ziele für die Prozessdurchführung macht. Soll z.B. der Prozess im Projekt absolut termin- und kostentreu durchgeführt werden oder handelt es sich um ein politisches Projekt, bei dem die Kundenzufriedenheit im Vordergrund steht? Das hat Auswirkungen auf die Planung und Steuerung der Aktivitäten und -ressourcen. Die generischen Ressourcen für PA 2.1 umfassen Werkzeuge und weitere Ressourcen, die die Prozessdurchführung unterstützen sollen. Dazu gehören z.B. Projektmanagementwerkzeuge oder Kommunikationswerkzeuge (wie E-Mail).

PA 2.2 Arbeitsproduktmanagement

Die generischen Praktiken für das Prozessattribut *Arbeitsproduktmanagement* (PA 2.2) definieren die Forderungen an die Planung, Steuerung und Überwachung der Arbeitsprodukte. Diese Anforderungen spielen für alle Projektmitarbeiter eine Rolle, da sie wissen müssen, welche Inhalte die von ihnen erzeugten Arbeitsprodukte haben müssen (GP 2.2.1). Darüber hinaus müssen Projektleiter oder Qualitätsmanager definieren, wer die Arbeitsprodukte erzeugt, wer sie prüft, welcher Verteilerkreis sie erhält und wo sie abzulegen sind (GP 2.2.2). Es reicht nicht, wenn *nur* die Anforderungen an die Inhalte der Arbeitsprodukte und an das Dokumentenmanagement definiert sind. Letztendlich müssen die Arbeitsprodukte auch im Projekt erstellt (GP 2.2.3) und einem Review unterzogen werden (GP 2.2.4). Hier sind alle Projektmitarbeiter als Autoren der eigenen Dokumente sowie als Reviewer für die Dokumente von Kollegen gefragt. Die generischen Ressourcen für PA 2.2 umfassen u.a. Werkzeuge für Dokumentenmanagement, Werkzeuge für Konfigurationsmanagement und Reviewarten.

Stufe 3

Stufe 3 ist der *etablierte Prozess*. Nachdem der Prozess in Stufe 2 gesteuert wurde, geht es in Stufe 3 darum, einen organisationsweiten Prozess zu schaffen, diesen im Projekt anzuwenden und in der Organisation von der Prozessausführung im Projekt zu lernen. Wie auf Stufe 2 definiert ASPICE generische Praktiken und generische Ressourcen *individuell* für die beiden Attribute PA 3.1 und PA 3.2 (siehe Abschnitt B.3 im Anhang).

- Das Prozessattribut PA 3.1 *Prozessdefinition* ist ein Maß dafür, inwieweit ein Standardprozess definiert ist, um die Durchführung des projektspezifischen Prozesses zu unterstützen.
- Das Prozessattribut PA 3.2 *Prozessanwendung* ist ein Maß dafür, inwieweit der Standardprozess im Projekt effektiv angewendet wird, um dessen Prozessergebnisse zu realisieren.

PA 3.1 Prozessdefinition

Im Wesentlichen stellen die generischen Praktiken für PA 3.1 Anforderungen an eine formale Prozessdefinition. So müssen die Aktivitäten und Regeln zur Anpassung (Tailoring) der Aktivitäten im Projekt beschrieben sein (GP 3.1.1). Für jeden Prozess muss die Abfolge der Prozessschritte spezifiziert sein, ebenso wie die Verknüpfung zu anderen Prozessen (GP 3.1.2). Zu einer Prozessbeschreibung gehört ebenfalls die Definition der beteiligten Rollen mit ihren Rechten und Pflichten bei der Ausführung des Standardprozesses (GP 3.1.3). GP 3.1.4 erwartet, dass die zur Ausführung der Aktivitäten benötigte Arbeitsumgebung und Infrastruktur spezifiziert wird. Ein wesentlicher Aspekt auf Stufe 3 ist, dass man aus der Projekterfahrung lernt. Daher fordert ASPICE die Definition eines Mechanismus, mit dem Feedback zum Prozess gegeben werden kann (GP 3.1.5). Generische Ressourcen, die dieses Prozessattribut unterstützen, sind beispielsweise Prozessmodellierungswerkzeuge oder Trainingsmaterialien zum Prozess.

PA 3.2 Prozessanwendung

Die generischen Praktiken für PA 3.2 prüfen, ob der definierte Prozess auch im Projekt umgesetzt wird. Der Assessor schaut dabei auf die Einhaltung der Prozessschritte. Im gleichen Zug fragt er auch nach einer projektspezifischen Prozessanpassung (GP 3.2.1). Der Projektmanager muss seinen Mitarbeitern ihre Rolle im Projekt zugewiesen und diese auch kommuniziert haben (GP 3.2.2). Darüber hinaus ist er für die Qualifizierung der Mitarbeiter gemäß dem Rollenprofil verantwortlich (GP 3.2.3). GP 3.2.4 und GP 3.2.5 fordern die Bereitstellung der notwendigen Ressourcen, der Informationen und der Infrastruktur, um den definierten Prozess umsetzen zu können. GP 3.2.6 erwartet eine aktive Rückkopplung der Erfahrungen aus dem Projekt an die Prozessdefinition, z.B. in Form von erhobenen Metriken zur Prozessdurchführung. Diese Feedbackschleife soll die Qualität und die Effizienz des Standardprozesses verbessern. Die generischen Ressourcen für PA 3.2 umfassen unter anderem Feedbackmechanismen, Wissensmanagementsysteme oder Ressourcenmanagementsysteme.

Projektmitarbeiter sind in der Regel nicht in die Definition der Prozesse involviert. Typischerweise ist die Prozessdefinition die Aufgabe einer zentralen Prozessabteilung. Ein Projektmitarbeiter muss aber die für ihn relevanten, definierten Prozesse kennen und im Projekt anwenden. Auch wenn er bei der Definition nicht involviert war, kann er dennoch auf Basis seiner Projekterfahrung Feedback und Verbesserungsvorschläge zum Prozess geben.

Bewertung der Prozesse

Als Basis zur Bewertung der Prozessfähigkeit dient seit der Version 3.0 von ASPICE die ISO 33020. Die Bewertung der Prozessattribute erfolgt auf Basis des Umsetzungsgrads der Indikatoren. Der Umsetzungsgrad lässt sich unter Verwendung der NPLF-Skala[5] klassifizieren:

NPLF-Skala

- **N(ot achieved)**
  Das Prozessattribut ist *nicht erfüllt* (0 % bis ≤ 15 %). Es gibt wenige oder gar keine Anzeichen dafür, dass die definierten Attribute in den bewerteten Prozessen erfüllt wurden.
- **P(artially achieved)**
  Das Prozessattribut ist *teilweise erfüllt* (> 15 % bis ≤ 50 %). Es gibt Anzeichen für einen vernünftigen systematischen Ansatz und dafür, dass die definierten Attribute in den bewerteten Prozessen erfüllt wurden. Einige Ergebnisse können jedoch schwer abschätzbar sein.
- **L(argely achieved)**
  Das Prozessattribut ist *weitgehend erfüllt* (> 50 % bis ≤ 85 %). Es gibt Anzeichen für einen vernünftigen systematischen Ansatz und für eine signifikante Erfüllung der definierten Attribute in den bewerteten Prozessen. Die Performanz des Prozesses variiert jedoch in einigen Bereichen oder Geschäftseinheiten.

---

5. Im Rahmen der Erarbeitung der ISO 33020 [ISO 33020] wurde eine verfeinerte, optionale Bewertungsskala eingeführt. Diese ist im Anhang in Abschnitt B.4 gelistet.

- F(ully achieved)
  Das Prozessattribut ist *vollständig erfüllt* (>85 % bis ≤100 %). Es gibt Anzeichen für einen vollständigen und systematischen Ansatz sowie dafür, dass die definierten Attribute in den bewerteten Prozessen vollkommen erfüllt werden. In der definierten Organisationseinheit existieren keine signifikanten Schwächen.

Ein Assessor bewertet jedes einzelne Prozessattribut für jeden betrachteten Prozess im Projekt unter Verwendung der NPLF-Skala. Um die Fähigkeitsstufe (Reifegrad) zu bestimmen, benutzt er die Tabelle aus der ISO 33020 (siehe Tab. 3–4). Damit ein Prozess eine angestrebte Fähigkeitsstufe erreicht, müssen alle Indikatoren der angestrebten Fähigkeitsstufe *weitgehend erfüllt (L)* sein. Zugleich müssen die Indikatoren aller darunterliegenden Fähigkeitsstufen *vollständig erfüllt (F)* sein.

Tab. 3–4
Tabelle zur Ableitung der Fähigkeitsstufe

Stufe	PA 1.1	PA 2.1	PA 2.2	PA 3.1	PA 3.2
3				L/F	L/F
2		L/F	L/F	F	F
1	L/F	F	F	F	F

Zur Präsentation der Assessmentergebnisse kann ein Assessor zwei Darstellungsformen nutzen. Zum einen kann er für jeden Prozess die erreichte Fähigkeitsstufe aufzeigen, z.B. in Form eines Säulendiagramms (Abb. 3–1). Alternativ kann er die Bewertung der einzelnen Prozessattribute darstellen (Abb. 3–4). Damit bekommt das bewertete Projekt mehr Information über seine Stärken und Schwächen.

Prozess	PA 1.1	PA 2.1	PA 2.2	PA 3.1	PA 3.2	PA 4.1	PA 4.2	PA 5.1	PA 5.2	Stufe
Prozess 1	F	F	F	F	L					3
Prozess 2	F	L	F							2
Prozess 3	P									0
Prozess 4	L									1
Prozess 5	F									1
Prozess 6	F	F	F	L	L					3
...										
Prozess n	F	F	L							2

Abb. 3–4 *Darstellung der Assessmentergebnisse*

Beispielprojekt *ULV*

Externes Assessment

Wie angekündigt meldet sich BEC nach einem Jahr. Mit einem zeitlichen Vorlauf von 5 Monaten plant BEC das Assessment. BEC führt das Assessment selbst durch. Quentin fungiert als lokaler Assessment-Koordinator. Zusammen mit Petra bestimmt er die Interviewpartner für die einzelnen Prozesse und organisiert die Besprechungsräume. Für jeden Prozess setzt er einen zweistündigen Interviewtermin an. Darüber hinaus plant er ein Kick-off-Meeting mit den Assessoren und dem Projektteam sowie einen Termin für die Ergebnispräsentation.

Während des Assessments ist Quentin als Beobachter bei jedem Interview anwesend. Er kann dadurch bei auftretenden Fragen und Problemen helfen und bekommt einen direkten Eindruck vom Assessment.

Assessmentergebnisse

Obwohl auch das Testteam von Anfang an über das ASPICE-Ziel (Stufe 2 für alle Prozesse) informiert war, ist das Ergebnis nicht ganz so ausgefallen wie erhofft (siehe Abb. 3–5). Aufgrund des hohen Zeitdrucks im Projekt haben nicht alle Tester die Testspezifikationen einem Review unterzogen, bevor sie diese ausgeführt haben. Daher fehlt für viele Testfälle der Nachweis der Konsistenz zu den Anforderungen. Außerdem gab es diverse Lieferengpässe bei den Testumgebungen, sodass die Tester nicht alle Tests wie geplant durchführen konnten.

Abb. 3–5 *Auszug aus dem Assessmentergebnis*

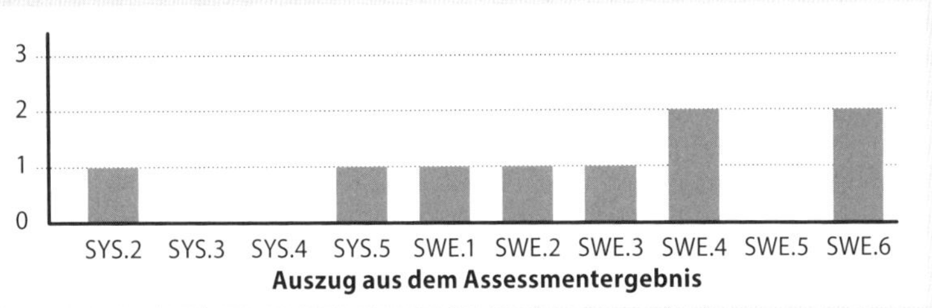

→

Verbesserungsmaßnahmen

Basierend auf den Ergebnissen des externen Assessments und den Notizen, die Quentin sich während der Interviews gemacht hat, leitet er eine Reihe von Verbesserungsmaßnahmen ab. Er gruppiert die Maßnahmen nach Schweregrad und kurz-/mittel-/langfristiger Erreichbarkeit. Die Maßnahmen diskutiert er mit Petra. Zusammen führen sie eine Priorisierung durch. Zunächst wollen sie die Befunde für die Prozesse mit Stufe 0 aufarbeiten, da hier das größte Risiko für die Entwicklung besteht. Gemeinsam präsentieren sie BEC die Liste der Verbesserungsmaßnahmen und finalisieren die Maßnahmen zusammen mit Terminen, zu denen die Maßnahmen umgesetzt sein müssen. BEC erwartet einen monatlichen Fortschrittsbericht und behält sich vor, in einem halben Jahr zu einem erneuten Assessment zu kommen.

3.1.2 Anforderungen an den Test

ASPICE definiert in seinem PAM fünf Testprozesse auf fünf Teststufen. Die Beziehung entlang der System- und Softwareentwicklung und dem Test lässt sich gut mit dem allgemeinen V-Modell illustrieren. Die Prozesse, die links im V-Modell angeordnet sind, liefern die Testbasis, während die Prozesse rechts im V-Modell die korrespondierenden Testaktivitäten beschreiben (siehe Abb. 3–6). Ein Prozess wie SYS.5 Systemqualifikationstest umfasst alle zugehörigen Aktivitäten. Wann der Tester diese Aktivitäten im Einzelnen durchführt, ist durch die Abbildung nicht festgelegt. So kann er beispielsweise den Testentwurf zum Systemqualifikationstest bereits kurz nach Erstellung der Testbasis beginnen, während er die Testdurchführung im Anschluss an den Systemintegrationstests legt.

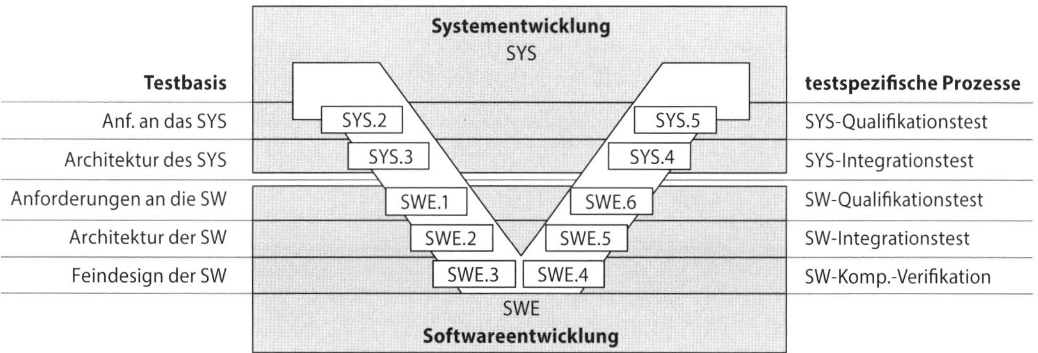

Abb. 3–6 *Testprozesse der Software- und Systementwicklung*

- Die *Softwarekomponentenverifikation* (SWE.4) bewertet die Softwarekomponente auf Basis des Feindesigns der Software (SWE.3). Auf dieser Teststufe kann der Tester die Codequalität sowohl durch statische Codeanalysen und Codereview als auch durch dynamische Komponententests verifizieren.
- Der *Softwareintegrationstest* (SWE.5) bewertet die integrierte Software auf Basis der Architektur der Software (SWE.2). Auf dieser Teststufe liegt der Fokus auf dem Test der Schnittstellen. Der Tester prüft, ob die Integration der Softwarekomponenten erfolgreich war.
- Der *Softwarequalifikationstest* (SWE.6) bewertet die integrierte Software auf Basis der Anforderungen an die Software (SWE.1). Dabei betrachtet der Tester funktionale und nicht funktionale Anforderungen.
- Der *Systemintegrationstest* (SYS.4) bewertet das integrierte System auf Basis der Architektur des Systems (SYS.3). Auf dieser Teststufe prüft der Tester die Schnittstellen und die Integration von Systemkomponenten. Eine Systemkomponente kann eine Software, eine Hardware oder ein anderes Subsystem sein.
- Der *Systemqualifikationstest* (SYS.5) bewertet das integrierte System auf Basis der Anforderungen an das System (SYS.2). Auch hier stehen funktionale und nicht funktionale Anforderungen im Fokus.

Die hier aufgeführten Teststufen sind generisch zu verstehen. Sollte es im Entwicklungsprojekt weitere Entwicklungsstufen geben, z.B. eine mehrstufige Softwareentwicklung oder die Entwicklung von Software über Subsysteme zu einem Gesamtsystem, dann kann der Tester Teststufen auch mehrfach anwenden.

Der aus dem CTFL bekannte *Abnahmetest* wird in ASPICE nicht betrachtet. Damit gibt es keine Teststufe, die den Prozess SYS.1 Requirements Elicitation gegenübersteht.

Aufbau der Anforderungen an den Test

ASPICE stellt an jeden der fünf Testprozesse die gleichen oder zumindest sehr ähnliche Anforderungen. So fordert ASPICE auf jeder Teststufe die folgenden sieben Aktivitäten:

1. Definition einer Teststrategie[6]
2. Spezifikation der Testfälle
3. Auswahl geeigneter Testfälle
4. Durchführung der Tests

---

6. Unter Teststrategie ist hier nicht die organisationsweite Teststrategie nach CTFL zu verstehen, sondern die Testvorgehensweise in einem Projekt.

5. Sicherstellung der Verfolgbarkeit (Traceability)
6. Prüfung der Konsistenz
7. Kommunikation der Testergebnisse

Der Tester (bzw. der Testmanager) soll sich zu Beginn eines Projekts erst Gedanken über die Vorgehensweise im Test machen, bevor er mit der Spezifikation der Testfälle beginnt. Der erste Schritt ist daher immer die Definition einer Teststrategie (1). Der zweite Schritt ist die Ableitung und Spezifikation der Testfälle (2) gemäß der Teststrategie. Vor der Testdurchführung (4) stellt der Tester die Testfälle (3) zusammen, die für den aktuellen Freigabestand des Testobjekts und zur Erreichung der Testziele erforderlich sind. Die bei der Durchführung protokollierten Testergebnisse verknüpft er mit den Testfällen, die er wiederum bereits während des Testentwurfs mit der Testbasis verknüpft hat. So stellt er die Verfolgbarkeit (5) von der Testbasis über die Testspezifikation zum Testergebnis sicher. Diese Verfolgbarkeit hilft ihm nicht nur bei einer Auswirkungsanalyse und zur Bestimmung des Überdeckungsgrads (siehe CTFL). Sie ist auch hilfreich, um die Konsistenz (6) zwischen allen Arbeitsergebnissen zu prüfen. Nach einer Testdurchführung muss der Tester die Testergebnisse zusammenfassen und an die richtigen Stakeholder kommunizieren (7).

Das hier skizzierte Muster findet sich auf allen Teststufen wieder. Die einzige Ausnahme ist der Prozess SWE.4 Softwarekomponentenverifikation. Hier fordert ASPICE anstelle einer *Test*strategie eine *Verifikations*strategie. Im Folgenden werden die einzelnen Bausteine dieses Musters im Detail betrachtet.

Teststrategie und Verifikationsstrategie

Teststrategie

ASPICE fordert für jede Teststufe, genauer für jeden testspezifischen Prozess, die Definition einer stufenspezifischen Teststrategie. Allerdings kann es durch unabgestimmte stufenspezifische Teststrategien zu lückenhaften oder redundanten Tests kommen. So ist es durchaus sinnvoll, diese stufenspezifischen Teststrategien auch miteinander abzustimmen. Das Entwickeln der stufenspezifischen und der übergreifenden Teststrategie ist Aufgabe des Testmanagers (siehe CTFL und Abschnitt 2.2.3).

Da ASPICE für alle Projekte in der Automobilindustrie anwendbar sein soll, macht es keine konkreten Vorgaben zu Testentwurfsverfahren, Testwerkzeugen und anderen Punkten der Teststrategie. Der Testmanager ist hier auf organisationsinterne Testrichtlinien, Projektvorgaben und seine Erfahrung angewiesen. Er kann sich auch an anderen Standards, wie z.B. der ISO 26262, orientieren.

Regressionsteststrategie

Die Regressionsteststrategie ist ein wesentlicher Bestandteil der Teststrategie. Sie legt die Ziele und die Vorgehensweise bei der Auswahl der Regressionstests fest. Eine Vorgehensweise kann beispielsweise ein risikobasierter Testansatz (siehe Abschnitt 5.1.3) sein. Bei diesem Ansatz hilft eine Risikoanalyse dabei, die Bereiche zu identifizieren, die der Tester durch Regressionstests prüfen sollte. Eine andere Strategie kann sein, dass der Tester *alle* automatisierten Testfälle zu *jedem* Freigabestand wiederholt; unabhängig vom Risiko. Dies ist z.B. typisch für eine Softwareentwicklung mit Continuous Integration.

Auswahlstrategie

Im Rahmen der Teststrategie fordert ASPICE neben einer Regressionsteststrategie auch eine Auswahlstrategie für *neu spezifizierte* Testfälle. Diese orientiert sich am aktuellen Entwicklungsstand des Testobjekts und dem Releaseplan. Für die Testdurchführung muss der Testmanager eine Auswahl der Testfälle treffen, um z.B. den angestrebten Überdeckungsgrad bei der Testdurchführung zu erreichen.

Testumgebung

Ein weiterer Bestandteil der Teststrategie ist die Auswahl der stufenspezifischen Testumgebungen und der Tests, die der Tester auf diesen durchführen soll. In der Automobilindustrie unterscheiden sich die Testumgebungen wesentlich von denen in der IT-/Softwareindustrie. Da es sich bei Fahrzeugsystemen um mechatronische bzw. eingebettete Systeme handelt, muss die Testumgebung das einbettende Umfeld simulieren (zum Beispiel als Prototyp oder virtuelle Testumgebung, siehe Kap. 4). Im Gegensatz zur klassischen Softwareentwicklung gehören hierzu neben den Schnittstellen zum Informationsaustausch auch solche für Energie- und Materieflüsse (wie elektrische Energie, Kühlmittel). So sind Testumgebungen in den höheren Teststufen zunehmend aufwendiger.

Verifikationsstrategie

Im Prozess SWE.4 Softwarekomponentenverifikation fordert ASPICE anstatt der Teststrategie eine Verifikationsstrategie. Unter dem Begriff der Teststrategie subsumiert ASPICE im Gegensatz zum CTFL *nur* dynamische Tests. Da der Tester Softwarekomponenten auch ohne Ausführung des Codes testen kann, erwartet ASPICE neben den dynamischen auch statische Tests. Zu den statischen Tests zählen z.B. Codereviews und statische Codeanalysen (siehe auch Abschnitt 5.2.1).

Regressionsteststrategie für die Verifikation

Verändert ein Entwickler eine Softwarekomponente, muss er (oder der Tester) die Auswirkung der Änderung bewerten. Aus diesem Grund beinhaltet eine Verifikationsstrategie auch eine Regressionsteststrategie für die Verifikation. Diese umfasst die typischen Elemente einer Regressionsstrategie. Allerdings kommen hier neben dynamischen Tests auch Codereviews und statische Codeanalysen in Betracht. So kann beispielsweise eine vollständige statische Codeanalyse nach jeder Änderung im Code Teil einer Regressionsteststrategie sein.

Kriterien zur Komponentenverifikation

ASPICE fordert die Ableitung von Kriterien zur Komponentenverifikation. Diese Kriterien definieren, was im Rahmen der Komponentenverifikation durchgeführt werden und erfüllt sein muss. Dadurch kann der Tester bewerten, inwieweit die Komponente die Anforderungen erfüllt und mit dem Feindesign übereinstimmt. Die Kriterien zur Komponentenverifikation sind ähnlich zu den Endekriterien nach CTFL. Zu den möglichen Kriterien zur Verifikation von Komponenten gehören die folgenden:

- Komponententestfälle (inkl. Testdaten), die eine Komponente bestehen muss,
- Ziele für die Testüberdeckung (z.B. 100 % Anweisungsüberdeckung),
- werkzeuggestützte statische Analysen, die die Einhaltung von Programmierrichtlinien bewerten (wie MISRA-C-Programmierrichtlinien, siehe Abschnitt 5.2.3), und
- Codereviews für Programmierrichtlinien, die nicht durch werkzeuggestützte statische Analysen bewertet werden können.

Verifikationskriterien

ASPICE verwendet in seinem PAM zwei sehr ähnliche Verifikationsbegriffe, die gelegentlich verwechselt werden. Der Begriff der *Kriterien zur Komponentenverifikation* aus der Softwarekomponentenverifikation (SWE.4) unterscheidet sich von dem Begriff der *Verifikationskriterien* aus der Software- und Systemanforderungsanalyse (SWE.1, SYS.2). Im Rahmen der Anforderungsanalyse sind *Verifikationskriterien* die Kriterien, anhand derer die korrekte Umsetzung der jeweiligen Anforderung geprüft werden kann. Dieser Begriff entspricht ungefähr den Testbedingungen im CTFL. ASPICE erwartet, dass der Anforderungsmanager diese Kriterien spezifiziert, damit der Test sie prüfen kann. Wenn der Tester als Gutachter beim Review der Anforderungen beteiligt ist, muss er darauf achten, dass diese Verifikationskriterien vorhanden und auch prüfbar sind. Inhaltlich haben diese Verifikationskriterien nichts mit den Kriterien zur Verifikation aus SWE.4 gemein.

Testdokumentation

Für die Dokumentation der Testaktivitäten definiert ASPICE Arbeitsprodukte, die in mehreren Testprozessen vorkommen:

- Das *Testkonzept* enthält unter anderem die Teststrategie.
- Die *Testspezifikation* besteht aus Testentwurfs-, Testfall- und Testablaufspezifikation.
- Die *Testergebnisse* sind in mehreren Ergebnisdokumenten wie Testprotokollen, Abweichungsberichten und Testberichten zu dokumentieren.

Zu jedem dieser Arbeitsprodukte definiert ASPICE beispielhafte Merkmale und Inhalte, die im Anhang des Standards gelistet sind. Beim Testkonzept verweist ASPICE direkt auf die ISO 29119-3 [ISO 29119]. Auch für die anderen geforderten Arbeitsprodukte der Testprozesse kann der Tester sich an den Vorlagen aus der ISO 29119-3 orientieren.

Die Arbeitsprodukte bewertet der Assessor stichprobenhaft. Sie dienen ihm als objektiver Indikator für eine Prozessdurchführung (siehe Abschnitt 3.1.1). Dabei ist es für den Assessor irrelevant, ob die Arbeitsprodukte als einzelne Dokumente, in einer großen Datei oder in einem Werkzeug hinterlegt sind. Es ist vielmehr wichtig, dass alle geforderten Informationen vorhanden sind und den Anforderungen aus dem PAM genügen.

Als Beispiel sei hier wieder das Testkonzept angeführt. Für jede Teststufe muss ein Testkonzept vorliegen. Ob das jeweilige Testkonzept als eigenes Dokument vorliegt oder ob es ein Kapitel in einem teststufenübergreifenden Testkonzept ist, ist für ASPICE nicht entscheidend. Für ein großes Projekt kann die Definition eines Mastertestkonzepts und mehrerer Stufentestkonzepte sinnvoll sein.

Verfolgbarkeit

Die Verfolgbarkeit der Entwicklungsschritte ist eine zentrale Forderung von ASPICE, dabei unterscheidet ASPICE zwischen vertikaler und horizontaler Verfolgbarkeit (siehe Abb. 3–7).

Abb. 3–7
Horizontale und vertikale Verfolgbarkeit

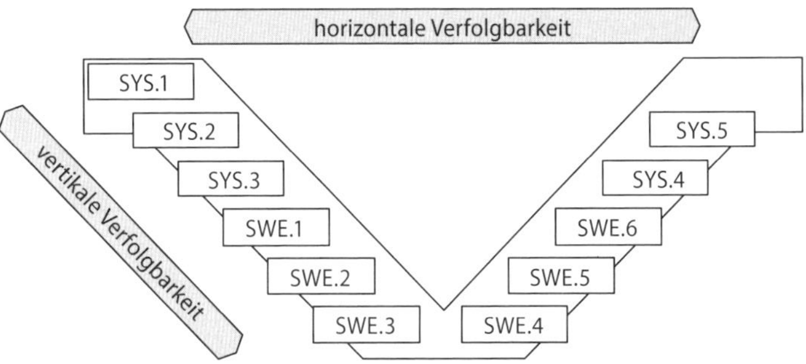

Vertikale Verfolgbarkeit

Vertikal fordert ASPICE, die Anforderungen der Stakeholder über die Arbeitsergebnisse der System- und Softwareentwicklung[7] bis hin zu den Softwarekomponenten miteinander zu verknüpfen. Das Verknüpfen über alle Stufen der Entwicklung hinweg soll die Konsistenz zwischen den verknüpften Arbeitsergebnissen sicherstellen.

7. Zu den Arbeitsergebnissen gehören die abgeleiteten Systemanforderungen, die Systemarchitektur, die abgeleiteten Softwareanforderungen sowie die Softwarearchitektur und das Softwarefeindesign.

Horizontale Verfolgbarkeit

Horizontal fordert ASPICE ebenfalls Verfolgbarkeit und Konsistenz. Bei der horizontalen Verfolgbarkeit steht die Verknüpfung der Testbasis, d.h. der Arbeitsergebnisse der Entwicklung, mit den zugehörigen Testspezifikationen und Testergebnissen im Fokus. Der Tester muss die horizontale Verfolgbarkeit über alle Testdokumente in allen Teststufen sicherstellen: von der Testbedingung, die er aus der Testbasis abgeleitet hat, über die Testspezifikation bis zum Ergebnis der Testdurchführung, und wenn nötig, auch bis zum Abweichungsbericht (siehe Abb. 3–8).

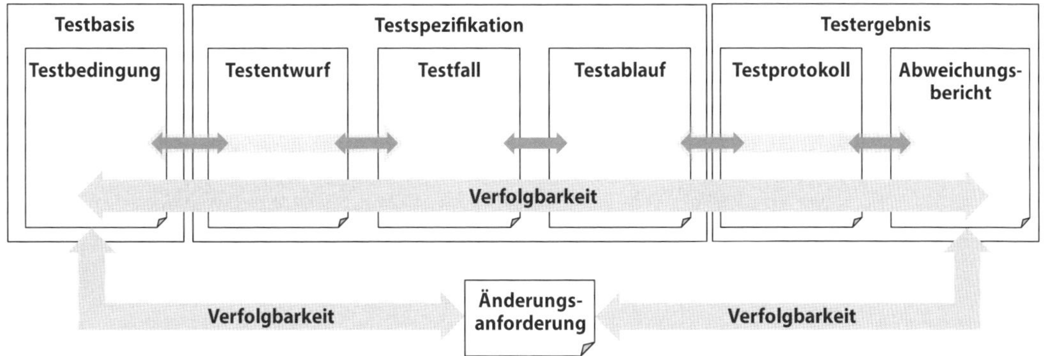

Abb. 3–8 *Horizontale Verfolgbarkeit*

Die bidirektionale Verfolgbarkeit erleichtert dem Test die Arbeit. Erst dadurch ist es ihm möglich, Auswirkungen von geänderten Anforderungen zu analysieren, eine Überdeckung zu bewerten oder den Teststatus zu verfolgen. Ist zum Beispiel die Verknüpfung zwischen Anforderung und Testfall hergestellt, kann der Tester die Auswirkungen auf die Testfälle leicht analysieren und dann die von der Änderung betroffenen Testfälle überarbeiten. Das ist ein Szenario, das in Projekten in der Automobilindustrie durchaus häufig auftritt. Es entstehen in der Regel mehrere Versionen einer Anforderungsspezifikation, da sich die Anforderungen über den Projektverlauf präzisieren, aber auch an geänderte Randbedingungen anpassen.

Sobald der Tester Testfälle ausführt, muss er auch die Verfolgbarkeit zu den Testergebnissen herstellen. Dies ist wichtig, da der Tester anhand der verknüpften Testergebnisse analysieren kann, welche Anforderungen erfolgreich getestet wurden und welche noch fehlerhaft sind. Gerade die Überdeckung von sicherheitsrelevanten Anforderungen bzw. Funktionen ist hier von großem Interesse. Darüber hinaus ermöglicht bidirektionale Verfolgbarkeit, die Konsistenz zwischen den verknüpften Elementen sicherzustellen. Diese Konsistenzprüfung muss sowohl formale Aspekte (ist eine Verknüpfung vorhanden?) als auch semantische Aspekte (werden durch den Testfall die richtigen Inhalte adressiert?) abdecken.

Verfolgbarkeit zu Änderungen

Ergänzend zur Verfolgbarkeit in den Software- und Systemprozessen fordert eine Basispraktik des Änderungsmanagementprozesses (SUP.10.BP8) die Rückverfolgbarkeit zwischen einer Änderung und den von der Änderung betroffenen Arbeitsprodukten. Ist die Änderung durch eine Fehlerkorrektur initiiert, so erfordert das auch die Verfolgbarkeit zwischen der Änderungsanforderung und dem zugrunde liegenden Abweichungsbericht. Dieser Aspekt betrifft den Tester, da er typischerweise den Abweichungsbericht verfasst und für den Fehlernachtest zuständig ist.

Wie ein Projekt die Verfolgbarkeit umsetzt, ist in ASPICE nicht vorgeschrieben. Das Projekt kann die Verfolgbarkeit im einfachsten Fall über Namenskonventionen, über Excel-Tabellen mit komplexen Makros oder mit Werkzeugen realisieren. Diese Entscheidung liegt in der Regel jedoch nicht beim Tester, sondern bei der Projektleitung, da die Verfolgbarkeit das ganze Projekt und nicht nur den Test betrifft. Aufgrund der zum Teil großen Anzahl von Verknüpfungen, die ASPICE fordert, kann eine durchgängige Werkzeugkette hilfreich sein. Diese ermöglicht dem Tester, die Verknüpfungen effizient herzustellen, zu verwalten und zu warten.

Weitere Anforderung der Fähigkeitsstufen 2 und 3

Alle in den vorangegangenen Abschnitten diskutierten Punkte beziehen sich *nur* auf die Basispraktiken und Arbeitsprodukte der Testprozesse. Kurz zusammengefasst müssen der Tester und der Testmanager für jede einzelne Teststufe den aus dem CTFL bekannten Testprozess mit den Aktivitäten[8] und der dokumentierten Teststrategie, den Testfallspezifikationen und Testergebnissen sowie einer nachgewiesenen Verfolgbarkeit vom Testergebnis bis zur Testbasis anwenden. Wenn alle diese Punkte erfüllt sind, sind wichtige Voraussetzungen zum Erreichen der *Fähigkeitsstufe 1* geschaffen.

Für *Fähigkeitsstufe 2* müssen noch weitere Aspekte betrachtet werden. So muss der Testmanager die Überwachung und Steuerung aller Testaktivitäten nachweisen, die Testaktivitäten beschreiben, die Rechte, Pflichten und Qualifikation der Tester festlegen sowie eine geordnete Kommunikation der Testergebnisse definieren. Diese Aktivitäten sind bereits aus dem Testmanagement des CTFL bekannt.

8. Ohne die Aktivitäten Testüberwachung und Teststeuerung. Diese sind erst Teil von Fähigkeitsstufe 2.

Darüber hinaus muss der Testmanager die Qualität aller Testdokumente sicherstellen, beispielsweise durch ein Review. Hierzu legt er zuvor die Struktur und die Inhalte der einzelnen Testdokumente fest und beschreibt die Verfahren zur Dokumentenlenkung. Im laufenden Projekt muss er dafür sorgen, dass diese Testdokumente erstellt und anschließend einem Review unterzogen werden. Das Review sollte idealerweise vor der Verwendung der Testdokumente erfolgen. Beispielsweise sollten die Stakeholder das Testkonzept prüfen und freigeben, bevor ein Tester mit der Testfallspezifikation beginnt. Das ausgefeilteste Testkonzept hilft nichts, wenn der Assessor im Assessment feststellt, dass es ignoriert wird und daher keinen praktischen Nutzen hat.

Für *Fähigkeitsstufe 3* wird erwartet, dass es einen organisationsweit gültigen Testprozess gibt, der mit allen von ASPICE geforderten Details spezifiziert ist. Die Definition eines solchen Testprozesses erfolgt nicht im Projekt. Diese Aufgabe übernehmen in der Regel zentrale Prozessabteilungen. Hier wirken der Tester und der Testmanager gelegentlich als Berater für die Prozessinhalte mit. Der Testmanager muss den Prozess kennen und ihn in seinem Testkonzept berücksichtigen. Der Tester ist ebenfalls verpflichtet, den Prozess zu kennen und im Projekt umzusetzen.

Beispielprojekt *ULV*

Der Testmanager Thomas orientiert sich am Entwicklungsprozess und darüber hinaus am Testhandbuch von Eddison Electronics, in dem die grundsätzliche Teststrategie beschrieben ist, die für jedes Projekt bei Eddison Electronics anzuwenden ist. Das Testhandbuch beschreibt projektübergreifend die verfolgte Teststrategie (inkl. Regressionstests), alle Testaktivitäten von Software-, Hardware- und Mechaniktests, die einzelnen Teststufen mit den zu verwendenden Methoden zur Testfallableitung, die Überdeckungskriterien, die Testumgebungen und die einzusetzenden Werkzeuge. Thomas übernimmt in großen Teilen die Vorgaben aus dem Testhandbuch und konkretisiert sie im Testkonzept für das Projekt um projektspezifische Aspekte.

Das projektspezifische Testkonzept ist eine gute Grundlage für die Spezifikation und Durchführung der Tests. Basierend auf den Vorgaben im Testkonzept koordiniert Thomas die Aktivitäten auf den einzelnen Teststufen und spricht sich mit Testern und Entwicklern ab.

→

Während die Softwarekomponentenverifikation, die Softwareintegrations- und Softwarequalifikationstests relativ geordnet und termingerecht ablaufen, gibt es bei den Systemintegrations- und Systemqualifikationstests noch ein paar Herausforderungen. Aufgrund von Lieferengpässen konnte das dafür beauftragte Unternehmen nicht alle HiL-Testumgebungen rechtzeitig vor der Testphase liefern und in Betrieb nehmen. Die Testdurchführung hinkt daher ein wenig dem Projektplan hinterher.

Testmanagement

Das Projekt hat das Ziel, dass alle Prozesse die Stufe 2 erreichen. Thomas ist sich der Herausforderungen für Stufe 2 bewusst. Um den Überblick über alle Testaktivitäten zu haben, plant er diese sehr detailliert. Bei der Planung stehen nicht nur die Mitarbeiter im Fokus, sondern auch die Testumgebungen inkl. der hierfür benötigten Werkzeuge. Aus Erfahrung weiß Thomas, dass die Testumgebungen eine knappe Ressource sind. Daher überwacht er die Auslastung der Testumgebungen aufmerksam und verschiebt ggf. Tests oder ändert die Priorisierung. In regelmäßigen Testbesprechungen tauscht er sich mit seinen Testern aus. Außerdem berichtet er regelmäßig den Teststatus an die Projektleiterin Petra. BEC gibt die Verwendung eines neuen Testwerkzeugs vor. Da sich Thomas auch um die Qualifikation der Tester kümmert, plant er für Tim die passende Weiterbildung ein.

Qualitätssicherung der Testdokumente

Im Laufe der letzten Jahre hat sich bei Eddison Electronics eine Qualitätskultur gebildet. Tim und Thomas verwenden die im Entwicklungsprozess vorgegebenen Templates für Testspezifikationen, Testprotokolle, Testberichte und Testkonzepte. Für jedes Dokument befüllen sie alle Attribute, die die Dokumentenlenkung vorschreibt, und legen die Dokumente im vorgeschriebenen Versionsmanagementwerkzeug ab. Bei den Reviews hat Thomas zusammen mit dem Qualitätsmanager Quentin eine Strategie entwickelt, um die Aufwände zu minimieren. Die Reviews der Testdokumente finden risikobasiert statt. Zentrale Dokumente, wie z.B. das Testkonzept, werden von vielen Projektmitgliedern einem Review unterzogen. Bei der Spezifikation von Testfällen für eine neue Funktionalität des Systems findet ein Walkthrough mit mehreren Spezialisten statt. Bei bekannter Funktionalität ist ein Review der Testfälle mit einem Testerkollegen oder dem Anforderungsmanager ausreichend.

Die detaillierte Projektplanung sowie der Aufwand bei der Dokumentenlenkung und den Reviews haben sich gelohnt. Die beiden Testprozesse SWE.4 und SWE.6 erreichen Fähigkeitsstufe 2 im Projekt *ULV*.

3.2 ISO 26262

Dieser Abschnitt stellt das Thema funktionale Sicherheit und die zugehörige automotive-spezifische Norm ISO 26262 vor. Er umreißt die wichtigsten Aktivitäten eines Sicherheitsverantwortlichen und erläutert die Bedeutung der funktionalen Sicherheit für die Arbeit des Testers.

3.2.1 Funktionale Sicherheit von E/E-Systemen

Zunehmende Elektronisierung

Betrachtet man die technische Entwicklung der letzten Jahrzehnte, so ist der Trend zur Elektronisierung[9] nicht zu übersehen. Das gilt insbesondere für die Weiterentwicklung des Automobils. Mechanische Lösungen (z.B. Vergaser) wurden zunehmend durch elektrische bzw. elektronische (E/E) Lösungen ersetzt (z.B. elektronische Einspritzung). Oftmals ermöglichte die neue elektronische Lösung Erweiterungen der bisherigen Funktionalität, die vorher auf mechanischem Weg nur sehr aufwendig oder gar nicht umsetzbar waren. Manche Systeme, wie z.B. das elektronische Stabilitätsprogramm ESP, wurden durch die Elektronisierung überhaupt erst möglich.

Waren es in der Anfangszeit noch proprietäre elektronische Einzelfalllösungen, so sind es heute softwarebasierte Lösungen auf leistungsstarken, multifunktionalen Steuergeräten. Sie ermöglichen neue, komplexe Funktionalitäten, wie die Automatisierung von Fahrfunktionen im Pkw, die so noch vor wenigen Jahren nicht vorstellbar waren.

Steigende Komplexität

Die funktionale und technische Komplexität von Fahrzeugsystemen nimmt stetig zu. Damit steigt zugleich auch das Risiko für Fehler. Bereits während der Entwicklung kann es zu einer Fehlhandlung kommen, deren Folge ein unerkannter Fehlerzustand im System sein kann. Im Fahrbetrieb kann ein solcher Fehlerzustand dann als Fehlerwirkung zu einer *Fehlfunktion* im Fahrzeug führen. Wie schwerwiegend eine solche Fehlfunktion für Insassen oder andere Verkehrsteilnehmer ist, hängt vom jeweiligen Einzelfall ab. In einfachen Fällen handelt es sich um einen nicht sicherheitskritischen Fehler, wie z.B. eine Fehlfunktion des Audiosystems. In schwerwiegenden Fällen kann es zu einer massiven Beeinträchtigung der Verkehrssicherheit kommen, wenn z.B. das Bremssystem oder die Lenkung betroffen sind.

Funktionale Sicherheit

Systeme mit inhärentem Gefährdungspotenzial für Leib und Leben müssen daher mit besonderer Sorgfalt entwickelt werden. Die Funktionalität muss so realisiert und implementiert sein, dass sie nach mensch-

9. Elektronisieren: mit elektronischen Geräten versehen, ausstatten, auf elektronische Datenverarbeitung umstellen.

lichem Ermessen hinreichend frei von Fehlern ist. Der Fachmann spricht hier von *funktionaler Sicherheit* (FuSi).

Die Normen zur funktionalen Sicherheit geben den Entwicklern solcher sicherheitskritischer Systeme erprobte und bewährte Methoden an die Hand. Diese Methoden helfen ihnen bei der Durchführung von Sicherheitsanalysen sowie bei der Auslegung und Realisierung sicherheitskritischer Funktionen. Dabei haben sich für die verschiedenen Industriezweige über die Jahre eigene branchenspezifische Normen entwickelt, um den z.T. recht unterschiedlichen Anforderungen gerecht zu werden. Beispiele hierfür sind der MIL-STD-882E [DoD 2012] in der Wehrtechnik, die IEC 61511 [IEC 61511] für die Prozessindustrie oder auch die IEC 62061 [IEC 62061] für Maschinensicherheit.

Die grundlegende Norm zur funktionalen Sicherheit von E/E-Systemen ist die IEC 61508 [IEC 61508]. Für die Automobilentwicklung hat die Internationale Organisation für Normung (ISO) daraus die ISO 26262 [IEC 26262:2011] abgeleitet. Diese Norm wurde im November 2011 in Kraft gesetzt. Seit Dezember 2018 liegt sie in einer überarbeiteten, zweiten Auflage vor [ISO 26262:2018].

Ziel der funktionalen Sicherheit

Funktionale Sicherheit für E/E-Systeme im Sinne der ISO 26262 bedeutet die Vermeidung nicht tolerierbarer Risiken für Leib und Leben durch eine Fehlfunktion dieser Systeme. Die Norm sieht dazu konkrete Aktivitäten und Methoden für Entwicklung, Produktion und Betrieb von sicherheitskritischen E/E-Systemen vor. Schwerpunkte sind dabei u.a. die Vermeidung von systematischen Fehlern bei der Hard- und Softwareentwicklung und die Minimierung von zufälligen Hardwarefehlern. Gebrauchssicherheit, Arbeitssicherheit oder IT-Sicherheit (Cybersecurity) stehen hingegen nicht im Fokus der ISO 26262. Hierfür gibt es eigene Normen, wie z.B. die ISO/SAE 21434 [ISO 21434] zu Cybersecurity, die derzeit[10] noch in der Erstellung ist, oder die ISO/PAS 21448 [ISO 21448] zur Gebrauchssicherheit (siehe Abb. 3–9).

10. Stand: Mai 2020.

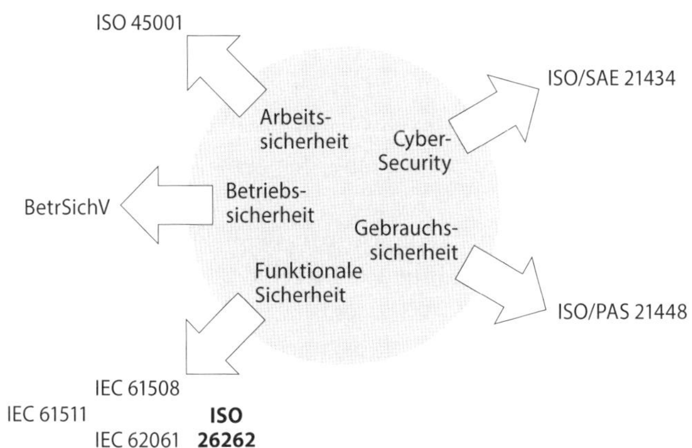

Abb. 3–9
Sicherheitsbegriffe und zugehörige Normen

Abgrenzung der Sicherheitsbegriffe

In der Praxis ist die Abgrenzung der verschiedenen Sicherheitsbegriffe oftmals schwierig. Die Grenzen verschwimmen, da fehlende Sicherheit an einer Stelle direkte oder indirekte Auswirkungen an anderer Stelle haben kann. Mangelnde funktionale Sicherheit eines E/E-Systems am Arbeitsplatz hat direkten Einfluss auf die Arbeitssicherheit. Mangelnde IT-Sicherheit kann Hackern ermöglichen, Schadcode in ein System einzubringen oder auf andere Art und Weise Fehlreaktionen zu erzwingen und damit wiederum die funktionale Sicherheit des Systems zu beeinträchtigen. Die verschiedenen Sicherheitsbegriffe tragen daher alle gemeinsam zur Produktsicherheit bei.

3.2.2 Sicherheitskultur

Sicherheitsgerichtete Entwicklungsprozesse

Um erfolgreich und dauerhaft sichere Produkte zu entwickeln, bedarf es mehr als Normen. Nur mit dem Wunsch und dem Willen aller Beteiligten, sichere Produkte zu entwickeln, kann dies auch gelingen. Diese gemeinsame Wahrnehmung der Bedeutung von Sicherheit und das Vertrauen in Sinn und Wirksamkeit der Maßnahmen für die sichere Produktentwicklung nennt man auch *Sicherheitskultur* (Safety Culture).

Sicherheitsgerichtete Entwicklungsprozesse finden sich schon Mitte des 20. Jahrhunderts in der Luft- und Raumfahrt oder auch in der Kerntechnik. Technische Rückschläge, mit zum Teil schwerwiegenden Folgen, haben Prozesse und Analysemethoden (z.B. FMEA[11]) entstehen lassen. Diese sollen die Qualität und Zuverlässigkeit von sicherheitskritischen Produkten steigern.

11. FMEA steht für failure mode and effects analysis.

Safety Culture

Der Begriff *Safety Culture* entstand jedoch erst deutlich später. Die Internationale Atomenergiebehörde (IAEA[12]) prägte den Begriff im Nachgang zum Reaktorunfall in Tschernobyl 1986 [INSAG 1986]. Die mangelnde Sicherheitskultur vor Ort im Kraftwerk und in der übergeordneten Hierarchie wurde als eine der zentralen Ursachen des Unglücks identifiziert.

Eine konkrete Definition des Begriffs blieb die IAEA zunächst schuldig, lieferte diese jedoch im Jahr 1991 in einer eigenständigen Veröffentlichung zum Thema nach: »Safety culture is that assembly of characteristics and attitudes in organizations and individuals which establishes that, as an overriding priority, nuclear plant safety issues receive the attention warranted by their significance« [INSAG 1991]. Diese Definition wurde zwar konkret für Kernkraftwerke geschrieben, aber streicht man den Begriff *nuclear plant*, so lässt sich dieser Satz auf alle sicherheitskritischen Projekte anwenden.

Herausforderung in der praktischen Umsetzung

Doch was in der Theorie so plausibel und nachvollziehbar erscheint, erweist sich in der praktischen Umsetzung durchaus als Herausforderung. Gerade bei Systemen mit hohem Sicherheitsniveau ist die Wirksamkeit der gewählten Maßnahmen für den Einzelnen nicht immer offensichtlich. Im Rahmen der Produktentwicklung nach ISO 26262 genügt es daher nicht, ausschließlich die eigenen Prozesse im Blick zu behalten. Alle Beteiligten müssen einen prozessübergreifenden Ansatz leben. Jeder muss seinen Einfluss auf das Entwicklungsgeschehen und die Sicherheit des finalen Produkts verstehen. Dies schließt externe Partner und Zulieferer ein.

Sicherheitskultur ist ein kontinuierlicher und gesteuerter Prozess, der auf allen Ebenen gelebt werden muss[13]. Das erfordert Vertrauen – Vertrauen der Mitarbeiter in ihre Führungskräfte und Vertrauen der Führungskräfte in ihre Mitarbeiter.

Sicherheitskultur macht nicht an Projekt- oder Unternehmensgrenzen halt. Scheuklappendenken und Elfenbeintürme passen nicht in eine funktionierende Sicherheitskultur.

Schwächung durch Zeit- und Kostendruck

Steter Zeit- und Kostendruck kann die Sicherheitskultur in einem Unternehmen nachhaltig schwächen. Unglücke der jüngeren Vergangenheit mit sicherheitsrelevantem Hintergrund, wie z.B. das Unglück beim Wiedereintritt des Space Shuttle Columbia im Jahr 2003, der schwere Unfall auf der Deepwater Horizon Explorationsplattform im Jahr 2010, oder auch die Abstürze der Boeing 737 MAX in den Jahren 2018 und

12. IAEA steht für International Atomic Energy Agency.
13. ISO 26262-2:2018, Abschnitt 5.4.2 [ISO 26262:2018]: »The organization shall create, foster, and sustain a safety culture that supports and encourages the effective achievement of functional safety.«

2019 zeigen, dass sich Schwächen in der Sicherheitskultur oft schleichend einstellen und am Ende zu katastrophalen Folgen führen können.

Die Sicherheitskultur in einem Unternehmen spiegelt die Einstellungen und Werte der Mitarbeiter wider [Cox 1991]. Die Beteiligten müssen verstehen, dass die eigene Tätigkeit nicht losgelöst von anderen Prozessen stattfindet. Jeder Schritt der Entwicklung stellt einen essenziellen Beitrag zur Einhaltung und Umsetzung der sicherheitsrelevanten Anforderungen dar. Diese Verantwortung endet dabei nicht mit der Produkteinführung. Sie reicht bis zum Ende des Systemlebenszyklus.

Beitrag des Testers zur Sicherheitskultur

Der Tester trägt zur Sicherheitskultur bei, indem er in allen Entwicklungsphasen verantwortungsvoll mitarbeitet und seine Tätigkeit stets mit Blick auf den Gesamtkontext der Produktentwicklung ausübt.

3.2.3 Der Tester im Sicherheitslebenszyklus

Sicherheitslebenszyklus

Der Sicherheitslebenszyklus beschreibt die Phasen einer sicherheitsgerichteten Produktentwicklung. Dieser beginnt mit der ersten Produktidee und der Ermittlung und Bewertung möglicher Gefahren und Risiken. Nach der Erarbeitung eines Sicherheitskonzepts und der Spezifikation daraus resultierender Sicherheitsanforderungen erfolgt die Umsetzung in ein konkretes Produkt. Der Zyklus endet mit der Entsorgung des Produkts an seinem Lebensende. Der Sicherheitslebenszyklus in der Auslegung nach ISO 26262 durchläuft folgende drei Phasen:

- Konzeption (concept phase),
- Entwicklung von Gesamtsystem, Hardware und Software (product development) und
- Produktion, Betrieb, Wartung und Außerbetriebnahme (production, operation, service and decommissioning).

Jede dieser Phasen setzt sich darüber hinaus aus einzelnen *Subphasen* zusammen, in denen die Norm konkrete Aktivitäten der funktionalen Sicherheit verortet, wie beispielsweise die Durchführung der Gefährdungsanalyse und Risikobewertung *(Subphase)* im Rahmen der Konzeption *(Phase)*.

Die Definition der ISO 26262 ist an dieser Stelle vergleichbar mit anderen Definitionen dieser Art, wie z.B. dem Systemlebenszyklus oder dem Produktentstehungsprozess (PEP). Auch die z.T. OEM-spezifischen Entwicklungsprozesse ähneln in ihrem Grundverständnis dem Sicherheitslebenszyklus. Abbildung 3–10 zeigt den Sicherheitslebenszyklus in der Auslegung nach ISO 26262:2018. Die Subphasen sind dabei aus Gründen der Übersichtlichkeit nur zum Teil dargestellt.

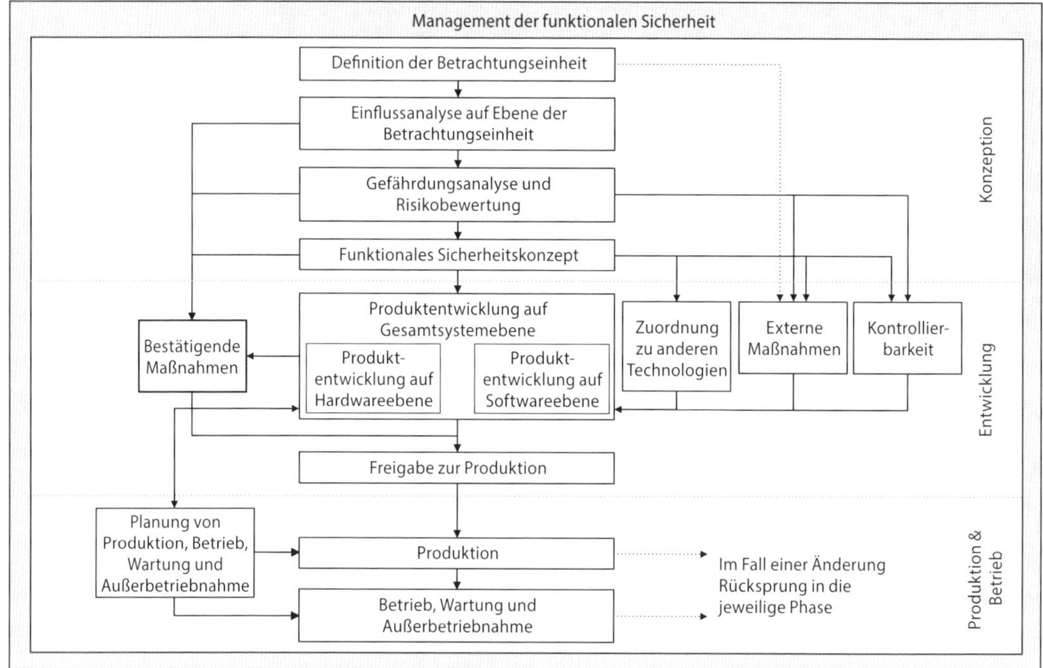

Abb. 3–10 *Sicherheitslebenszyklus nach ISO 26262 [ISO 26262:2018, S. 4–9]*

Einordnung der Testaktivitäten

Der Tester ist überwiegend in den ersten beiden Phasen des Sicherheitslebenszyklus tätig: Die Aktivitäten der Testplanung finden in der Regel bereits während der *Konzeption* statt. Die Fortschreibung der dabei entstandenen Arbeitsergebnisse, wie beispielsweise des Testkonzepts, kann aber auch in den darauf folgenden Phasen erforderlich sein. Testanalyse, Testentwurf, Testrealisierung und Testdurchführung sind üblicherweise Teil der *Entwicklung*. Die Testaktivitäten sind dabei primär in den *testrelevanten* Subphasen der Entwicklung verortet. Diese Subphasen entsprechen den *Teststufen* im CTFL (z.B. Softwarekomponententests im Rahmen der Subphase *Software unit verification*). In den Bänden 4 und 6 benennt die ISO 26262:2018 folgende testrelevante Subphasen:

- Software unit verification [ISO 26262:2018, Part 6, S. 19–24]
- Software integration and verification [ISO 26262:2018, Part 6, S. 24–28]
- Testing of the embedded software [ISO 26262:2018, Part 6, S. 28–30]
- HW/SW integration and testing [ISO 26262:2018, Part 4, S. 17–19]

- System integration and testing [ISO 26262:2018, Part 4, S. 19–21]
- Vehicle integration and testing [ISO 26262:2018, Part 4, S. 21–24]
- Safety validation [ISO 26262:2018, Part 4, S. 24–27]

Abschnitt 3.4.2 zeigt die Entsprechung zu den bekannten Teststufen des CTFL und ASPICE sowie zu typischen in der Automobilindustrie verwendeten Teststufen.

Die Testaktivitäten bilden den Übergang von einer Subphase der Entwicklung zur nächsten. Am Ende steht die Freigabe des Produkts für die Serienproduktion. So trägt der Tester mit seinen Testaktivitäten zentral zum Übergang zur dritten Phase bei (Freigabe: siehe auch Abschnitt 2.3).

Auch in der dritten Phase kann der Tester aktiv werden. Die ISO 26262 fordert für die Betriebszeit eines Produkts eine Feldüberwachung (Field Monitoring Process), um potenziell sicherheitsrelevante Auffälligkeiten frühzeitig zu erkennen. Hieraus können sich bei einem bereits ausgelieferten und in Betrieb befindlichen Produkt Änderungen ergeben, die erneute oder zusätzliche Testaufwände mit sich bringen. Umfangreiche Änderungen am Produkt im Rahmen der dritten Phase bedeuten in der Praxis jedoch einen Rücksprung in die erste oder zweite Phase, da grundlegende Aktivitäten, wie z.B. die Erstellung von Testentwürfen, neu durchzuführen sind.

3.2.4 Gliederung der Norm

Aufbau und Struktur

Auf Grundlage der IEC 61508 hat die ISO als Norm für die funktionale Sicherheit in der Automobilentwicklung die ISO 26262 erarbeitet. Die im Jahr 2011 veröffentlichte erste Version der Norm besteht aus zehn Bänden[14]:

1. Vocabulary
2. Management of functional safety
3. Concept phase
4. Product development at the system level
5. Product development at the hardware level
6. Product development at the software level
7. Production, operation, service and decommissioning

---

14. Im deutschen Sprachgebrauch haben sich als Übersetzung für »Part x« die Begriffe »Teil x« und »Band x« etabliert. Im vorliegenden Text wird einheitlich der Begriff »Band« verwendet. Deutsche Übersetzung der Bände siehe Abschnitt A.1 im Anhang.

8. Supporting processes
9. ASIL-oriented and safety-oriented analyses
10. Guideline on ISO 26262

Überarbeitung der Norm 2018

Ende 2018 ist eine überarbeitete Version der ISO 26262 erschienen (Second Edition). Sie wurde inhaltlich an den veränderten Stand der Technik angepasst und um zwei zusätzliche Bände erweitert:

11. Guideline on application of ISO 26262 to semiconductors
12. Adaption of ISO 26262 for motorcycles

Abbildung 3–11 zeigt die Verortung der einzelnen Bände im V-Modell.

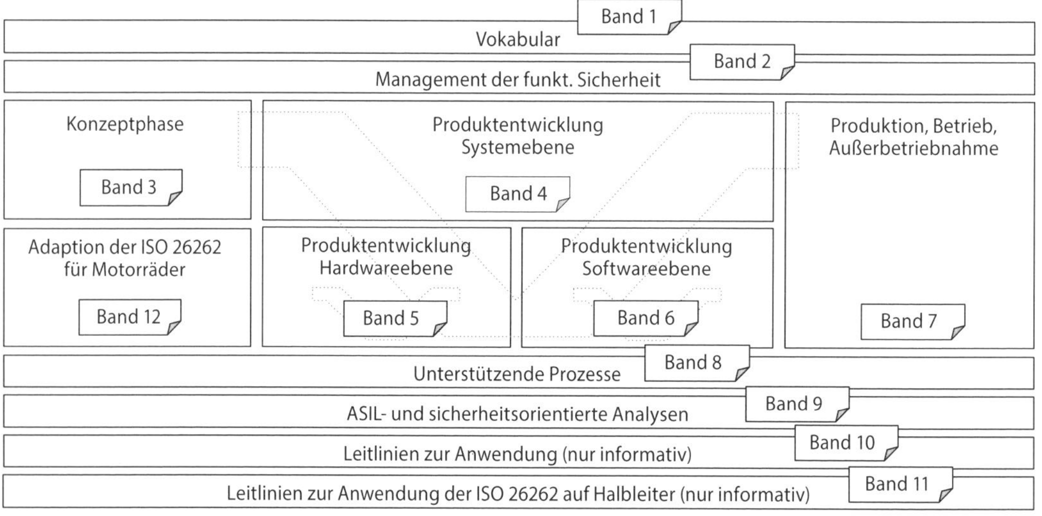

Abb. 3–11 *Struktur der ISO 26262:2018 (Quelle: ISARTAL Akademie)*

Feste Struktur der Bände

Die einzelnen Bände sind nach einem festen Schema strukturiert, um das Arbeiten mit der Norm zu erleichtern. Abgesehen von Band 1, Band 10 und Band 11 enthält jeder Band zunächst Standardinhalte. Hierzu zählen:

- eine allgemeine Einleitung,
- der Anwendungsbereich der Norm (d.h. Serien-Pkw bis 3,5 t),
- normative Referenzen des jeweiligen Bandes sowie
- Anforderungen für die Erfüllung der Norm:
    - allgemeine Anforderungen,
    - Interpretation der Methodentabellen,
    - ASIL-abhängige Anforderungen und Empfehlungen.

Darauf folgen die spezifischen Themen des jeweiligen Bandes. Die grundlegende Struktur ihrer Beschreibung ist auch hier, bis auf die bereits genannten Bände 1, 10 und 11, jeweils gleich. Die durchzuführenden Aktivitäten werden in jedem Kapitel anhand der folgenden Struktur beschrieben:

1. Ziel
2. Allgemeine Informationen
3. Eingangsinformationen (z.B. vorliegende Dokumente)
   a) Vorbedingungen
   b) Weitere unterstützende Informationen
4. Anforderungen und Empfehlungen
5. Arbeitsergebnisse

Im Anhang dieses Buches findet sich eine Zusammenfassung der einzelnen Bände der Norm (siehe Anhang A.1). Änderungen oder Ergänzungen in der ISO 26262:2018 sind jeweils separat vermerkt, sodass die Zusammenfassung für beide Versionen der Norm gilt. Zusätzlich zu dieser Zusammenfassung enthält ein zweiter Anhang eine Übersicht der Methodentabellen mit testrelevanten Inhalten – ebenfalls für beide Versionen der ISO 26262 (siehe Abschnitt A.2 im Anhang).

Relevante Bände für den Tester

Im Fokus eines Testers stehen vor allem die Themen Verifizierung und (zumindest anteilig) Validierung. Für ihn sind, neben Band 1 (Vokabular), daher die Bände 4 (Produktentwicklung Gesamtsystemebene), 5 (Produktentwicklung Hardwareebene) und 6 (Produktentwicklung Softwareebene) sowie Band 8 (Unterstützende Prozesse) von besonderem Interesse.

Die Bände 4 und 6 geben detaillierte Hinweise und Empfehlungen hinsichtlich geeigneter Maßnahmen für die Softwareverifizierung. Diese Empfehlungen umfassen die Auswahl, den Entwurf und die Implementierung sowie auch die Durchführung der jeweiligen Verifizierungsmaßnahmen. Die empfohlenen Methoden werden in sogenannten Methodentabellen themenbezogen zusammengefasst. Die Empfehlung erfolgt dabei abhängig von der Kritikalität der jeweiligen Gefährdung (ASIL – siehe Abschnitt 3.2.5).

Dabei fokussieren diese Bände auf die test- und verifizierungsspezifischen Aspekte der Systemebene (Band 4, inkl. Systemvalidierung) und der Softwareebene (Band 6). Sollten für die Arbeit des Testers auch hardwarespezifische Aspekte relevant sein, finden sich diese in Band 5. Aspekte, die sowohl Hard- als auch Software betreffen, werden im Rahmen der Ausführungen zur Hardware/Software-Integration (Band 4) und zum Hardware Software Interface (Bände 4, 5, 6) betrachtet.

Band 8 der ISO 26262 nimmt eine Sonderstellung ein, da dieser die prozessspezifischen Eigenheiten der Verifizierung auf allen Teststufen beschreibt. Darüber hinaus finden sich dort Anforderungen an für den Tester wichtige unterstützende Prozesse, wie beispielsweise die Dokumentation. Von besonderem Interesse für den Tester ist auch der Abschnitt zur *Qualifizierung von Softwaretools* in diesem Band (Confidence in the use of software tools).

3.2.5 Kritikalitätsabstufungen des ASIL

Die funktionale Sicherheit des Produkts liegt in der Verantwortung des Safety Managers. Zu Projektbeginn hat er die Aufgabe, zu prüfen, ob für das zu entwickelnde System (oder Teile davon) eine Sicherheitskritikalität vorliegt. Ist dies der Fall, muss er im nächsten Schritt bewerten, wie hoch diese Sicherheitskritikalität ist. Daraus kann er später konkrete Sicherheitsanforderungen an das System ableiten.

Gefährdungsanalyse und Risikobewertung (G&R)

Zur Bestimmung der Sicherheitskritikalität führt er in der Konzeptphase eine Gefährdungsanalyse und Risikobewertung (G&R) durch. Die ISO 26262 gibt dazu eine Methodik vor, Gefährdungen durch Fehlfunktionen im Kontext konkreter Fahrsituationen zu identifizieren, zu analysieren und hinsichtlich ihres Risikos für Leib und Leben zu bewerten.

Die G&R ist von zentraler Bedeutung für die funktionale Sicherheit des Produkts: Gefährdungen, die nicht oder nur unvollständig in der G&R erfasst sind, werden im Projekt nicht oder möglicherweise nicht hinreichend behandelt. Es ist daher zwingend erforderlich, die G&R mit größtmöglicher Sorgfalt durchzuführen – idealerweise wird sie von einem Expertenteam erarbeitet. Nach Fertigstellung wird die G&R einem Review durch eine unabhängige Stelle unterzogen. Dies muss nicht zwingend eine *externe* Stelle sein, die Norm lässt hier auch das Review durch eine projektunabhängige firmeninterne Instanz zu[15].

Für jede Gefährdung sind in der G&R die folgenden drei Aspekte zu bewerten:

- *Exposure (E)*
  Wie wahrscheinlich ist die beschriebene (Fahr-)Situation bzw. wie häufig kommt sie vor? Der E-Wert hat Ausprägungen von E0 (weitgehend unmöglich) bis E4 (sehr wahrscheinlich). Wird eine Situation mit E0 bewertet, so muss sie im Rahmen der G&R nicht weiter betrachtet werden.

15. Siehe hierzu ISO 26262-2:2018 [ISO 26262:2018] – Table 1 »Required confirmation measures, including the required level of independency«.

- *Severity (S)*
Wie schwer ist der in der beschriebenen Situation zu erwartende Schaden? Der S-Wert hat Ausprägungen von S0 (keine Verletzungen) bis S3 (lebensbedrohliche oder tödliche Verletzungen). Wird eine Situation mit S0 bewertet, so bedeutet das, dass in der beschriebenen Situation kein Personenschaden bzw. nur materieller Schaden zu erwarten ist. Sie muss daher im Rahmen der G&R nicht weiter betrachtet werden.
- *Controllability (C)*
Wie gut können der Fahrer oder andere Verkehrsteilnehmer auf die beschriebene Situation reagieren und sie durch eine geeignete Reaktion entschärfen (z.B. Bremsen)? Der C-Wert hat Ausprägungen von C0 (jederzeit kontrollierbar) bis C3 (schwer zu kontrollieren oder unkontrollierbar). Wird eine Situation mit C0 bewertet, so muss sie im Rahmen der G&R nicht weiter betrachtet werden.

Automotive Safety Integrity Level (ASIL)

Aus der Kombination der drei Aspekte ergibt sich für jede der identifizierten Gefährdungen in der G&R ein ASIL (Automotive Safety Integrity Level). Der ASIL ist, vereinfacht ausgedrückt, ein Maß für die erforderliche Risikominderung durch Maßnahmen der funktionalen Sicherheit. Derartige Maßnahmen können beispielsweise eine eigenständige Sicherheitsfunktion zur Überwachung eines E/E-Systems oder der Einsatz spezifischer festgelegter Methoden sein. Für höhere Risiken können dabei aufwendigere Maßnahmen erforderlich sein bzw. sie müssen mit einer höheren Güte umgesetzt werden.

Die ISO 26262 definiert vier Ausprägungsgrade: von ASIL A für niedrige bis ASIL D für hohe Sicherheitsanforderungen. Für die Zuordnung der im Rahmen der G&R ermittelten Werte der drei Aspekte E, S und C zu einem konkreten ASIL nutzt die ISO 26262 eine festgelegte Kombinatorik. Dabei ergibt sich der höchste ASIL D ausschließlich durch die Kombination der jeweils höchsten Ausprägungsgrade der drei Aspekte: E4, S3 und C3.

Ergeben sich aus der G&R Anforderungen unterhalb von ASIL A, so sind diese aus Sicht der Norm nicht sicherheitsrelevant. Diese Anforderungen werden durch die Einhaltung des vorhandenen Qualitätsmanagements (QM) abgedeckt.

Tab. 3–5
ISO 26262-3:2018 Table 4 – ASIL Determination [ISO 26262:2018, Part 3, S. 10]

Severity Class	Exposure Class	Controllability Class		
		C1	**C2**	**C3**
S1	E1	QM	QM	QM
	E2	QM	QM	QM
	E3	QM	QM	A
	E4	QM	A	B
S2	E1	QM	QM	QM
	E2	QM	QM	A
	E3	QM	A	B
	E4	A	B	C
S3	E1	QM	QM	A
	E2	QM	A	B
	E3	A	B	C
	E4	B	C	D

Exkurs:

Die hier vorgestellte Methodik für die Erstellung einer G&R hat sich in der Praxis seit Erscheinen der Norm bewährt. Dennoch bleibt bei der Bewertung der Risiken ein Interpretationsspielraum.

Herstellerübergreifend vergleichbare Bewertungen bedeuten ein vergleichbares Sicherheitsniveau für die Kunden. Um dies zu ermöglichen, haben sich seit Erscheinen der ISO 26262 ergänzende Dokumente und Standards etabliert, die die Empfehlungen der Norm weiter konkretisieren. So hat beispielsweise der Verband der Automobilindustrie (VDA) einen Situationskatalog [VDA 2015] erarbeitet, der E-Bewertungen für eine große Anzahl typischer Fahrsituationen benennt. Die amerikanische SAE hat einen Leitfaden zur ASIL-Bestimmung speziell für die Systeme, die Einfluss auf die Fahrzeugführung (vehicle motion control) haben, herausgegeben [SAE 2018] (z.B. elektrische Servolenkung).

Die im Beispiel dieses Buches erstellte G&R (Tab. 3–6) ist zum besseren Verständnis stark vereinfacht. So ist beispielsweise bei der Bewertung des Selbstbeschleunigers das tatsächliche Beschleunigungsvermögen des Fahrzeugs zu berücksichtigen. Bei einem eher leistungsschwachen Fahrzeug ist die Gefahr eines Auffahrens auf den Vordermann oder des Kontrollverlusts durch den Fahrer deutlich geringer. Ein speziell für die Stadt entwickeltes Fahrzeug wie das ULV dürfte vermutlich eher moderat motorisiert sein. Für die Beispiele in diesem Buch war jedoch ein Sicherheitsziel mit höherem ASIL erforderlich. Daher wurde dieser Fall etwas vereinfachend mit ASIL C bewertet.

Sicherheitsziele und Sicherheitskonzept

Auf Grundlage der Bewertungen der G&R formuliert der Safety Manager die Sicherheitsziele. Im nächsten Schritt erfolgt die Erarbeitung eines Sicherheitskonzepts zur Erfüllung der Sicherheitsziele. Die ISO 26262 sieht hier ein zweistufiges Vorgehen vor:

- Zunächst entwickelt der Safety Manager ein *Funktionales* Sicherheitskonzept (FuSiKo), aus dem er dann funktionale Sicherheitsanforderungen ableitet. Diese besitzen den gleichen ASIL wie das zugrunde liegende Sicherheitsziel.
- Aus dem FuSiKo entsteht dann ein *Technisches* Sicherheitskonzept (TeSiKo), das die konkrete technische Umsetzung beschreibt. Hieraus ergeben sich die technischen Sicherheitsanforderungen. Auch diese erben den ASIL des zugrunde liegenden Sicherheitsziels.

Eine Ausnahme von dieser Regel stellt die sogenannte *ASIL Dekomposition* dar. Unter bestimmten Umständen erlaubt die ISO 26262 die Möglichkeit, eine Sicherheitsfunktion durch mehrere voneinander unabhängige Teilfunktionen mit niedrigerem ASIL zu ersetzen.

Beispiel Tempomat

Unterstützt von einem Expertenteam erstellt Safety Manager Stefan die G&R für die Tempomatfunktion. Darin listet er mögliche Gefährdungen durch Fehlfunktionen des Tempomaten auf (z.B. durch eine fehlerhafte Erhöhung der Geschwindigkeit) und analysiert diese nach der Methodik, welche die ISO 26262 in Band 3 vorsieht.

Nach einer detaillierten Beschreibung der jeweiligen Situation wertet er zunächst aus, wie häufig die beschriebene Situation typischerweise für einen Normalfahrer auftreten kann. Stefan orientiert sich dabei an den E-Parametern aus dem VDA-Situationskatalog [VDA 2015]. Da viele der Situationen typische Autobahnsituationen sind, wählt Stefan für alle Situationen Ausprägungsgrad E4, d.h., die Situation tritt üblicherweise in mehr als 10% der Gesamtfahrzeit auf.

Als Nächstes bewertet er, welcher maximale Schaden in der jeweiligen Situation auftreten kann. Bei der Situation mit Selbstbeschleuniger wählt er den Ausprägungsgrad S3, da aus seiner Sicht hier ein Unfall mit lebensbedrohlichen bis tödlichen Verletzungen möglich ist. Bei den übrigen Situationen ist mit weniger schweren Personenschäden zu rechnen (S1 oder S2).

→

Zuletzt bewertet er für jede Situation, wie gut der Fahrer oder andere Verkehrsteilnehmer einen Schaden durch eine geeignete Reaktion (z.B. Bremsen oder Ausweichen) noch verhindern können. Stefan erkennt, dass sich die Fehlfunktionen zumeist gut durch das Betätigen der Bremse entschärfen lassen (C1). Lediglich im Fall des Selbstbeschleunigers entscheidet sich Stefan für die Ausprägung C2. Damit möchte er den Fall abdecken, dass die ungewollte Beschleunigung mit Maximalwerten erfolgt (Worst Case).

Am Ende ergibt sich die folgende G&R (Auszug):

Tab. 3–6
Auszug aus der G&R für die Tempomatfunktion

Fehlfunktion	Fahrsituation/ Situationsbeschreibung	E (Exposure)	S (Severity)	C (Controllability)	ASIL
Fehlerhafte Aktivierung Tempomat	Der Fahrer ist im manuellen Modus unterwegs und bestimmt die Fahrgeschwindigkeit selbst durch Betätigen des Fahrpedals. Durch einen E/E-Fehler kommt es zu einer Aktivierung des Tempomaten. Die aktuelle Geschwindigkeit wird fehlerhaft vom Tempomaten übernommen und gehalten. Der Fahrer merkt beim Vom-Gas-Gehen, dass das Fahrzeug nicht langsamer wird.	E4 Typische Fahrsituation, mehr als 10% der Gesamtfahrzeit	S1 Aus der Situation heraus entsteht zunächst kein direkter Schaden. Beim Bremsen des Vordermanns ist ein leichter bis mittlerer Fahrzeugschaden möglich.	C1 Keine Geschwindigkeitszunahme, Fahrzeug kann jederzeit heruntergebremst werden.	QM
Fehlerhafte Deaktivierung Tempomat	Der Fahrer ist im Tempomatmodus unterwegs. Durch einen E/E-Fehler kommt es zu einer Abschaltung des Tempomaten. Das Fahrzeug geht in den Schubbetrieb über und wird langsamer.	E4 Typische Fahrsituation, mehr als 10% der Gesamtfahrzeit	S2 Fahrzeug wird langsamer, kein Aufleuchten der Bremslichter, Auffahren des Folgeverkehrs ist möglich.	C1 Schnelle Wahrnehmung durch den Fahrer, Fahrzeug kann über Fahrpedal wieder beschleunigt werden.	A
Fehlerhafte Nicht-aktivierung Tempomat	Der Fahrer ist im manuellen Modus unterwegs und möchte auf den Tempomatbetrieb überwechseln. Durch einen E/E-Fehler kommt es zu keiner Aktivierung des Tempomaten, die dem Fahrer aber nicht angezeigt wird. Das Fahrzeug geht in den Schubbetrieb über und wird langsamer.	E4 Typische Fahrsituation, mehr als 10% der Gesamtfahrzeit	S2 siehe oben	C1 siehe oben	A
Fehlerhafte Erhöhung der Geschwindigkeit (Selbstbeschleuniger)	Der Fahrer ist im Tempomatmodus unterwegs. Durch einen E/E-Fehler kommt es zu einer Erhöhung der gespeicherten Fahrgeschwindigkeit. Das Fahrzeug beschleunigt mit maximalen Werten auf die neue Zielgeschwindigkeit.	E4 Typische Fahrsituation, mehr als 10% der Gesamtfahrzeit	S3 Auffahren auf den Vorderwagen ist möglich, bei Kurvenfahrt Verlassen der Fahrspur.	C2 Schnelle Wahrnehmung durch den Fahrer, Fahrzeug kann durch Betriebsbremse abgebremst werden. U.U. hohe Bremskräfte nötig.	C

→

Aus der G&R leitet Stefan die Sicherheitsziele für die von Eddison Electronics zu entwickelnde Tempomatfunktion ab. Neben mehreren ASIL-A-Sicherheitszielen erhält Stefan ein ASIL-C-Sicherheitsziel, das sich aus der vierten Situation der G&R ergibt:

> »Eine fehlerhafte Erhöhung der Geschwindigkeit durch einen E/E-Fehler ist zu verhindern (ASIL C)«.

Stefan setzt sich mit seinen Kollegen in Verbindung, die die Funktionsarchitektur für den E-Antrieb erarbeiten. Die Architektur liegt bereits in einer ersten Version vor. Stefan und seine Kollegen führen eine gemeinsame Analyse der Architektur durch, um diejenigen Elemente zu identifizieren, die eine Verletzung der Sicherheitsziele verursachen könnten. An diesen Stellen müssen dann die (noch zu entwickelnden) Sicherheitsmechanismen greifen, um die aus der G&R abgeleiteten Sicherheitsziele zu erfüllen. Im Verlauf der Analyse erkennt Stefan, dass er die verschiedenen Fehler in zwei Kategorien zusammenfassen kann:

a) Fehler, die zu einer fehlerhaften Soll-Momentenanforderung in Richtung Elektromotor führen, und
b) Fehler, die zu einer fehlerhaften Umsetzung der Soll-Momentenanforderung durch den Elektromotor führen.

Im ersten Fall wäre eine Abschaltung der Tempomatfunktion zur Fehlerbehebung notwendig, im zweiten Fall eine Abschaltung des Elektromotors.

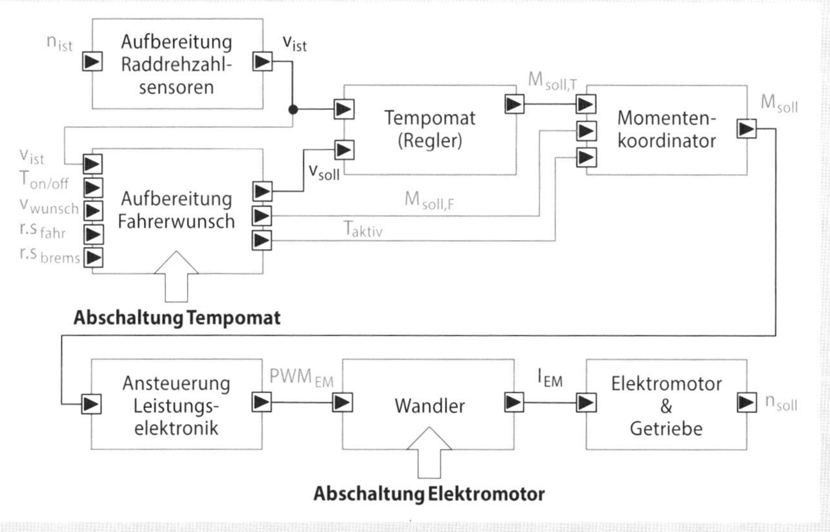

Abb. 3–12 *Analyse der Architektur für das funktionale Sicherheitskonzept*

→

Auf Grundlage dieser Erkenntnisse erarbeitet Stefan im nächsten Schritt das funktionale Sicherheitskonzept (FuSiKo) für den Tempomaten. Da die Wirkkette nach aktueller Planung auf zwei Steuergeräte (Motorsteuergerät, Leistungselektroniksteuergerät) verteilt werden soll, sieht Stefan pro Steuergerät eine Sicherheitsfunktion vor:

- *Überwachung Tempomat* realisiert die Sicherheitsfunktion auf dem Motorsteuergerät. Sie soll eine Ansteuerung des Motors, die zu einer ungewollten Beschleunigung führen könnte, verhindern. Falls die Ist-Geschwindigkeit die Soll-Geschwindigkeit deutlich überschreitet, deaktiviert sie den Tempomaten.
- *Überwachung Leistungselektronik* hat die gleiche Aufgabe auf dem Leistungselektroniksteuergerät. Sie erkennt die ungewollte Beschleunigung daran, dass die Stromflüsse in den Motor nicht zum Soll-Drehmoment passen.

Beide Sicherheitsfunktionen müssen wegen des zugrunde liegenden Sicherheitsziels nach ASIL C entwickelt werden:

Abb. 3-13
Überwachungsfunktionen für Tempomat und Leistungselektronik

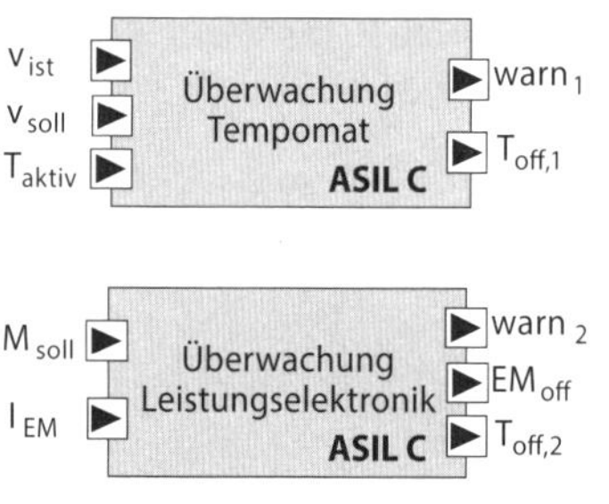

Tab. 3-7
Signale der Überwachungsfunktionen

Signal	Beschreibung
EM_{off}	Abschaltung des Elektromotors aus Sicherheitsgründen
I_{EM}	Stromstärke des Stromflusses zum Elektromotor
M_{soll}	Konsolidiertes Soll-Drehmoment
T_{aktiv}	Tatsächlicher Aktivitätsstatus des Tempomaten
$T_{off,1}$	Deaktivierung des Tempomaten aus Sicherheitsgründen
$T_{off,2}$	Deaktivierung des Tempomaten aus Sicherheitsgründen
v_{ist}	Aktuelle Geschwindigkeit des Fahrzeugs
v_{soll}	Soll-Geschwindigkeit des Fahrzeugs für den Tempomaten
$warn_1$	Deaktivierungswarnung (aus Sicherheitsgründen) an den Fahrer
$warn_2$	Deaktivierungswarnung (aus Sicherheitsgründen) an den Fahrer

→

Darüber hinaus müssen auch die Architekturelemente *Aufbereitung Fahrerwunsch* und *Aufbereitung Raddrehzahlsensoren* ebenfalls nach ASIL C entwickelt werden, da sie sicherheitsrelevante Signale liefern, die auch von anderen Steuergeräten im Fahrzeug verwendet werden (z.B. Ist-Geschwindigkeit). Damit ergibt sich die in Abbildung 3–14 dargestellte Gesamtarchitektur (Darstellung zur besseren Übersicht ohne Wandler und Elektromotor).

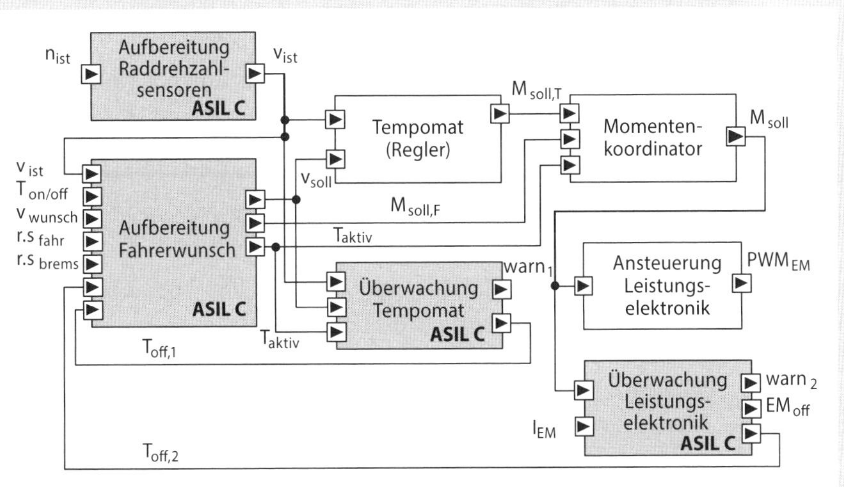

Abb. 3–14 *Funktionale Architektur mit Überwachungsfunktionen*

Auf Basis des FuSiKo leitet Stefan nun die Sicherheitsanforderungen an die Architekturelemente ab. Die Anforderungen erben dabei den ASIL des zugrunde liegenden Sicherheitsziels. Siehe hierzu Abschnitt D.2 im Anhang.

3.2.6 Auswahl der Testmethoden

Der ermittelte ASIL beeinflusst unmittelbar die vom Tester zu realisierenden Testumfänge. Abhängig vom jeweiligen Ausprägungsgrad des ASIL empfiehlt die ISO 26262 die Durchführung unterschiedlicher Aktivitäten. Dabei gilt, dass die Norm für höhere ASIL in der Regel umfangreichere und aufwendigere Aktivitäten vorsieht.

Den Grad der Empfehlung teilt die ISO 26262 in drei Stufen ein: keine Empfehlung (no recommendation), empfohlen (recommended) und dringend empfohlen[16] (highly recommended). Bei *keine Empfeh-*

---

16. Der englischsprachige Empfehlungsgrad »highly recommended« wird in der deutschsprachigen Literatur z.T. unterschiedlich übersetzt (»sehr zu empfehlen«, »dringend empfohlen«, »ausdrücklich empfohlen«). Aus Gründen der Konsistenz zum Lehrplan wird hier die Übersetzung »dringend empfohlen« verwendet.

lung gibt die Norm keine Empfehlung für oder gegen die betreffende Aktivität. Sie kann bedenkenlos unterstützend durchgeführt werden (z.B. wenn sie Teil eines bereits im Unternehmen etablierten Standardprozesses ist). Ihre Durchführung ersetzt aber nicht die von der ISO empfohlenen oder dringend empfohlenen Aktivitäten. Speziell wenn es um den Nachweis einer Erfüllung der ISO 26262 geht, kann von diesen neutral bewerteten Aktivitäten also kein Nutzen gezogen werden. Der ASIL ist keine Eigenschaft des Gesamtprodukts. Er ist an ein konkretes Sicherheitsziel und die daraus abgeleiteten Sicherheitsanforderungen gebunden. Für *ein* Produkt können sich also für Sicherheitsanforderungen mit unterschiedlichem ASIL *unterschiedliche* Testaufwände ergeben. Dies ist bei der Planung der Testumfänge durch den Tester zu berücksichtigen. Darüber hinaus gibt es aber auch Anforderungen der ISO 26262, die unabhängig vom ASIL sind und für alle sicherheitsrelevanten Umfänge erfüllt werden müssen.

Empfehlung von konkreten Testentwurfsverfahren und Testarten

Für den Tester bedeutet das, dass ihm die ISO 26262 für FuSi-relevante Systeme abhängig vom ASIL konkrete Testentwurfsverfahren und Testarten empfiehlt. Der Tester kann nur insoweit frei entscheiden, wie es die Norm für den konkreten Fall zulässt. Die Norm gibt dem Tester konkrete Empfehlungen zu den Testaktivitäten in Form der sogenannten Methodentabellen. Diese Tabellen finden sich vor allem in den Bänden 4, 5, 6, 8 und 12 (nur ISO 26262:2018 für Motorräder). Sie enthalten neben FuSi-spezifischen Empfehlungen für Prozesse und Tätigkeiten auch die vom Tester anzuwendenden Verfahren. So sind beispielsweise Äquivalenzklassenbildung und Grenzwertanalyse für ASIL A empfohlen. Bei einem ASIL B und höher hingegen sind diese Verfahren dringend empfohlen.

Die Norm verwendet in diesem Zusammenhang für alle anzuwendenden Verfahren oder Tätigkeiten den einheitlichen Oberbegriff *Methode* (method). An dieser Stelle weicht die FuSi-Nomenklatur also etwas von der Begriffswelt des ISTQB® ab. Für den Tester sind folgende Methoden der ISO 26262 von besonderem Interesse:

- Testentwurfsverfahren (Äquivalenzklassenbildung, Grenzwertanalyse, ...)
- Verfahren der Testdurchführung (Simulation, Fahrzeugtests, ...)
- Testarten (nicht funktionale Tests wie Performanztest, Lebensdauertest, ...)
- Testumgebungen (HiL, Fahrzeug, ...)
- Statische Testverfahren (Reviews, statische Analysen, ...)

Die Methodentabellen geben vor, bei welchem ASIL die Anwendung einer Methode jeweils von der Norm empfohlen wird. Die Tabellen sind dabei stets nach dem gleichen Schema aufgebaut:

Methodentabellen

Tab. 3–8
Allgemeines Beispiel für eine Methodentabelle

		ASIL A	ASIL B	ASIL C	ASIL D
1	Methode A	o	+	++	++
2	Methode B	o	o	+	+
3a	Methode C1	+	++	++	++
3b	Methode C2	++	+	o	o

Wie bereits erwähnt, ist in der Norm für jede Methode abhängig vom ASIL festgelegt, ob ihre Verwendung nicht empfohlen (o), empfohlen (+) oder sogar dringend empfohlen (++) ist.

Die ISO 26262 nennt bei ihren Empfehlungen auch alternative Methoden, die in den Tabellen durch den Zusatz eines Buchstabens gekennzeichnet sind (im obigen Beispiel die Zeilen 3a und 3b). Dabei kann es sich beispielsweise um ähnliche, aber unterschiedlich detaillierte Methoden handeln, die für verschiedene ASIL-Stufen unterschiedlich gut geeignet sind (ein typisches Beispiel aus der Norm ist die Empfehlung von Walkthroughs für ASIL A und von Inspektionen für ASIL B und höher). Hier muss der Tester eine geeignete Kombination auswählen, um die zugehörigen Sicherheitsanforderungen ASIL-konform überprüfen zu können. Die gewählte Kombination ist dabei zu begründen. Im Fall von Methoden ohne Alternativen (im Beispiel die Zeilen 1 und 2) entfällt diese Auswahlmöglichkeit. Hier hat der Tester alle Methoden anzuwenden, die für den jeweiligen ASIL dringend empfohlen sind. Aus dem obigen Beispiel ergeben sich für den Nachweis einer Anforderung nach ASIL C folgende Methoden:

- Methode A: dringend empfohlen, also üblicherweise anzuwenden, wenn nach ISO 26262 entwickelt wird
- Methode B: empfohlen, also anzuwenden, falls für den Nachweis dienlich,
- Methode C1 und C2: Hier ist mindestens Methode C1 auszuwählen, da sie für ASIL C dringend empfohlen ist.

Umgang mit nicht explizit genannten Methoden

Die ISO 26262 erlaubt dem Tester auch andere als die in den Tabellen aufgeführten Methoden als Ersatz anzuwenden. In einem solchen Fall muss er allerdings Tauglichkeit und Angemessenheit der von ihm alternativ gewählten Methode begründen.

Beispiel Tempomat

Da das Projekt *ULV* die Anforderungen der ISO 26262 erfüllen soll, stimmt Testmanager Thomas die Testumfänge für die Komponententests (software unit test) mit Safety Manager Stefan ab. Der Auftraggeber Bavarian Electric Cars hat bereits angekündigt, diesen Punkt im Rahmen eines Assessments zur Bewertung der funktionalen Sicherheit zu prüfen.

Aus der G&R für die Funktion Tempomat ergibt sich ein ASIL C (siehe Abschnitt 3.2.5). Stefan und Thomas ziehen daher das Kapitel 9 (Software unit verification) von Band 6 der ISO 26262:2018 zurate, um die für diesen ASIL empfohlenen Testentwurfsverfahren und Verfahren zur Testdurchführung zu identifizieren. Dort finden sie die folgenden Methodentabellen:

Tab. 3–9
Methods for software unit verification [ISO 26262:2018, Part 6, S. 21–22]

Methods		ASIL			
		A	B	C	D
...[a]	...	...	...	...	...
1j	Requirements-based test	++	++	++	++
1k	Interface test	++	++	++	++
1l	Fault injection test	+	+	+	++
1m	Resource usage evaluation	+	+	+	++
1n	Back-to-back comparison test between model and code, if applicable	+	+	++	++

Tab. 3–10
Methods for deriving test cases for software unit testing [ISO 26262:2018, Part 6, S. 22]

Methods		ASIL			
		A	B	C	D
1a	Analysis of requirements	++	++	++	++
1b	Generation and analysis of equivalence classes	+	++	++	++
1c	Analysis of boundary values	+	++	++	++
1d	Error guessing based on knowledge or experience	+	+	+	+

Tab. 3–11
Structural coverage metrics at the software unit level [ISO 26262:2018, Part 6, S. 23]

Methods		ASIL			
		A	B	C	D
1a	Statement coverage	++	++	+	+
1b	Branch coverage	+	++	++	++
1c	MC/DC (Modified Condition/Decision Coverage)	+	+	+	++

a. Dieses Beispiel konzentriert sich auf den dynamischen Test, da dieser auch der Schwerpunkt des vorliegenden Buches ist. Die von der ISO 26262 empfohlenen Methoden für den statischen Test sind hier nicht aufgeführt.

→

Die Tabelleneinträge sind als *alternative Einträge* aufgelistet (1a, 1b, 1c, ...). Stefan und Thomas müssen also eine für ihr Projekt geeignete Kombination aller empfohlenen Methoden (++, +) auswählen, um die Anforderungen nach ASIL C zu erfüllen:

Tabelle 3–9

Stefan und Thomas betrachten zuerst die Empfehlungen der Tabelle 3–9. Für ASIL C sind beim Komponententest die folgenden dynamische Testverfahren *dringend empfohlen* (++): anforderungsbasierter Test, Schnittstellentest[b] und Back-to-Back-Test. Der Fehlereinfügungstest und die Bewertung der Ressourcennutzung sind *empfohlen* (+).

Eddison Electronics hat einen im Unternehmen etablierten Anforderungsmanagementprozess und nutzt ein ALM-Werkzeug, um Anforderungen zu verwalten. Die Spezifikationen der Signale und Schnittstellen werden in einer gemeinsamen Datenbank mit dem OEM für das Projekt *ULV* erfasst. Die Softwareentwicklung erfolgt überwiegend modellbasiert, sodass zumindest für diese Softwareanteile ein Back-to-Back-Test möglich ist. Die Testbasis ist aus Sicht der beiden also hinreichend, um die von der Norm dringend empfohlenen Methoden umzusetzen.

Aktuell ist im Projekt seitens Eddison Electronics keine Untersuchung des Ressourcenverbrauchs auf Softwarekomponentenebene vorgesehen. Vom Teilprojektleiter der Hardwareentwicklung hat Stefan die Information bekommen, dass die ursprünglich geplante CPU aus Kostengründen durch eine weniger leistungsstarke Variante ersetzt werden wird. Um das Risiko zu reduzieren, dass eventuelle Engpässe bei der Auslastung der CPU erst in einer höheren Teststufe entdeckt werden, nimmt Thomas noch die Bewertung der Ressourcennutzung in den Testumfang für den Komponententest auf. Den Fehlereinfügungstest sieht er erst für eine höhere Teststufe vor.

Tabelle 3–10

Als Nächstes wenden sich die beiden der Tabelle 3–10 zu. Diese enthält die Empfehlungen für die Testentwurfserstellung: Für ASIL C sind die Anforderungsanalyse, die Äquivalenzklassenbildung und die Grenzwertanalyse dringend empfohlen, die intuitive Testfallermittlung (Error Guessing) hingegen nur empfohlen.

Alle von der Norm dringend empfohlenen Testverfahren gehören für Thomas und seine Testerkollegen zum Alltag. Die im Projekt vorliegende Testbasis ist für die Umsetzung hinreichend. Thomas nimmt daher die drei dringend empfohlenen Testverfahren in den Testumfang für den Komponententest auf. Die intuitive Testfallermittlung sieht er erst für eine höhere Teststufe vor.

→

b. Die ISO 26262 sieht einen Schnittstellentest bereits auf Ebene der Softwarekomponente vor. Dabei stehen die Schnittstellen der *einzelnen* Komponente im Fokus, nicht die Interaktion zwischen zwei (oder mehreren) Komponenten. Es handelt sich also nicht um einen Schnittstellentest als Integrationstest. Dieser wird in Kapitel 10 der Norm (»Software integration and testing«) behandelt.

Tabelle 3–11

In Tabelle 3–11 finden Stefan und Thomas die Empfehlungen für die strukturbasierten Testverfahren bzw. die zu ermittelnden Überdeckungsmetriken. Für ASIL C ist die Bestimmung der Zweigüberdeckung dringend empfohlen. Die Bestimmung der Anweisungsüberdeckung und der modifizierte Bedingungs-/Entscheidungstest (MC/DC) sind lediglich empfohlen.

Eddison Electronics setzt in der Entwicklung seit Längerem ein Analysetool zur Bestimmung der strukturellen Überdeckungsmetriken ein. Dieses wertet standardmäßig die MC/DC Coverage aus, um nicht getesteten oder toten Code zu identifizieren. Allerdings wird die von der Norm für ASIL C dringend empfohlene Zweigüberdeckung derzeit nicht ausgewertet. Da MC/DC nach dem Stand der Technik als die stärkere Metrik angesehen wird, sehen Stefan und Thomas hier kein Risiko und verzichten auf die zusätzliche Auswertung der Zweigüberdeckung[c].

Ergebnis

Folgende Methoden haben Stefan und Thomas für den Softwarekomponententest im Projekt *ULV* ausgewählt:

Tab. 3–12
Ausgewählte Methoden für den Softwarekomponententest

Methods for software unit verification (Tab. 3–9)		**ASIL**			
		A	**B**	**C**	**D**
1j	Requirements-based test	++	++	++	++
1k	Interface test	++	++	++	++
1m	Resource usage evaluation	+	+	+	++
1n	Back-to-back comparison test between model and code, if applicable	+	+	++	++
Methods for deriving test cases for software unit testing (Tab. 3–10)		**ASIL**			
		A	**B**	**C**	**D**
1a	Analysis of requirements	++	++	++	++
1b	Generation and analysis of equivalence classes	+	++	++	++
1c	Analysis of boundary values	+	++	++	++
Structural coverage metrics at the software unit level (Tab. 3–11)		**ASIL**			
		A	**B**	**C**	**D**
1c	MC/DC (Modified Condition/Decision Coverage)	+	+	+	++

c. Im Buch wird nur die *Entscheidungsüberdeckung* behandelt, die in der Praxis vergleichbar (aber nicht identisch) zur Zweigüberdeckung ist. Abschnitt 5.3.3.2 erläutert beide Begriffe und zeigt die Unterschiede zwischen Entscheidungs- und Zweigüberdeckung auf.

3.3 AUTOSAR

Der Anteil der Software im Fahrzeug wächst seit vielen Jahren kontinuierlich. Dadurch steigen auch die Aufwände für die Softwareentwicklung erheblich. AUTOSAR (AUTomotive Open System Architecture) ist ein Standard, der die Erstellung der Softwarearchitektur für Steuergeräte im Fahrzeug vereinheitlicht. Das soll die Entwicklung der Steuergerätesoftware effizienter gestalten und die Wiederverwendbarkeit der Software erleichtern.

Die AUTOSAR-Entwicklungspartnerschaft gründete sich im Jahr 2003, geleitet von der Devise »Zusammenarbeit bei den Standards, Wettbewerb bei der Umsetzung«. Die Entwicklungspartnerschaft besteht hauptsächlich aus Herstellern und Zulieferern der Automobilindustrie. Erste Fahrzeuge, die den AUTOSAR-Standard umsetzten, kamen 2008 auf den Markt. Seither hat sich AUTOSAR in der Fahrzeugentwicklung zunehmend etabliert. Aktuell decken die Hersteller, die AUTOSAR in ihren Fahrzeugen einsetzen, etwa 80 % des Weltmarkts ab [AUTOSAR FAQ]. Daher kommt ein Softwaretester in der Automobilindustrie unweigerlich mit AUTOSAR in Kontakt.

3.3.1 Ziele

Wesentliche Ziele von AUTOSAR sind die Senkung der Kosten der Softwareentwicklung insgesamt und die Reduzierung der dafür benötigten Zeit. Außerdem soll AUTOSAR die Wiederverwendung der Software erleichtern. Dazu löst ein funktionsbasierter Ansatz den bisherigen, deutlich an Steuergeräten ausgerichteten Ansatz ab. Die zu entwickelnde Funktion steht nun im Vordergrund, nicht mehr die einzelnen Steuergeräte und die Verteilung der Funktionen auf diese Steuergeräte. Das neue Vorgehen verbessert die Übertragbarkeit der Software auf unterschiedliche Fahrzeug- und Plattformvarianten.

Weitere wichtige Ziele[17] von AUTOSAR sind die Verbesserung der Zuverlässigkeit, der Wartbarkeit, der funktionalen Sicherheit und der IT-Sicherheit von Fahrzeugsoftware. Die Standardisierung soll auch sicherstellen, dass die Softwareentwicklung konform zu relevanten Normen und Standards ist sowie gemäß dem Stand der Technik erfolgt.

17. Alle Ziele von AUTOSAR finden sich in den AUTOSAR Project Objectives [AUTOSAR 2019c].

3.3.2 Entwicklungsmethodik

Vorgehen

Die oben genannten Ziele bestimmen die Entwicklungsmethodik und die Struktur von AUTOSAR wesentlich. Die Methodik entwickelt die Gesamtarchitektur des Systems in drei Schritten:

1. Logische Systemarchitektur
2. Technische Systemarchitektur
3. Steuergeräte-Softwarearchitektur

Logische Systemarchitektur

Der erste Schritt legt die logische Architektur (auch funktionale Architektur genannt) des Gesamtfahrzeugs fest. Sie verteilt die Funktionen der Gesamtfahrzeugebene auf Applikationssoftwarekomponenten. In AUTOSAR nennt man eine solche Komponente schlicht Software Component (SW-C). SW-C (im Plural SW-Cs) steht im Folgenden immer für eine Applikationssoftwarekomponente im AUTOSAR-Kontext.

Außerdem beschreibt die logische Architektur die Kommunikationsbeziehungen der SW-Cs untereinander. Die SW-Cs kommunizieren miteinander über den sogenannten virtuellen Funktionsbus (Virtual Functional Bus, VFB; siehe Abschnitt 3.3.3).

Abbildung 3–15 zeigt den prinzipiellen Aufbau der logischen Systemarchitektur an einem Beispiel. Sie definiert die SW-Cs 1 bis 3 und deren Kommunikation untereinander (über den VFB), symbolisiert durch die gestrichelten Linien. Die weißen Kästchen stellen die Kommunikationsschnittstellen (Ports) der SW-Cs dar.

Abb. 3–15
Logische AUTOSAR-Systemarchitektur

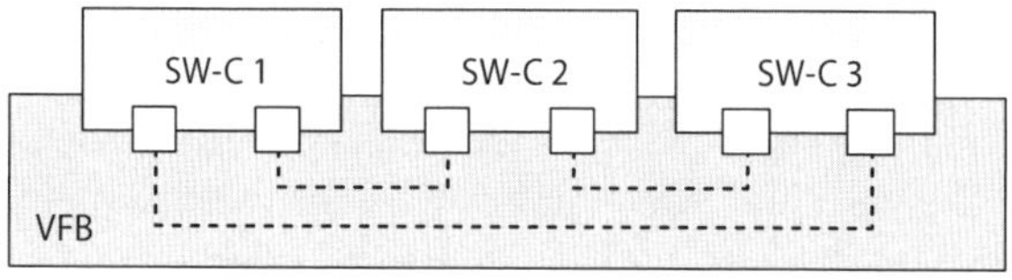

Technische Systemarchitektur

Im zweiten Schritt entsteht die technische Architektur des Gesamtfahrzeugs. Sie ordnet jede SW-C einem Steuergerät zu und definiert, welche Bussysteme die Steuergeräte miteinander verbinden. Die Zuordnung der SW-Cs zu Steuergeräten entscheidet, wie SW-Cs genau miteinander kommunizieren.

Abbildung 3–16 zeigt den prinzipiellen Aufbau der technischen Systemarchitektur passend zum Beispiel der logischen Systemarchitektur in Abbildung 3–15. Die technische Systemarchitektur verteilt SW-C 1 und SW-C 2 auf Steuergerät A, aber SW-C 3 auf Steuergerät B. Innerhalb eines Steuergeräts kommunizieren die SW-Cs über eine Vermittlungsschicht auf dem Steuergerät. Steuergeräteübergreifend kommunizieren sie über den Fahrzeugbus. Die bei der Kommunikation der SW-Cs beteiligten beiden Schichten sind hier nur angedeutet. Sie werden später vertieft.

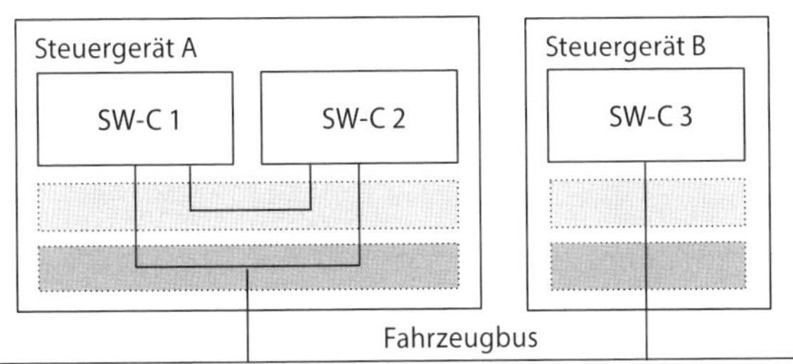

Abb. 3–16
Technische AUTOSAR-Systemarchitektur

Steuergeräte-Softwarearchitektur

Im dritten Schritt erzeugen Codegeneratoren aus der technischen Architektur die Codegerüste für alle Steuergeräte, die notwendig sind, um die SW-Cs auf dem für sie vorgesehenen Steuergerät auszuführen und die Kommunikation zwischen den SW-Cs zu realisieren. Die Softwarearchitektur eines AUTOSAR-Steuergeräts besteht aus drei Schichten:

- Applikationssoftware, bestehend aus den SW-Cs
- Laufzeitumgebung (RTE[18]), eine Art Middleware
- Basissoftware (BSW), Hardwareanbindung und Dienste

Abbildung 3–17 zeigt die prinzipielle Steuergeräte-Softwarearchitektur passend zu den obigen Beispielen. Sie definiert für ein einzelnes Steuergerät die Softwarekomponenten aller Schichten und ihr Zusammenwirken im Detail. Die folgenden Abschnitte stellen die drei Entwicklungsschritte genauer vor und verdeutlichen sie am Tempomat-Beispiel.

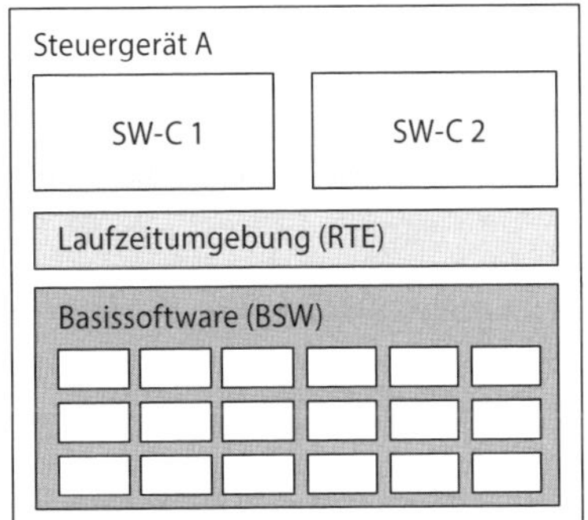

Abb. 3–17
AUTOSAR-Steuergeräte-Softwarearchitektur

18. RTE steht für Runtime Environment.

3.3.3 Logische Systemarchitektur

Virtueller Funktionsbus (VFB)

Der virtuelle Funktionsbus ist das zentrale AUTOSAR-Konzept für die logische Systemarchitektur [AUTOSAR VFB]. Über diesen logischen Bus können SW-Cs im gesamten Fahrzeug miteinander kommunizieren. Die SW-Cs haben dafür Eingangs- und Ausgangsschnittstellen, die Ports heißen. Über die Ports tauschen die SW-Cs Daten aus (Sender/Receiver-Ports) oder rufen Funktionen auf (Client/Server-Ports).

Die logische Architektur legt fest, welche SW-Cs untereinander kommunizieren. Durch den VFB ist diese Kommunikation unabhängig davon, ob sich die SW-Cs später auf demselben Steuergerät befinden oder nicht. Dies macht die Entwicklung flexibler, weil erst gegen Ende der Entwicklung eine definitive Entscheidung nötig ist, welche SW-Cs auf welche Steuergeräte gelangen.

Beispiel Tempomat

Beim Tempomaten sind es sieben SW-Cs, die im Zusammenspiel die Tempomat-Funktionalität realisieren (siehe Abb. 3–18). Die SW-Cs entsprechen den Softwarekomponenten aus den Abschnitten 1.3.2 und 3.2.5; sie sind dort genauer beschrieben. Die kleinen Kästen an den Rändern der SW-Cs in Abbildung 3–18 stellen die Ports dar. Das Dreieck im Kästchen markiert einen Port als Sender bzw. Empfänger von Daten. In der Nähe der Ports stehen die Namen der an den Ports übertragenen Signale. Diese Signale sind in Tabelle 3–13 zusammengefasst. Tabelle 3–13 stellt die Signale aus den Tabellen 1–1 und 3–7 noch einmal gemeinsam dar, um dem Leser das Blättern zu ersparen.

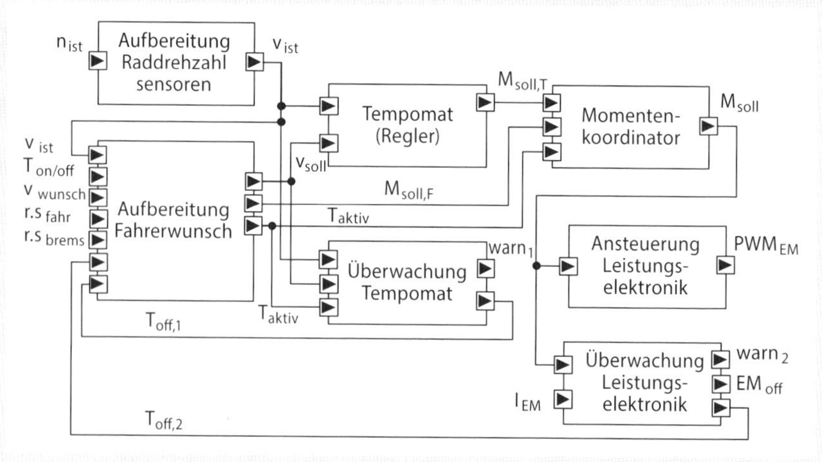

Abb. 3–18 *Logische Systemarchitektur Tempomat*

→

Tab. 3–13
Signale des Tempomaten

Signal	Beschreibung
EM_{off}	Abschaltung des Elektromotors aus Sicherheitsgründen
I_{EM}	Stromstärke des Stromflusses zum Elektromotor
M_{soll}	Konsolidiertes Soll-Drehmoment
$M_{soll,F}$	Soll-Drehmoment auf Basis des Fahrpedals
$M_{soll,T}$	Soll-Drehmoment auf Basis des Tempomat-Reglers
n_{ist}	Werte der vier Raddrehzahlsensoren
PWM_{EM}	Pulsweitenmodulationssignale zur Ansteuerung des Elektromotors
$r.s_{brems}$	Stellung des Bremspedals
$r.s_{fahr}$	Stellung des Fahrpedals
T_{aktiv}	Tatsächlicher Aktivitätsstatus des Tempomaten
$T_{off,1}$	Deaktivierung des Tempomaten aus Sicherheitsgründen
$T_{off,2}$	Deaktivierung des Tempomaten aus Sicherheitsgründen
$T_{on/off}$	Fahrerwunsch zum Aktivierungsstatus des Tempomaten (an/aus)
v_{ist}	Aktuelle Geschwindigkeit des Fahrzeugs
v_{soll}	Soll-Geschwindigkeit des Fahrzeugs für den Tempomaten
v_{wunsch}	Wunschgeschwindigkeit des Fahrers für den Tempomaten
$warn_1$	Deaktivierungswarnung (aus Sicherheitsgründen) an den Fahrer
$warn_2$	Deaktivierungswarnung (aus Sicherheitsgründen) an den Fahrer

3.3.4 Technische Systemarchitektur

Die technische Systemarchitektur beschreibt die Verteilung der SW-Cs aus der logischen Systemarchitektur auf die verschiedenen Steuergeräte. Außerdem beschreibt sie, wie die Steuergeräte untereinander vernetzt sind, typischerweise über Bussysteme wie CAN oder Ethernet. Um unterschiedliche Bussysteme miteinander zu vernetzen, können Steuergeräte als Gateways fungieren, die Nachrichten von einem Bussystem an ein anderes Bussystem weiterleiten.

Beispiel Tempomat

Die sieben SW-Cs für den Tempomaten werden in der technischen Architektur auf zwei verschiedene Steuergeräte verteilt: Motorsteuergerät und Leistungselektroniksteuergerät (siehe Abb. 3–19). Der wesentliche Grund für die Aufteilung ist die bessere Wiederverwendbarkeit der Leistungselektronik für andere Kundenprojekte. Bei der Aufteilung gelangen die Aufbereitung der Sensorik, der Tempomat und die zugehörige Überwachung auf das Motorsteuergerät. Die Ansteuerung der Leistungselektronik und die zugehörige Überwachung kommen auf das Leistungselektroniksteuergerät. Die Kommunikation zwischen den SW-Cs auf den beiden Steuergeräten erfolgt über einen CAN-Bus (siehe Abschnitt 1.3.2).

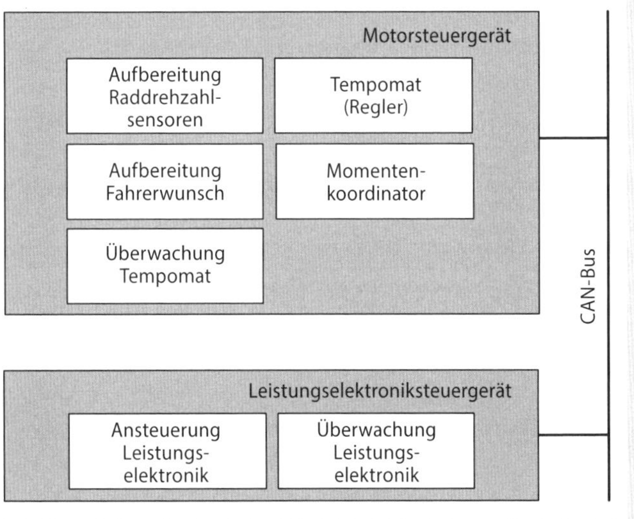

Abb. 3–19
Technische Systemarchitektur Tempomat

3.3.5 Steuergeräte-Softwarearchitektur

Abbildung 3–20 zeigt die Schichtenarchitektur der AUTOSAR-Classic-Plattform [AUTOSAR 2019b]. Aktuell verwenden die meisten AUTOSAR-Steuergeräte diese Plattform.[19] Die Architektur besteht aus drei Schichten: Basissoftware, Laufzeitumgebung und Applikationssoftware.

19. Neben der Classic-Plattform gibt es auch die Adaptive-Plattform, die für die Entwicklung von Steuergeräten für Fahrerassistenzsysteme und autonome Fahrfunktionen gedacht ist. Beide Plattformen bauen auf einer gemeinsamen Basis (sog. Foundation) auf.

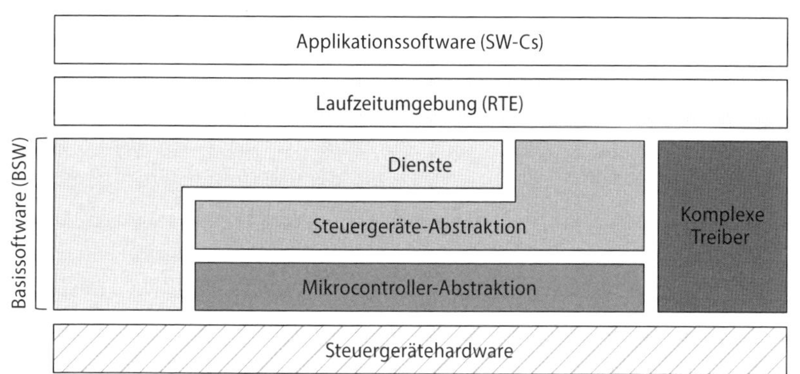

Abb. 3–20
Schichtenarchitektur AUTOSAR Classic

Basissoftware (BSW)

Die Basissoftware (BSW) realisiert die hardwarenahe Grundfunktionalität eines Steuergeräts. Die BSW ist beispielsweise für die Kommunikation des Steuergeräts mit den Fahrzeugbussen und den angeschlossenen Sensoren bzw. Aktuatoren zuständig. Die BSW setzt sich aus einer Vielzahl standardisierter Komponenten zusammen, die jeweils gut abgegrenzte Aufgaben übernehmen. Die untere Schicht der BSW abstrahiert von den Merkmalen des Mikrocontrollers der Steuergerätehardware und heißt daher Mikrocontroller-Abstraktion. Somit ist die nächsthöhere Schicht unabhängig vom konkreten Mikrocontroller. Die mittlere Schicht der BSW abstrahiert von der gesamten Steuergerätehardware und heißt daher Steuergeräte-Abstraktion. Eine Steuergeräte-Abstraktion ist nötig, wenn auf der Steuergeräteplatine neben dem Mikrocontroller weitere Bausteine verbaut sind, die die Software verwenden soll, beispielsweise Busanschlüsse oder Speicherbausteine. Die obere Schicht der BSW stellt die notwendigen Dienste für die höheren Schichten bereit. Zu diesen Diensten gehört beispielsweise das Betriebssystem, das auch direkten Zugriff auf bestimmte Funktionen der Steuergerätehardware benötigt.

Komplexe Treiber

Die komplexen Treiber (Complex Device Driver) dienen dazu, Eigenschaften des Mikrocontrollers oder der Steuergerätehardware, die durch AUTOSAR nicht standardisiert sind, in die Softwarearchitektur integrieren zu können. Beispiele hierfür sind Treiber für den MOST-Bus oder für spezielle Sensor- bzw. Aktuatorschnittstellen.

Applikationssoftware (SW-Cs)

Die Applikationssoftware realisiert die eigentliche Funktionalität des Steuergeräts. Sie besteht aus Applikationssoftwarekomponenten. Hier finden sich die SW-Cs aus der logischen Systemarchitektur wieder. Typischerweise gibt es SW-Cs für die Anbindung von Sensoren und Aktuatoren sowie SW-Cs für Signalverarbeitung, Steuerung und Regelung.

Laufzeitumgebung (RTE)

Zwischen der Applikationssoftware und der BSW vermittelt die Laufzeitumgebung (RTE) als Middleware. Die RTE realisiert die Kommunikation der SW-Cs auf dem Steuergerät untereinander. Außerdem ermöglicht sie die Kommunikation einer SW-C mit den Diensten der BSW, um beispielsweise über ein Bussystem Daten mit einer SW-C auf einem anderen Steuergerät auszutauschen.

Beispiel Tempomat

Abbildung 3–21 zeigt die Steuergeräte-Softwarearchitektur am Beispiel des Motorsteuergeräts. Die Applikationssoftware besteht unter anderem aus den fünf SW-Cs des Tempomaten. Darunter liegt die automatisch generierte RTE, die die Kommunikation der SW-Cs untereinander und mit den BSW-Komponenten realisiert. Die BSW-Komponenten stellen überwiegend Dienste zur Verwaltung von Ressourcen und zur Anbindung der Steuergerätehardware zur Verfügung. Eine genauere Beschreibung der verwendeten BSW-Komponenten findet sich in [Kindel & Friedrich 2009] oder in den einzelnen Spezifikationen des Standards [AUTOSAR Classic].

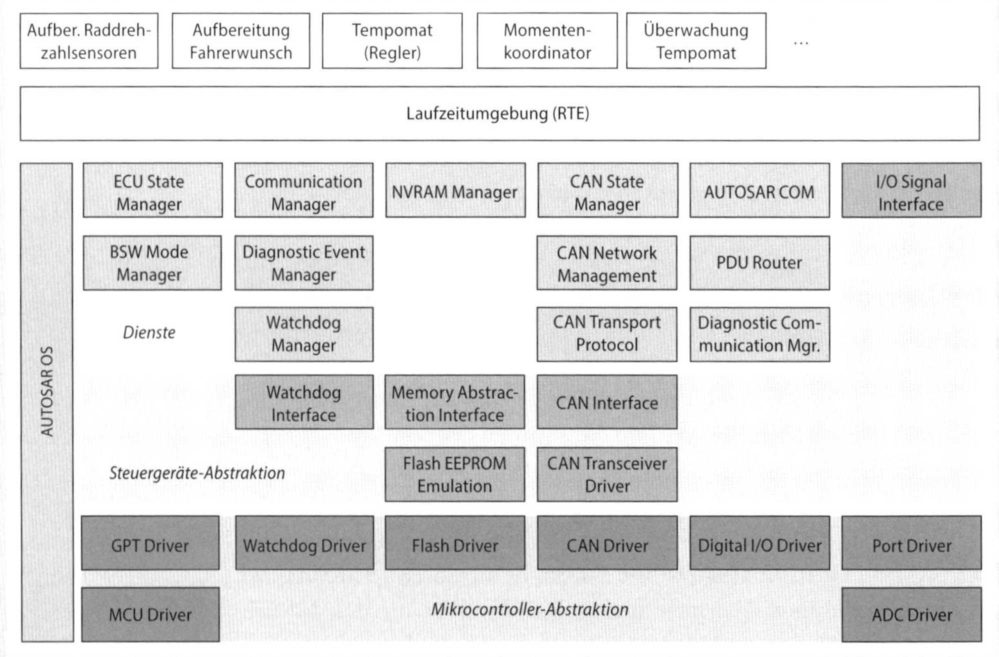

Abb. 3–21 *AUTOSAR-Softwarearchitektur des Motorsteuergeräts*

3.3.6 Generierung der Steuergerätesoftware

AUTOSAR stellt einen Mechanismus bereit, der aus den Entscheidungen zur technischen Architektur die passende RTE für jedes Steuergerät generiert. Die Generierung stellt sicher, dass alle SW-Cs miteinander kommunizieren können, egal auf welchem Steuergerät sie sich befinden.

Zu jeder SW-C gibt es eine Konfigurationsdatei, die die Kommunikationsbeziehungen zu den anderen SW-Cs und die von der BSW benötigten Dienste beschreibt. Weitere Konfigurationsdateien definieren die Eigenschaften der gesamten Fahrzeugarchitektur und der einzelnen Steuergeräte, beispielsweise welche SW-Cs auf dem Steuergerät sind und mit welchen Bussystemen das Steuergerät verbunden ist. Aus den Informationen in diesen Konfigurationsdateien generiert ein AUTOSAR-Werkzeug die passende RTE für jedes Steuergerät. Dieses Vorgehen bildet die Kommunikation zwischen den SW-Cs aus der logischen Systemarchitektur auf die technische Systemarchitektur ab, die aus den Steuergeräten und den Bussystemen besteht. Fügt man nun für jedes Steuergerät noch die erforderlichen BSW-Komponenten hinzu, ergibt sich die vollständige technische Softwarearchitektur der Steuergeräte.

3.3.7 Einfluss auf den Test

Der AUTOSAR-Standard beeinflusst den Test von Systemen und Steuergeräten in großem Maße. Zum einen bestimmt er, welche Testobjekte im Laufe der Entwicklung entstehen (z.B. SW-Cs) und welche Schnittstellen diese aufweisen. Zum anderen erlaubt er, spezielle AUTOSAR-Testumgebungen auf den Ebenen der logischen Systemarchitektur, der technischen Systemarchitektur und der Steuergeräte-Softwarearchitektur aufzubauen. Dank der standardisierten AUTOSAR-Schnittstellen ist es deutlich einfacher, virtuelle Testumgebungen für die Testobjekte zu erstellen. Mittels der in den Konfigurationsdateien spezifizierten Schnittstellen lassen sich Teile der Testumgebung sogar automatisch generieren. Die nachfolgenden Beispiele verdeutlichen, wie der Tester Eigenschaften von AUTOSAR für Testzwecke auf unterschiedlichen Teststufen nutzen kann.

3.3.7.1 Softwarekomponententest

Komponententest einer SW-C

Das Konzept des VFB erleichtert den frühen Komponententest einer SW-C erheblich. Man kann alle benötigten anderen SW-Cs simulieren, indem man eine geeignete VFB-Simulation mit der zu testenden SW-C koppelt. Dafür braucht man weder die Implementierungen der anderen SW-Cs noch die RTE oder die BSW. Liegt die SW-C als Funktionsmodell vor (z.B. in MATLAB/Simulink), entspricht das einer Modelltestumgebung (siehe Abschnitt 4.2.1).

Dadurch können Tester eine SW-C schon sehr früh in der Entwicklung testen, um Fehler möglichst bald nach ihrer Entstehung zu finden. Wichtigstes Testziel ist die Absicherung der Funktionalität der SW-C. Es sind aber auch schon erste Aussagen zum Zeitverhalten und zur Robustheit der SW-C möglich.

Beispiel Tempomat

Der Tester Tim möchte für die SW-C *Aufbereitung Raddrehzahlsensoren* eine Komponententestumgebung aufbauen. Dazu verwendet er ein spezielles AUTOSAR-Testwerkzeug, das aus den Schnittstellenbeschreibungen des Testobjekts automatisch die notwendige Testumgebung generiert. Die Testumgebung liefert die nötigen Eingabedaten an die Eingangsports des Testobjekts (hier die vier Raddrehzahlen) und liest die Ausgaben der Ausgangsports (hier die Ist-Geschwindigkeit) aus. Da das Testobjekt kein Regler ist, reicht eine Open-Loop-Testumgebung (siehe Abschnitt 4.2) aus. Für den Komponententest der SW-C *Tempomat (Regler)* wäre hingegen eine Closed-Loop-Testumgebung mit einem Umgebungsmodell nötig, das den Regelkreis schließt (siehe Abschnitt 4.2).

Komponententest für BSW-Komponenten

Normalerweise steht in einem AUTOSAR-Entwicklungsprojekt die Applikationsschicht im Vordergrund. AUTOSAR-Projekte entwickeln üblicherweise keine BSW-Komponenten, sondern kaufen diese von Zulieferern und konfigurieren sie passend. Daher ist der Komponententest von BSW-Komponenten typischerweise eine Aufgabe des Zulieferers. Allerdings besteht wegen der sehr großen Zahl an Konfigurationsmöglichkeiten der BSW-Komponenten das Risiko, dass der Zulieferer genau die Konfiguration, die das Entwicklungsprojekt verwendet, nicht getestet und dadurch Fehler übersehen hat.

Für jede BSW-Komponente stellt der AUTOSAR-Standard ein ausführliches Spezifikationsdokument bereit, aus dem der Tester Testfälle ableiten kann. Außerdem kann der Tester dem Spezifikationsdokument entnehmen, mit welchen anderen BSW-Komponenten das Testobjekt kommuniziert. Daraus kann der Tester ableiten, welche anderen Komponenten für den Test einer spezifischen BSW-Komponente nötig sind, entweder real oder als Simulation. Außerdem kann er daraus später die zu testenden Schnittstellen für den Integrationstest der BSW ableiten.

3.3.7.2 Softwareintegrationstest und Softwaretest

Integrationstest der Applikationssoftware

Nach Abschluss des Komponententests der einzelnen SW-C sind über eine VFB-Simulation Integrationstests von mehreren SW-Cs möglich – bis hin zur Integration der gesamten Applikationssoftware. Testziel ist das korrekte Zusammenspiel mehrerer SW-Cs untereinander an ihren gemeinsamen Schnittstellen. Dies funktioniert dank VFB sowohl für die Applikationssoftware eines einzelnen Steuergeräts als auch steuergeräteübergreifend.

Beispiel Tempomat

Der Tester Tim möchte alle SW-Cs des Motorsteuergeräts integrieren, die an der Tempomatfunktion beteiligt sind. Das AUTOSAR-Testwerkzeug generiert den notwendigen Code für eine RTE-Simulation, die die SW-Cs untereinander verbindet. Mit einem Umgebungsmodell schließt die Closed-Loop-Testumgebung den Regelkreis des Tempomaten. Nun kann Tim für einen funktionalen Test unterschiedliche Fahrsituationen und Benutzeranforderungen simulieren und beobachten, wie sich der Tempomat im (durch das Umgebungsmodell) simulierten Fahrzeug verhält.

Integrationstest der BSW

Da die BSW-Komponenten in einem Entwicklungsprojekt typischerweise von mehreren Zulieferern kommen, ist deren Integration bei der Entwicklung oft eine große Herausforderung. AUTOSAR definiert zwar die Schnittstellen jeder BSW-Komponente, doch kann es dazu kommen, dass verschiedene Zulieferer Schnittstellen unterschiedlich interpretieren, sodass die BSW-Komponenten doch nicht fehlerfrei zusammenspielen. Daher kauft ein AUTOSAR-Projekt BSW-Komponenten von möglichst wenigen Zulieferern ein. Man hofft, dass jeder Zulieferer die Integration der von ihm gelieferten BSW-Komponenten bereits getestet hat und bei eventuellen Integrationsschwierigkeiten besser unterstützen kann.

Integrationstest der Steuergerätesoftware

Sind die Applikationssoftware und die Basissoftware jeweils erfolgreich integriert, beginnt der nächste Integrationsschritt: die Integration der gesamten Software. Der Tester fügt die Applikationssoftware, die generierte RTE und die Basissoftware zusammen. Über die Schnittstellen der hardwarenahen BSW-Komponenten stimuliert der Tester das Testobjekt. Über geeignete Werkzeuge kann er dann das Verhalten an den Schnittstellen der RTE beobachten, sowohl auf der Seite der Applikationssoftware als auch auf der Seite der BSW. Beispielsweise simuliert der Tester das Eintreffen einer Busnachricht und beobachtet, ob die Werte der Signale innerhalb der Botschaft korrekt an den passenden Ports der SW-Cs ankommen. Das Beobachten ist dabei einfacher, wenn die generierte RTE passende Testschnittstellen bereitstellt.

Beispiel Tempomat

Der Tester Tim möchte die vollständige Software für das Motorsteuergerät auf einem Entwicklungs-PC testen. Er nutzt den AUTOSAR-Softwaregenerator, um das nötige Codegerüst zu erzeugen. In das Codegerüst bettet er den Code für die SW-Cs ein. Die gesamte Software übersetzt er in Maschinencode für den Entwicklungs-PC.

Über die CAN-Driver-Komponente der BSW stimuliert er in der PC-Testumgebung das Testobjekt, indem er eine ankommende CAN-Nachricht mit Messwerten der Raddrehzahlsensoren simuliert. Dann prüft er, ob die RTE die Ports für die Raddrehzahlsensoren der SW-C *Aufbereitung Raddrehzahlsensoren* mit den korrekten Werten versieht. Die Applikationssoftware erzeugt auf Basis der ermittelten neuen Ist-Geschwindigkeit ein neues Soll-Drehmoment für den Elektromotor. Da sich die Empfängerin dieser Information, die SW-C *Ansteuerung Leistungselektronik*, auf einem anderen Steuergerät befindet, kann Tim auch beobachten, ob die RTE das korrekte Soll-Drehmoment an die BSW weitergibt, damit diese eine passende CAN-Botschaft mit dem Soll-Drehmoment verschickt.

Da die integrierte Software nicht auf der Zielhardware, sondern auf einem Entwicklungs-PC läuft, kann Tim zwar die Funktionalität testen, aber nur eingeschränkt das korrekte Zeitverhalten oder den Speicherverbrauch. Sind Letztere auch Testziele bei der Integration, muss Tim zur Ausführung der Software eine Mikrocontrollersimulation oder eine Entwicklungsplatine (ausgestattet mit dem Mikrocontroller der Zielhardware) verwenden. Alternativ verschiebt er diese Testumfänge zum Steuergerätetest (siehe Abschnitt 3.3.7.3).

3.3.7.3 Steuergeräteintegrationstest und Steuergerätetest

Hardware/Software-Integrationstest

Die Integration der Software mit der Steuergerätehardware ist der erste Schritt zum Steuergerätetest. Typischerweise spielt der Tester mittels einer Diagnosefunktion des Steuergeräts die zu testende Software auf die Hardware auf (sog. Flashen). Dies stellt bereits einen ersten Testfall dar, der die Flashbarkeit des Steuergeräts prüft. Schlägt das Flashen der Software fehl, sind weitere Tests sinnlos, da die Software nicht ausführbar ist.

Der Hardware/Software-Integrationstest fokussiert auf die direkten Schnittstellen zwischen der Steuergerätehardware und der Software. Eine kleine Menge standardisierter BSW-Komponenten realisiert bei AUTOSAR diese Schnittstelle. Daher kann der Tester passende Testfälle für die Integration aus den passenden BSW-Komponentenspezifikationen ableiten. Der Test kann mit dem vollständig integrierten Steuergerät erfolgen, wenn es die Möglichkeit gibt, einzelne BSW-Komponenten zur Laufzeit zu beobachten, beispielsweise mit einem Debugger.

Ansonsten kann der Tester auch ein Testobjekt generieren, das nur aus der BSW auf der Steuergerätehardware besteht. Ein Testwerkzeug ergänzt dazu eine RTE, die zur Stimulation und Beobachtung der BSW dient. Zusätzlich kann das Testwerkzeug weitere Testschnittstellen generieren, die es dem Tester erlauben, einzelne BSW-Komponenten individuell zu beobachten.

Systemtest Steuergerät

Wenn schließlich die vollständige Implementierung der Steuergerätesoftware zusammen mit der Steuergerätehardware vorliegt und beide erfolgreich integriert sind, ist ein Test des Steuergeräts als Ganzes möglich. Klassischerweise ist das ein Blackbox-Test gegen die Spezifikation des Steuergeräts. Die Stimulation und die Beobachtung erfolgen über die Hardwareschnittstellen des Steuergeräts. Dabei ist der Unterschied zwischen AUTOSAR-Steuergeräten und »klassischen« Steuergeräten von untergeordneter Bedeutung.

Steuergerät als Testumgebung

Da die Software nun auf der Zielhardware läuft, sind auch Testziele im Fokus, die eigentlich zu vorhergehenden Teststufen gehören, dort aber nicht testbar waren. Aus der logischen bzw. technischen Systemarchitektur generierte Testschnittstellen in der RTE dienen zur Stimulation, zur Beobachtung (Monitoring) und zur Laufzeitmessung der SW-Cs. Die Testschnittstellen unterstützen so Komponenten- und Integrationstests auf dem Steuergerät, die belastbare Aussagen zum Echtzeitverhalten der SW-Cs liefern.

Beispiel Tempomat

Der Tester Tim möchte das Testziel *Effizienz* mit Fokus auf die Applikationsschicht unter Echtzeitbedingungen auf der Zielhardware prüfen. Mithilfe eines Werkzeugs generiert er eine Steuergerätesoftware mit einer um Testschnittstellen angereicherten RTE. Diese RTE erlaubt es, einzelne SW-C direkt zu stimulieren und ihre Reaktionszeit im Zusammenspiel mit anderen SW-Cs, der RTE, der BSW und der Steuergerätehardware direkt zu messen. Beispielsweise untersucht ein sicherheitsrelevanter Testfall auf dieser Testumgebung, wie schnell die SW-C *Überwachung Tempomat* eine ungewollte Beschleunigung erkennt und mit einer Abschaltung des Tempomaten reagiert.

3.3.7.4 Systemintegrationstest

Virtuelle Systemintegration

Wie bereits in Abschnitt 3.3.7.2 angedeutet, ist auf Basis einer VFB-Simulation eine virtuelle Integration von SW-Cs auch steuergeräteübergreifend möglich. Damit kann der Tester SW-Cs des gesamten E/E-Systems integrieren und im Verbund testen. Da hier SW-Cs unterschiedlicher Steuergeräte integriert werden, handelt es sich um einen virtuellen Integrationstest des E/E-Systems. Der Fokus des Tests liegt auf der Funktionalität des E/E-Systems und den Schnittstellen zwischen SW-Cs, die auf unterschiedliche Steuergeräte verteilt sind. Mangels echter Hardware sind Testziele wie Effizienz hingegen nicht prüfbar.

Liegen dann später einzelne Steuergeräte des E/E-Systems vollständig vor, kann die Testumgebung für den virtuellen Systemintegrationstest so weiterentwickelt werden, dass nur noch die SW-Cs der noch fehlenden Steuergeräte in der VFB-Simulation laufen, der Rest aber auf der realen Hardware.

3.4 Gegenüberstellung der Standards

Im Rahmen der Softwareentwicklung für Steuergeräte in der Automobilindustrie kommen Tester mit den Anforderungen aus ASPICE, ISO 26262 und dem CTFL in Berührung. Alle drei Standards sind von unterschiedlichen Interessengruppen mit einer unterschiedlichen Zielsetzung entwickelt worden. Wohl auch deshalb sind Anforderungen und Definitionen nicht immer deckungsgleich.

Für eine effiziente und effektive Zusammenarbeit in der Entwicklung müssen Tester verstehen, was die einzelnen Standards in Bezug auf Testen fordern. Um den Testern den Einstieg zu erleichtern, erfolgt zunächst eine Gegenüberstellung der Ziele und anschließend eine Gegenüberstellung der Teststufen sowie der geforderten Testverfahren und Testansätze.

3.4.1 Zielsetzung

Es gibt viele Normen und Standards, die Anforderungen an die Produktentwicklung stellen. Diese beleuchten typischerweise jeweils andere Aspekte bei der Entwicklung.

Die ISO 26262 hat zum Ziel, Risiken aus systematischen Fehlern in der Entwicklung und zufälligen Hardwarefehlern im Betrieb durch die Vorgabe von geeigneten Anforderungen und Prozessen zu vermeiden. Für die Entwicklung von E/E-Systemen definiert sie Anforderungen an die vom Tester anzuwendenden Prozesse und gibt im Detail Methoden vor. Auch wenn die ISO 26262 Vorgaben zu den Prozessen macht, fokussiert sie sich dennoch auf das zu erstellende Produkt und will dessen Qualität sicherstellen. Daher macht sie auch konkrete Vorgaben zu den Methoden, die je nach ASIL-Einstufung des Produkts bzw. der einzelnen Funktionen anzuwenden sind.

ASPICE beschreibt Anforderungen an die Fähigkeiten von Prozessen. Dazu definiert ASPICE Indikatoren, d.h. bewertbare Kriterien, die unabhängig von der ASIL-Einstufung des Produkts gültig sind und die eine Bewertung der Prozesse möglich machen. ASPICE zielt damit auf die Qualität der Prozesse. In einem Assessment werden die Fähigkeiten der Prozesse in einem konkreten Projekt bewertet und in Abhängigkeit von den Assessmentergebnissen auch im Projekt verbessert.

3.4.2 Teststufen

ISO 26262 und ASPICE enthalten Teststufen, die sich auf Software bzw. auf eingebettete Systeme beziehen. Diese Systeme bestehen in der Regel aus Software und Hardware. Der Schwerpunkt des CTFL liegt hingegen auf dem Test von Software bzw. IT-Systemen mit kommerzieller IT-Infrastruktur. Trotzdem lassen sich die meisten Inhalte des CTFL problemlos auf das Testen von eingebetteten Systemen übertragen.

Tabelle 3–14 stellt die Teststufen der drei Standards den typischen Teststufen der Automobilindustrie gegenüber. Die Teststufen des CTFL treten wiederholt auf. Für die Gegenüberstellung sind die generischen Teststufen des CTFL um das Testobjekt ergänzt, auf das sich die Teststufe bezieht. Die typischen Teststufen in der Automobilindustrie beziehen sich auf die Sicht der Hersteller.

Hinweis zur Interpretation der Teststufen

Die Anzahl und Zuordnung der Teststufen in diesem Buch repräsentiert die Sicht und Interpretation der Autoren. Sie erhebt keinen Anspruch auf Vollständigkeit oder Korrektheit. Die Tabelle soll Anfängern den Einstieg erleichtern und zu einem besseren Verständnis der Teststufen führen. Die Auslegung der Teststufen kann in der Praxis abweichen.

Im Vergleich zum Lehrplan ist die Gegenüberstellung der Teststufen in diesem Kapitel um eine Spalte erweitert, die sich an den typischen Teststufen in der Automobilindustrie orientiert. Darüber hinaus ist im Gegensatz zum Lehrplan die ISO 26262 in der Version von 2018 [ISO 26262:2018] die Grundlage für diese Betrachtungen. Daher unterscheiden sich die hier benannten Teststufen der ISO 26262 und die Zuordnung der Teststufen der Standards zueinander von denen im aktuellen Lehrplan für den CTFL-AuT, der sich auf die ISO 26262 von 2011 bezieht.

Es wird empfohlen, sich zur Prüfungsvorbereitung an der Originaltabelle aus dem CTFL-AuT-Lehrplan zu orientieren. Die Tabelle aus dem Lehrplan ist im Anhang C abgedruckt.

Tab. 3–14
Zuordnung der Teststufen

Typische Teststufen in der Automobilindustrie	ASPICE	ISO 26262	CTFL
Kundennaher Test/ Vorstandsfahrt/ Pressefahrt	–	–	Abnahmetest (Fahrzeug)
Fahrzeugtest	System-qualifikationstest (SYS.5)	Safety Validation[a] (4-8)	Systemtest (Fahrzeug)
Fahrzeug-integrationstest	System-integrationstest (SYS.4)	Vehicle Integration and Testing (4-7.4.4)	System-integrationstest (Fahrzeug)
Systemtest (Teilsystem)	System-qualifikationstest (SYS.5)	System Integration and Testing (4-7.4.3)	Systemtest (Teilsystem)
System-integrationstest (Teilsystem)	System-integrationstest (SYS.4)		System-integrationstest (Teilsystem)
Systemtest (Steuergerät)	System-qualifikationstest (SYS.5)	HW/SW-Integration and Testing (4-7.4.2)	Systemtest (Steuergerät)
System-integrationstest (Steuergerät)	System-integrationstest (SYS.4)		System-integrationstest (Steuergerät)
Softwaretest	Software-qualifikationstest (SWE.6)	Testing of the Embedded Software (6-11)	Systemtest (Software)
Software-integrationstest	Software-integrationstest (SWE.5)	Software Integration and Verification (6-10)	Komponenten-integrationstest (Software)
Software-komponententest	Software-komponenten-verifikation (SWE.4)	Software Unit Verification (6-9)	Komponententest (Software)

a. Die Sicherheitsvalidierung (Safety Validation) deckt nur einen Teil des Systemqualifikationstests ab.

Software

Bei den Teststufen, die sich auf den Test von Software beziehen, stimmen die drei Standards inhaltlich gut überein. Alle drei Standards erwarten den Test der einzelnen Komponenten, bevor diese integriert werden. Beim anschließenden Integrationstest werden die Schnittstellen zwischen den Komponenten, insbesondere das Zusammenspiel an den Schnittstellen, getestet. Im letzten Schritt folgt der Test der vollständig integrierten Software, also des Systems aus Softwarekomponenten.

Steuergerät

Nachdem das Softwaresystem erfolgreich getestet ist, erfolgt die Integration von Software und Hardware. Die nächste Integrationsteststufe bezieht sich daher auf den Test der Schnittstellen zwischen Software und Hardware. Die darauf folgende Teststufe testet das vollständig integrierte System (hier das Steuergerät). Während ASPICE und der CTFL diese beiden Teststufen explizit ausweisen und ähnliche Namen haben, verfolgt die ISO 26262 eine andere Philosophie. Sie fasst die Integration mit dem Integrationstest und dem anschließenden Systemtest in einem Kapitel zusammen. Aus den Kapitelnamen der ISO 26262 ist nicht ersichtlich, dass hier zwei Teststufen subsumiert sind. Allerdings lassen die Forderungen inkl. der jeweiligen Methodentabellen erkennen, dass die ISO 26262 sowohl einen Integrationstest als auch einen Systemtest für Hardware und Software erwartet.

Teilsystem

Auf den darauf folgenden beiden Teststufen liegt der Fokus auf einem *Teil* des Fahrzeugsystems – dem Teilsystem. In diesem Teilsystem sind nur die HW/SW-Systeme (Steuergeräte) enthalten, die für einen Testumfang erforderlich sind. Dies kann beispielsweise ein Feature (z.B. Tempomat), ein Item (siehe ISO 26262) oder eine Domäne (z.B. Antriebsstrang) sein. Im Gegensatz zur ISO 26262 unterscheidet ASPICE nicht zwischen den *Systemen* Steuergerät und Teilsystem. Aus diesem Grund sind für die stufenweise Integration im Wechsel die Prozesse SYS.4 und SYS.5 anwendbar.

Fahrzeugsystem

Bei dieser letzten Integrationsebene spricht die ISO 26262 von einer Fahrzeugintegration und Test (Vehicle Integration and Test). Im Rahmen des Fahrzeugintegrationstests stehen die Schnittstellen der Teilsysteme im Fokus, während der Fahrzeugtest[20] für den Test des vollständig integrierten Fahrzeugs steht. Die Motivation für diese drei Ausprägungen liegt in den unterschiedlichen Methoden, die von der ISO 26262 für die jeweilige Integrationsstufe empfohlen werden (siehe Abschnitt 3.2.6).

Auf Ebene des Fahrzeugtests gibt es eine weitere Besonderheit der ISO 26262. Das Ziel der ISO 26262 ist es, die funktionale Sicherheit von E/E-Systemen sicherzustellen. Das umfasst unter anderem die abschließende Sicherheitsvalidierung des Fahrzeugs durch den Hersteller und ist daher als separate Teststufe in der ISO 26262 ausgewiesen. Da die Sicherheitsvalidierung des Fahrzeugs einen besonderen Aspekt beim

20. Der Begriff Fahrzeugtest wird häufig auch von Zulieferern verwendet, wenn diese ihr System in ein vom Hersteller zur Verfügung gestelltes Fahrzeug einbauen und dort testen. Dabei handelt es sich jedoch nicht um einen Fahrzeugtest. Das Fahrzeug ist bei dieser Teststufe nur die Testumgebung, nicht aber das Testobjekt. Testobjekt ist das vom Zulieferer entwickelte System.

Fahrzeugtest darstellt, ist die Safety Validation in der Tabelle auf die Stufe des Fahrzeugtests verortet.

Im Gegensatz zur ISO 26262 unterscheidet ASPICE wiederum nicht zwischen den *Systemen* Teilsystem und Fahrzeugsystem. Aus diesem Grund sind für die stufenweise Integration im Wechsel die Prozesse SYS.4 und SYS.5 anwendbar.

Abnahmetest

ASPICE und die ISO 26262 betrachten formal nicht den Abnahmetest. Der Abnahmetest des CTFL ist am allgemeinen V-Modell angelehnt. Er ist dadurch gekennzeichnet, dass der *Kunde* das von ihm beauftragte Produkt testet und abnimmt. Im Kontext der Fahrzeugentwicklung sind dies nicht die Endkunden, sondern interne Kunden und Stellvertreter der Kunden.

Kundennaher Test

So führen viele Hersteller beispielsweise sogenannte *kundennahe Tests* durch. Dabei überlassen die Hersteller ihren Mitarbeitern und Entwicklungspartnern Erprobungsfahrzeuge. Im Gegenzug müssen diese einen Bericht über ihre Fahrerfahrungen abgeben.

Pressefahrt

Eine ähnliche Bewertung des Fahrverhaltens eines neuen Fahrzeugs wünscht sich der Hersteller durch *Pressefahrten*. Hier testen Pressevertreter (beispielsweise von Automobilzeitschriften) neue Fahrzeuge und geben durchaus kritisches Feedback. Auch dies ist im weitesten Sinne ein Abnahmetest.

Beispiel Elchtest

An dieser Stelle sei auf den von der Presse durchgeführten Elchtest [FAZ 2017] verwiesen, der die Straßenfreigabe eines Fahrzeugs verhindert hat.

Vorstandsfahrt

Aus Sicht eines Herstellers ist der Vorstand der Auftraggeber für die Entwicklung eines Fahrzeugs. Daher ist der Abnahmetest des gesamten Fahrzeugs auch dem Vorstand des Herstellers zugeordnet und wird häufig *Vorstandsfahrt* genannt.

3.4.3 Testverfahren und Testansätze

Der CTFL führt auf Basis der ISO 29119 ausgewählte Testverfahren und Testansätze ein, die weitestgehend unabhängig von den Teststufen anwendbar sind. Die Auswahl obliegt dem Testmanager und hängt in der Regel von den spezifischen Projekt- und Produktcharakteristika ab (siehe auch Abschnitt 5.4).

ASPICE benennt keine Testverfahren und enthält auch keine Vorgaben, welche Verfahren auf den Teststufen anwendbar sind. ASPICE verlangt jedoch eine stufenspezifische Teststrategie, die für das Projekt geeignete Testverfahren benennt. Die Verantwortung für die Erstellung der stufenspezifischen Teststrategien liegt beim Testmanager. Er entscheidet über die Wahl der Verfahren und Ansätze.

In der ISO 26262 existieren hingegen zu jeder Teststufe individuelle Methodentabellen (siehe Abschnitt 3.2). Die jeweiligen Methodentabellen geben dem Testmanager abhängig vom ASIL Empfehlungen für einzusetzende Verfahren und Ansätze.

Vergleicht man die Forderungen aus den drei Standards, so enthält die ISO 26262 die meisten Details in Bezug auf die anzuwendenden Testverfahren (in Abhängigkeit vom ASIL). Der CTFL und die ISO 29119 stellen viele Testverfahren und -ansätze vor, die sich für die meisten Testprojekte eignen, enthalten aber keine konkreten Vorgaben für einzelnen Teststufen. ASPICE erwartet eine dem Projekt angemessene und sinnvolle Auswahl von Testverfahren, macht jedoch ebenfalls keine konkreten Vorgaben. Die finale Entscheidung über die anzuwendenden Testverfahren und -ansätze liegt bei allen drei Standards beim Testmanager.

4 Virtuelle Testumgebungen

Dieses Kapitel stellt spezielle Testumgebungen vor, die beim Testen in der Automobilindustrie besonders häufig zum Einsatz kommen, insbesondere:

- Model-in-the-Loop-(MiL-)Testumgebung
- Software-in-the-Loop-(SiL-)Testumgebung
- Hardware-in-the-Loop-(HiL-)Testumgebung

Außerdem zeigt es auf, für welche Einsatzzwecke sich die unterschiedlichen Testumgebungen eignen und für welche nicht.

4.1 Grundlagen

Im Verlauf der Entwicklung eines automobilen (Teil-)Systems entstehen in den einzelnen Entwicklungsschritten unterschiedliche Arbeitsprodukte, beispielsweise:

- Funktionsmodelle
- Softwarekomponenten
- Integrierte Software
- Steuergeräteplatinen
- Einzelne Steuergeräte
- Verbünde mehrerer Steuergeräte
- Gesamtes E/E-System des Fahrzeugs
- Fahrzeug

Um Fehler möglichst früh zu finden, prüft der Tester nicht nur das E/E-System oder das Fahrzeug als Ganzes, da diese erst spät in der Entwicklung vollständig testbar sind. Er testet auch Arbeitsprodukte wie Softwarekomponenten, die frühzeitig in der Entwicklung für den Test bereitstehen. Dabei sollen die Testergebnisse möglichst realistische Rückschlüsse auf das spätere Verhalten des jeweiligen Testobjekts im Fahrzeug erlauben. Das stellt besondere Anforderungen an die unterschiedlichen Testumgebungen.

Virtuelle Testumgebungen

Der Test von Arbeitsprodukten erfordert spezialisierte Testumgebungen, die die zur Ausführung benötigten, aber fehlenden Teile des E/E-Systems eines Fahrzeugs simulieren. Wegen des Simulationsanteils heißen sie virtuelle Testumgebungen.[1] Virtuelle Testumgebungen unterstützen die Simulation besonderer Fehlersituationen, die sich beim Test des E/E-Systems ansonsten nicht oder nur mühsam nachstellen lassen, beispielsweise Kurzschlüsse auf der Platine eines Steuergeräts oder Kabelbrüche im Kabelbaum. Schließlich muss eine virtuelle Testumgebung häufig auch die Umgebung des E/E-Systems simulieren, beispielsweise um die Regelstrecke eines Reglers im Testobjekt korrekt abzubilden. Die Regelstrecke bindet oft die Umgebung des E/E-Systems mit ein. Bei einem Abstandsregeltempomaten simuliert beispielsweise das Umgebungsmodell unter anderem das Verhalten des eigenen Fahrzeugs auf der Straße sowie vorausfahrende Fahrzeuge.

Beispiel Tempomat

Die Entwicklerin Erika programmiert den Code für die SW-C *Aufbereitung Raddrehzahlsensoren* (zu den SW-Cs siehe Abschnitt 3.3.3). Gemäß der Teststrategie des Projekts sollen die Entwickler selbst ihren Code einem Softwarekomponententest unterziehen. Sobald Erika einen testbaren Stand der SW-C erreicht hat, führt sie den zugehörigen Softwarekomponententest in einer Testumgebung auf ihrem Entwicklungsrechner durch. Für den Test benötigt sie weder die anderen SW-Cs noch die Steuergerätehardware oder das Fahrzeug. Der Test kann bereits gut die Funktionalität der SW-C prüfen. Allerdings sind Aussagen zum Echtzeitverhalten im Fahrzeug nur eingeschränkt möglich, da die Software im Test nicht auf der Zielhardware läuft und noch keine Effekte im Zusammenspiel mit der übrigen Software des Steuergeräts beobachtbar sind.

Testumgebung

Der Tester bettet das Testobjekt in eine Testumgebung ein, um es auszuführen zu können (siehe Abb. 4–1). Dabei kann er die Eingänge des Testobjekts stimulieren (Point of Control) und seine Ausgänge beobachten (Point of Observation). Die Testumgebung nutzt die Zugangspunkte des Testobjekts, beispielsweise einen CAN-Transceiver, um das Testobjekt zu stimulieren und zu beobachten. In Abbildung 4–1 sind

1. Virtuelle Testumgebungen sind nicht zu verwechseln mit *virtualisierten* Testumgebungen. Virtualisierte Testumgebungen laufen in einer virtuellen Maschine auf einem Rechner, beispielsweise in einer Cloud.

die Zugangspunkte als weiße Quadrate dargestellt. Die Zugangspunkte sind typischerweise externe Schnittstellen. Sie können sich aber auch innerhalb des Testobjekts befinden, was insbesondere für interne Stimulation und internes Monitoring nützlich ist, z.B. zum Setzen oder Auslesen des Werts einer Variablen in der Software.

Der Testrahmen ist der Teil der Testumgebung, der direkt mit dem Testobjekt über dessen Zugangspunkte interagiert. Für die Steuerung der Testdurchführung ist die Systemsteuerung zuständig, die über den Testrahmen das Testobjekt stimuliert. Die Ausgaben des Testobjekts bekommt die Systemsteuerung vom Testrahmen in aufbereiteter Form übermittelt. Daher ist eine Kommunikationsschnittstelle zwischen dem Testrahmen und der Systemsteuerung nötig.

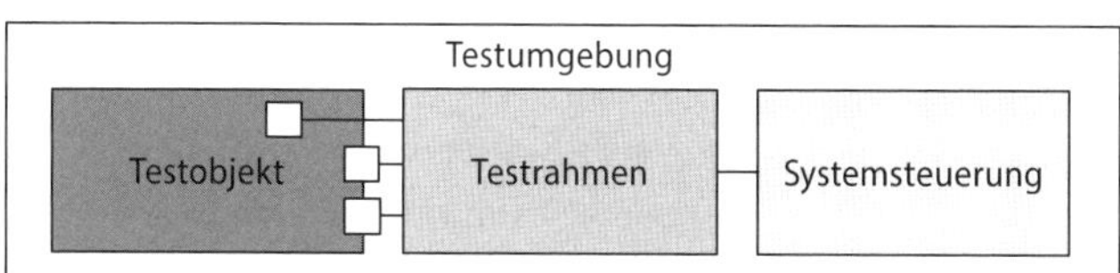

Abb. 4–1
Aufbau Testumgebung

4.1.1 Testobjekt

Um eine passende Testumgebung spezifizieren zu können, benötigt der Tester umfassende Informationen zu den Eigenschaften des Testobjekts. Besonders wichtig sind die Schnittstellen des Testobjekts nach außen, da diese als Zugangspunkte nutzbar sind. Ein Steuergerät hat typischerweise analoge und digitale Anschlüsse (Eingänge und Ausgänge) sowie Schnittstellen zu Bussystemen und Diagnoseschnittstellen, aber auch Testschnittstellen. Die Schnittstellen eines Steuergeräts sind überwiegend über elektrische Pins am Steuergerät realisiert. In seltenen Fällen hat ein Steuergerät auch Funkschnittstellen, z.B. WLAN oder Mobilfunk.

Die Anforderungen an die Testumgebung eines Steuergeräts lassen sich beispielsweise aus folgenden Quellen ableiten:

- Kommunikationsinformationen, d.h. über Bussysteme versendete und empfangene Nachrichten. Typischerweise gibt es eine Datenbank pro Bussystem, beispielsweise gemäß dem ASAM-Standard MCD-2 NET [ASAM MCD-2 NET].
- Protokollinformationen, d.h. Beschreibungen der bei der Kommunikation verwendeten Protokolle zur Übertragung einzelner Bits bis hin zur Übertragung ganzer Nachrichten. Typischerweise sind diese in Standards beschrieben. Beispiele sind Busprotokolle wie CAN [ISO 11898] oder LIN [ISO 17987], Diagnoseprotokolle wie UDS [ISO 14229] sowie Mess-/Kalibrierprotokolle wie XCP [ASAM MCD-1 XCP].

- Signalinformationen, d.h. über Busnachrichten oder andere Anschlüsse empfangene oder gesendete Daten, mit Informationen zur Codierung/Decodierung der Signale. Bei einem Bussystem sind die Signalinformationen oft in der Datenbank für die Kommunikationsinformationen integriert, da eine Nachricht ein oder mehrere Signale enthält.
- Diagnoseinformationen, d.h. typischerweise über ein Bussystem oder eine spezielle Diagnoseschnittstelle empfangene und gesendete Diagnosenachrichten und deren Bedeutung. Typischerweise gibt es eine Datenbank pro Steuergerät, beispielsweise gemäß dem ASAM-Standard MCD-2 D [ASAM MCD-2 D].
- Pinning, d.h. die Liste der Pins des Steuergeräts mit Zweck und Beschaltungsinformationen zu den einzelnen Pins. Typischerweise gibt es eine Datenbank pro Steuergerät.
- Testschnittstellen, d.h. spezielle Schnittstellen für den Test, um beispielsweise Speicherinhalte auszulesen oder zu verändern. Typischerweise gibt es eine Datenbank pro Steuergerät, beispielsweise gemäß dem ASAM-Standard MCD-2 MC [ASAM MCD-2 MC].

AUTOSAR hat eine Möglichkeit geschaffen, Informationen zum E/E-System, den Steuergeräten, den Bussystemen und den Applikationssoftwarekomponenten (SW-Cs) zu dokumentieren und in einer XML-Datei (ARXML) abzulegen [AUTOSAR 2019d]. Testwerkzeuge können bei AUTOSAR-Systemen daher viele der oben aufgezählten Informationen der ARXML-Datei entnehmen.

4.1.2 Testrahmen

Der Testrahmen der Testumgebung zerfällt in drei Bestandteile (siehe Abb. 4–2):

- Schnittstelle zum Testobjekt
- Schnittstelle zur Systemsteuerung
- Automationskern

Abb. 4–2
Aufbau Testrahmen

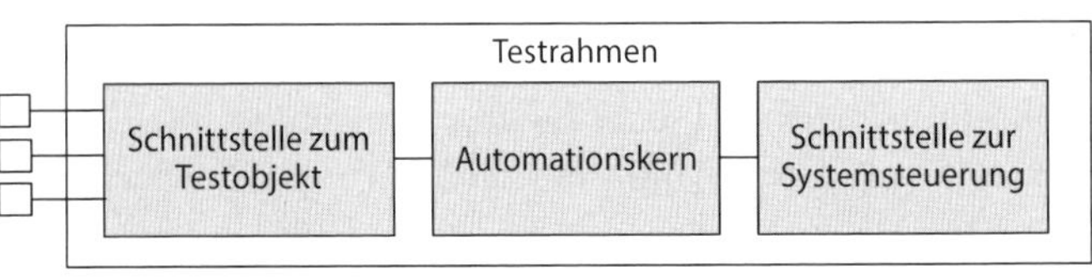

Schnittstelle zum Testobjekt

Die Schnittstelle zum Testobjekt realisiert den Zugriff auf die Zugangspunkte durch passende Konnektoren. Bei Eingängen wie den Eingangspins eines Steuergeräts erzeugt die Schnittstelle elektrische Signale, um beispielsweise Sensorwerte eines dort normalerweise angeschlossenen Sensors zu simulieren. Bei Ausgängen wie den Ausgangspins eines Steuergeräts liest die Schnittstelle die elektrischen Signale aus und interpretiert diese gemäß dem Typ des Zugangspunkts, beispielsweise Pulsweitenmodulation (PWM). Busschnittstellen eines Steuergeräts sind sowohl Eingänge als auch Ausgänge.

Schnittstelle zur Systemsteuerung

Die Schnittstelle zur Systemsteuerung steuert und parametriert den Automationskern gemäß den Vorgaben der Systemsteuerung. Außerdem zeichnet sie die vom Automationskern bereitgestellten Messwerte auf und gibt diese an die Systemsteuerung weiter.

Automationskern

Der Automationskern des Testrahmens hat zwei wesentliche Aufgaben: die äußere Logik und die Testautomation. Die äußere Logik stellt sicher, dass die vom Testobjekt erwarteten Zusammenhänge zwischen Eingängen und Ausgängen (einschließlich Busnachrichten) gegeben sind. Die äußere Logik kann beispielsweise bei einem Busanschluss durch eine Restbussimulation realisiert werden, oder bei einem Regler mit Sensor und Aktuator durch ein Umgebungsmodell.

Abbildung 4–3 zeigt den Aufbau des Automationskerns. Schnittstellenmodell, Streckenmodell, Kommunikationsmodell und Verhaltensmodell sind dabei für die äußere Logik zuständig. Für die Testautomation gibt es eine eigenständige Komponente, die sich um die Testausführung kümmert.

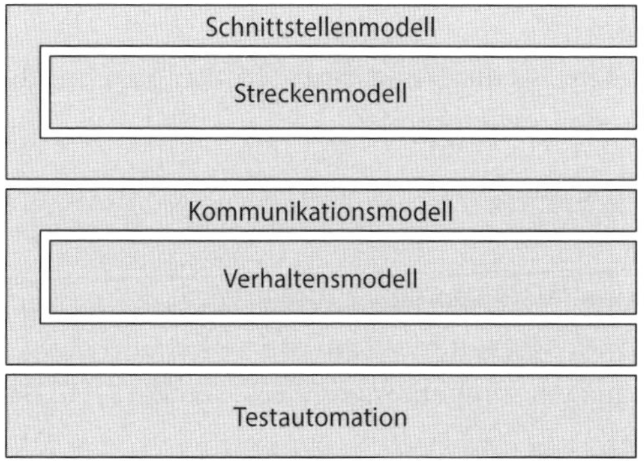

Abb. 4–3
Aufbau Automationskern

Schnittstellenmodell und Streckenmodell

Das Umgebungsmodell setzt sich zusammen aus einem Streckenmodell und einem Schnittstellenmodell. Das Streckenmodell simuliert die Regelstrecke. Das Schnittstellenmodell übersetzt die von der Schnittstelle zum Testobjekt bereitgestellten Ausgänge des Testobjekts (Steuergrößen) in passende Eingabegrößen für das Streckenmodell. Außerdem wandelt das Schnittstellenmodell die für das Testobjekt relevanten Größen des Streckenmodells (Regelgrößen) passend in Eingaben des Testobjekts um und gibt sie an die Schnittstelle zum Testobjekt weiter. Enthält das Testobjekt keinen Regler, ist das Streckenmodell deutlich einfacher oder entfällt sogar ganz.

Kommunikationsmodell und Verhaltensmodell

Bei Kommunikationsschnittstellen wie Bussen vermittelt das Kommunikationsmodell zwischen der Schnittstelle zum Testobjekt und dem Verhaltensmodell. Das Verhaltensmodell simuliert das Verhalten der anderen Busteilnehmer, die beispielsweise von sich aus regelmäßig Nachrichten versenden, aber auch auf Nachrichten des Testobjekts reagieren. Diese Simulation nennt man Restbussimulation. Wenn keine Simulation eines reaktiven Verhaltens anderer Busteilnehmer nötig ist, kann das Verhaltensmodell deutlich einfacher sein oder ganz entfallen.

Grenzen der Simulation

Verhaltensmodelle und Streckenmodelle sind typischerweise aus Aufwandsgründen in ihrer Leistungsfähigkeit eingeschränkt. Bei komplexem Verhalten des Originals stößt das Verhaltensmodell daher oft an seine Grenzen. Gleiches gilt für das Streckenmodell bei komplexem Verhalten der Regelstrecke. Deshalb muss der Tester bei der Auswahl der auszuführenden Testfälle berücksichtigen, ob er unter Verwendung des Verhaltensmodells und des Streckenmodells ein belastbares Testergebnis bekommen kann oder nicht.

Testautomation

Die Testautomation beeinflusst die äußere Logik des Automationskerns, um Testfälle auf dem Testobjekt auszuführen. Dazu stellt die Testautomation bestimmte Ausgangssituationen her, führt einzelne Testschritte aus, sammelt die Reaktionen des Testobjekts zu diesen Testschritten und bewertet die Reaktionen im Hinblick auf die vorgegebenen Sollreaktionen.

Technische Realisierung Testrahmen

Die technische Realisierung eines Testrahmens umfasst typischerweise die folgenden Bestandteile:

- Hardware wie Steuerrechner und ggf. echtzeitfähige Simulationsrechner,
- Software wie Betriebssystem, Simulationssoftware und Umgebungsmodelle,
- reale Teile aus der Umgebung des Testobjekts (z. B. Sensoren oder Aktuatoren),
- Kommunikationsmittel wie Netzwerkzugänge und Datenlogger,
- Werkzeuge wie Oszilloskope und Messgeräte sowie
- Einrichtungen zum Schutz vor unerwünschten Störungen von außen, z. B. elektromagnetischer Strahlung oder Erschütterungen.

4.1.3 Systemsteuerung

Die Systemsteuerung stellt eine interaktive Schnittstelle für die Funktionen der Testumgebung bereit. Damit implementiert der Tester Testfälle in Form von automatisch ausführbaren Testskripten und lässt sie automatisiert ablaufen. Er kann mehrere Testfälle zu einer Testsuite kombinieren, die als Ganzes auszuführen ist. Alternativ führt der Tester einzelne Testfälle manuell aus. Sowohl bei einer manuellen als auch einer automatisierten Ausführung nutzt die Systemsteuerung den Automationskern zur Testausführung und stellt dem Tester den Ablauf sowie die Ergebnisse der einzelnen Testfälle dar.

Zu den Ergebnissen gehören die während des Tests aufgezeichneten Messungen der benötigten Eingangs- und Ausgangsgrößen (ggf. auch interner Größen) des Testobjekts sowie die aufgezeichneten Nachrichten auf allen angeschlossenen Bussystemen. Diese Aufzeichnungen kann der Tester nutzen, um das Testergebnis selbst zu beurteilen oder von einem Werkzeug beurteilen zu lassen (automatisierte Testauswertung). Die Aufzeichnungen können aber auch dem Entwickler helfen, Fehlerwirkungen auf deren Ursachen hin zu analysieren, um den zugrunde liegenden Fehlerzustand einzugrenzen. Außerdem kann es im Produkthaftungsfall notwendig sein, detaillierte Aufzeichnungen von Testläufen vorzuweisen. Daher speichert die Systemsteuerung die Aufzeichnungen zu jedem Testlauf.

Die Form der Aufzeichnung unterscheidet sich je nach Art der aufgezeichneten Daten. Elektrische Ein- und Ausgänge sowie interne Größen des Testobjekts zeichnet die Systemsteuerung mit einer bestimmten Abtastrate kontinuierlich mit Zeitstempeln auf, Busnachrichten hingegen als einzelne Datagramme mit dem Zeitstempel des Empfangs. Bei manchen Testobjekten liegen auch digitale Audio-, Video- oder Sensorrohdatenströme vor, welche die Systemsteuerung ebenfalls mit Zeitstempeln versehen aufzeichnet. Die Zeitstempel sind dabei meistens relativ zum Beginn der Ausführung des Testfalls angegeben.

Bei einem automatisierten Testfall entscheidet die Systemsteuerung anhand der Aufzeichnungen und der an den Testfällen hinterlegten, erwarteten Ergebnisse, ob ein Testfall bestanden ist oder nicht. Bei manuellen Tests muss der Tester diese Entscheidung selbst treffen und dokumentieren. Aus den Aufzeichnungen und dem Teststatus (bestanden, nicht bestanden, nicht ausgeführt etc.) erzeugt die Systemsteuerung dann automatisch Testberichte zu einem Testlauf.

4.2 Arten von Testumgebungen

Open-Loop-Testsystem

Testumgebungen unterscheiden sich in der Eignung für bestimmte Typen von Testobjekten. Ein Open-Loop-Testsystem ist vor allem geeignet für Systeme mit einer Steuerung, wie sie in Bereichen wie Komfort und Infotainment vorkommen. Das Open-Loop-Testsystem erzeugt Test-Stimuli für das Testobjekt und beobachtet dessen Ausgaben (siehe Abb. 4–4). Ein Beispiel ist der Rückfahrscheinwerfer, der nur leuchten soll, solange der Rückwärtsgang eingelegt ist. Also prüft der Tester den Rückfahrscheinwerfer mit unterschiedlichen Gangwechseln.

Abb. 4–4
Open-Loop-Testsystem

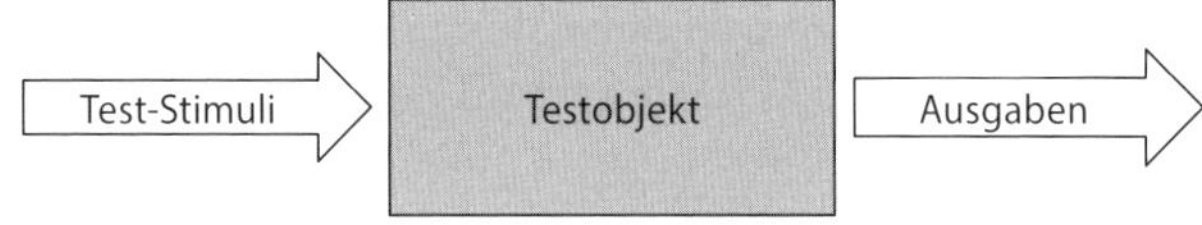

Closed-Loop-Testsystem

Ein Closed-Loop-Testsystem schließt die Rückkopplungsschleife zwischen der Ausgabe des Testobjekts und seinen Eingaben über ein Umgebungsmodell (siehe Abb. 4–5). Das ist vor allem für Systeme mit einer Regelung nötig, beispielsweise für einen Tempomaten. Die Ausgaben des Tempomaten (z.B. das Anfordern einer Beschleunigung) führen zu Änderungen an der zu regelnden Größe (der Geschwindigkeit). Der neue Wert der zu regelnden Größe fließt wieder in die Regelung ein. Für einen möglichst realitätsnahen Test muss die Testumgebung also die Rückkopplungsschleife schließen, d.h. bei einem Regler den Regelkreis. Dazu dient im Testrahmen das Umgebungsmodell, das die Regelstrecke simuliert. Im Unterschied zum Open-Loop-Testsystem gehen die Test-Stimuli nicht mehr direkt an das Testobjekt, sondern an das Umgebungsmodell. Allerdings gibt es auch Closed-Loop-Testrahmen, die ebenfalls Test-Stimuli direkt an das Testobjekt erlauben.

Abb. 4–5
Closed-Loop-Testsystem

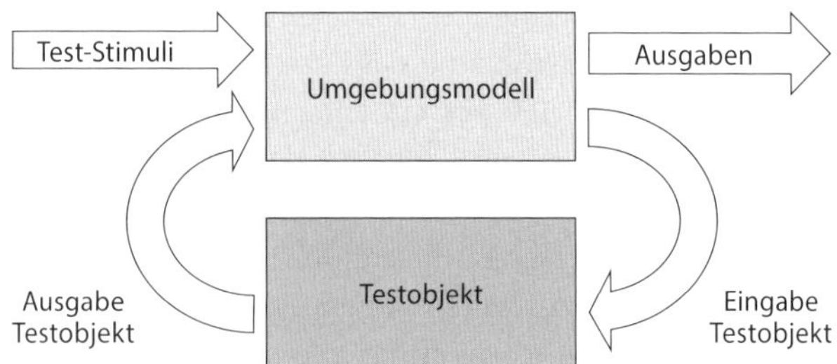

Die reale Regelstrecke besteht typischerweise aus drei Teilen:

- die vom Regler beeinflusste Aktuatorik, die auf das Fahrzeug oder dessen Umwelt einwirkt,
- das Fahrzeug und dessen Umwelt sowie
- Sensorik, die das Fahrzeug und dessen Umwelt für den Regler wahrnimmt.

Das Umgebungsmodell muss diese drei Teile geeignet simulieren. Die Realitätsnähe dieser Simulation bestimmt die Brauchbarkeit der Testergebnisse. Daher ist es wichtig, dass die Umgebungsmodelle hinsichtlich ihrer Leistungsfähigkeit validiert sind, bevor der Tester sie in den Testrahmen integriert.

In-the-Loop-Testumgebungen

Je nach Testobjekt und Teststufe gibt es unterschiedliche Arten von Testumgebungen. Typischerweise geht das Testobjekt in den Namen der Testumgebung ein. Tabelle 4–1 gibt einen Überblick über die gebräuchlichsten davon. Dabei steht *in-the-Loop* für ein Closed-Loop-Testsystem.[2]

Tab. 4–1 *Typen von Testumgebungen in der Fahrzeugentwicklung*

Bezeichnung	Testobjekt	Erläuterungen
Model-in-the-Loop (MiL)	ausführbares Entwicklungsmodell, z. B. MATLAB/Simulink-Modell	Testobjekt läuft auf Entwicklungsrechner, Test prüft Funktionalität des Modells, nicht echtzeitfähig
Software-in-the-Loop (SiL)	Software als Maschinencode für Entwicklungsrechner	Testobjekt läuft auf Entwicklungsrechner, Test prüft Funktionalität der Software, nicht echtzeitfähig
Processor-in-the-Loop (PiL)	Software als Maschinencode für Zielprozessor	Testobjekt läuft auf Entwicklungsplatine mit Zielprozessor, Test prüft Funktionalität und Effizienz der Software, eingeschränkt echtzeitfähig
Hardware-in-the-Loop (HiL)	einzelnes Steuergerät, Steuergeräteverbund oder gesamtes E/E-System	Test prüft Funktionalität, Effizienz und Zuverlässigkeit des Testobjekts, echtzeitfähig
Vehicle-in-the-Loop (ViL)	E/E-System im Fahrzeug	Test prüft Funktionalität, Effizienz und Zuverlässigkeit des E/E-Systems im Fahrzeug auf einem Prüfstand, echtzeitfähig
reale Welt (Straße)	Fahrzeug	Test prüft Funktionalität, Effizienz, Zuverlässigkeit und Gebrauchstauglichkeit des Fahrzeugs in einer realen Umgebung, echtzeitfähig

2. In der Praxis kann eine als »in-the-Loop« bezeichnete Testumgebung trotzdem ein Open-Loop-System sein, da es für Open-Loop-Testsysteme keine gebräuchliche Bezeichnung gibt.

In der Tabelle ist die reale Welt die einzige Testumgebung ohne eine Simulation der Umgebung des Testobjekts. Alle anderen Testumgebungen sind *virtuelle* Testumgebungen. Die in der Praxis wichtigsten drei Arten von virtuellen Testumgebungen sind MiL, SiL und HiL. Die folgenden Abschnitte stellen diese drei Testumgebungen im Detail vor.

4.2.1 Model-in-the-Loop-Testumgebung (MiL)

Die MiL-Testumgebung kommt typischerweise in der modellbasierten Softwareentwicklung (MBSE) zum Einsatz. Testobjekt ist ein ausführbares Modell. Die Ausführung erfolgt in der zugehörigen Modellentwicklungsumgebung[3].

Exkurs: Modellbasierte Softwareentwicklung

Hauptmotivation für die MBSE sind Kosteneinsparungen. Da das Modell einen höheren Abstraktionsgrad aufweist als der Code, ist beim Modell typischerweise die Verständlichkeit für alle Projektbeteiligten höher. Eine höhere Verständlichkeit führt zu einer geringeren Fehlerwahrscheinlichkeit und damit zu geringeren Fehlerfolgekosten. Aus diesem Grunde werden modellbasierte Methoden beispielsweise auch von den Normen der funktionalen Sicherheit empfohlen. Typischerweise benötigt man für die MBSE auch weniger Softwareentwickler, wenn man aus den Modellen den Code direkt generieren kann, was Personalkosten spart.

In der MBSE entstehen Modelle zum einen, um die benötigte Funktionalität besser zu verstehen, beispielsweise das angemessene Verhalten eines Reglers im Normalfall und bei Sonderfällen. In dieser Hinsicht dienen Modelle als explorative Prototypen zur Anforderungsklärung. Zum anderen sind Modelle die Basis für die Generierung von Code. Modelle zur Codegenerierung nennt man auch Implementierungsmodelle. Der aus dem Modell generierte Code wird im weiteren Verlauf der Entwicklung Teil der gesamten Software eines Steuergeräts.

Der aus dem Modell generierte Code soll zum einen das Modellverhalten möglichst korrekt wiedergeben. Zum anderen soll der Code bei eingebetteten Plattformen auf der Zielhardware effizient ausführbar sein, um Echtzeitanforderungen zu erfüllen und um Speicherplatz zu sparen. Da diese Ziele zueinander im Widerspruch stehen, sind Kompromisse bei der Codegenerierung nötig. Beispielsweise ersetzt der Codegenerator Signale in Gleitkommadarstellung durch Signale in Ganzzahldarstellung (sog. Skalierung), weil der Prozessor mit der Ganzzahldarstellung schneller rechnen kann und weil die Ganzzahldarstellung weniger Speicherplatz benötigt.

→

3. Besonders verbreitete Modellentwicklungsumgebungen in der Automobilindustrie sind MATLAB/Simulink (mit Stateflow) und ASCET.

Die Skalierung kann dazu führen, dass sich das Verhalten des generierten Codes von dem des Modells unterscheidet, da die Skalierung typischerweise den Wertebereich und die Genauigkeit reduziert. Außerdem könnte der Generator bei der Generierung des Codes Fehler gemacht haben oder der Compiler Fehler bei der Übersetzung des Codes in Maschinensprache. Daher sollte der Tester nicht nur das Modell, sondern auch den generierten und übersetzten Code testen. Verwendet er dabei das Modell als Testorakel, spricht man von einem Back-to-Back-Test (siehe Abschnitt 5.3.4.1).

Aufbau

Der MiL-Testrahmen (siehe Abb. 4–6) läuft typischerweise zusammen mit dem Modell in der Modellentwicklungsumgebung auf einem Entwicklungsrechner. Ein Modelltestwerkzeug generiert die Schnittstelle zum Testobjekt automatisch aus dem Modell, indem es dessen Ein- und Ausgabegrößen sowie dessen interne Größen analysiert. Während der Testausführung können Tester anhand der internen Größen das modellinterne Verhalten beobachten und aufzeichnen. Bei Bedarf ist auch eine Fehlereinfügung (Fault Injection) möglich (siehe Abschnitt 5.3.4.2). Die Tester können während der Testdurchführung die Simulation jederzeit anhalten, um detaillierte Analysen des Modellzustands durchzuführen.

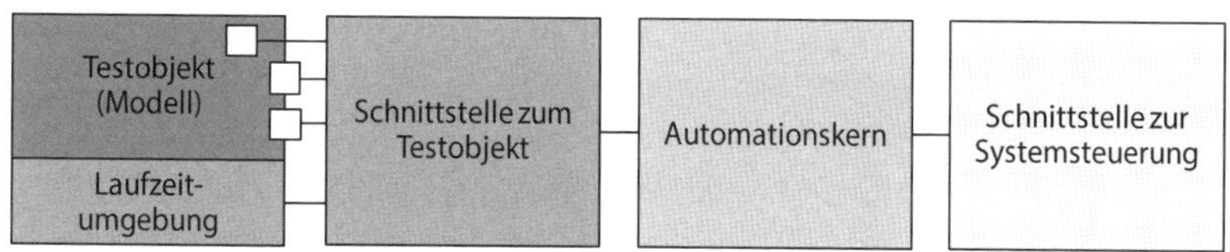

Abb. 4–6
Model-in-the-Loop-Testumgebung

Für die Ausführung des Testobjekts benötigt der MiL eine Laufzeitumgebung, die den notwendigen Kontext für das Modell bereitstellt. Die Laufzeitumgebung führt das Modell aus und simuliert die anderen Systembestandteile, mit denen das Modell interagiert. Das Umgebungsmodell, beispielsweise die Regelstrecke für ein Regler-Modell, ist Teil des Automationskerns (siehe Abschnitt 4.1.2). Je exakter die Umweltsimulation sein soll, desto höher wird der Entwicklungsaufwand für das Umgebungsmodell. Daher konzentriert man sich beim MiL häufig auf den Test der Basisfunktionalität des Modells, arbeitet mit einem vereinfachten Umgebungsmodell und überlässt tiefergehende Aspekte späteren Teststufen.

Einsatz

Ein Modell beschreibt in der Regel Systemfunktionen, beispielsweise das Ein- und Ausschaltverhalten des Außenlichts eines Fahrzeugs (Steuerung) oder die Geschwindigkeitsregelung eines Tempomaten (Regelung). Ein MiL kann durch Ausführung des Modells funktionale Aspekte eines E/E-Systems testen, bevor es überhaupt in Hardware und Software realisiert ist. Die spezifizierten MiL-Testfälle lassen sich häufig in anderen Testumgebungen wiederverwenden, beispielsweise SiL und HiL. Ein MiL ist für den Komponententest einzelner Modelle und den Integrationstest mehrere Modelle geeignet.

Die Ausführung des Modells in realer Zeit ist beim MiL nicht das Ziel. Der Test könnte in der Simulationszeit sogar schneller ablaufen als in realer Zeit, was die reale Testzeit reduzieren würde. Ein MiL prüft vor allem das Verhalten des Modells, also dessen Funktionalität. Das Qualitätsmerkmal Effizienz ist mit einem MiL nicht prüfbar. Zuverlässigkeit und Robustheit sind nur eingeschränkt prüfbar, insbesondere wenn das Umgebungsmodell unvollständig oder ungenau ist.

Viele Modelltestwerkzeuge unterstützen die Messung von strukturbasierten Testüberdeckungen, analog zur Strukturüberdeckung von Programmcode (beispielsweise Anweisungs- oder Entscheidungsüberdeckung, siehe Abschnitt 5.3.3). Mittels dieser Testüberdeckungen kann der Tester die Modellüberdeckung seiner Testsuite messen und Testlücken identifizieren.

Beispiel Tempomat

Die Entwicklung einiger SW-Cs des Motorsteuergeräts erfolgt im Projekt modellbasiert. Der Tempomat-Regler liegt als Modell in der Entwicklungsumgebung MATLAB/Simulink vor. Die Entwicklerin Erika möchte einen Modelltest der SW-C Tempomat-Regler durchführen, mit Fokus auf der Korrektheit der Funktionen des Modells. Für den Test benötigt Erika eine geeignete Modelltestumgebung. Da das Testobjekt ein Regler ist, bietet sich für einen belastbaren Test eine MiL-Testumgebung mit einem Umgebungsmodell an. Erika bittet den Tester Tim, diese MiL-Testumgebung für sie aufzubauen.

Tim nutzt ein Modelltestwerkzeug (MTW), das auf Basis einer statischen Analyse der Schnittstellen des Modells automatisch Adapter für die Ein- und Ausgabegrößen des Testobjekts generiert. Diese Adapter bilden die Schnittstelle des Testrahmens zum Testobjekt. Die Adapter liegen ebenfalls als Simulink-Teilmodelle vor und sind mit den korrespondierenden Schnittstellen des Testobjekts verbunden.

→

In diesen generierten Testrahmen integriert Tim das vorbereitete Umgebungsmodell des Reglers. Das Umgebungsmodell simuliert die Geschwindigkeitsänderungen des Fahrzeugs auf Basis des vom Regler angeforderten Soll-Moments. Das Umgebungsmodell liefert als Ausgabe die neue Ist-Geschwindigkeit des Fahrzeugs, die wiederum die Eingabe des Reglers ist. Somit ist der Regelkreis rund um das Testobjekt geschlossen.

Das Umgebungsmodell bezieht einige Fahrumstände mit ein, beispielsweise Kurven oder Steigungen. Andere Umstände wie Rücken-, Gegen- oder Seitenwind berücksichtigt es aber bewusst nicht. Weil das Umgebungsmodell die Realität nur unvollständig abbildet, können Testergebnisse im MiL vom später im Fahrzeugtest beobachteten Verhalten abweichen.

Nun kann Erika im MTW ihre Testfälle implementieren. Das MTW führt die Testfälle automatisiert im Testrahmen in MATLAB/Simulink aus (in Simulationszeit). MATLAB/Simulink fungiert also als Laufzeitumgebung, das MTW als Systemsteuerung. Die Ergebnisse des Testlaufs kann Erika im MTW automatisiert oder manuell auswerten. Auf Basis der Auswertung generiert sie im MTW den Testbericht.

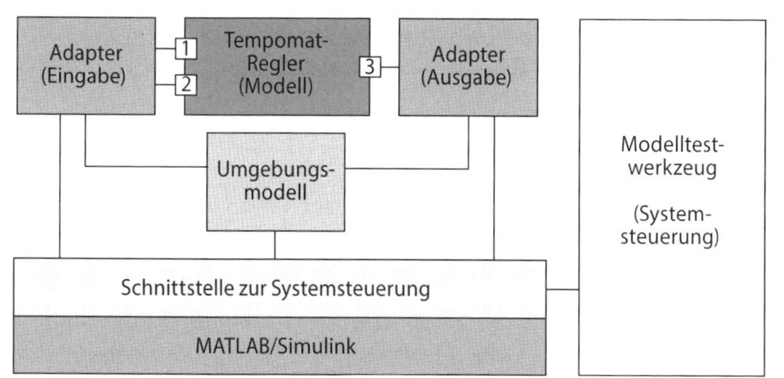

Abb. 4–7
MiL-Testumgebung Tempomat-Regler

Abbildung 4–7 zeigt die MiL-Testumgebung im Detail. Das Testobjekt steckt zwischen den beiden Adaptern für Ein- und Ausgabegrößen des Modells. Eingabegrößen sind hier die Ist-Geschwindigkeit (1) und die Soll-Geschwindigkeit (2). Die Ausgabegröße ist das Soll-Moment (3). Das Soll-Moment ist die Eingabe für das Umgebungsmodell, das wiederum die neue Ist-Geschwindigkeit an den Adapter auf der Eingabeseite liefert.

→

Die Schnittstelle zur Systemsteuerung kann den Ablauf auf der Eingabeseite, auf der Ausgabeseite und im Umgebungsmodell beobachten und beeinflussen. Beispielsweise nutzt die Systemsteuerung den Adapter auf der Eingabeseite, um im Rahmen eines Testfalls eine Änderung der Soll-Geschwindigkeit zu bewirken. Über den Adapter auf der Ausgabeseite kann die Systemsteuerung die Ausgabe des Modells beobachten und aufzeichnen. Schließlich kann sie die aktuelle Ist-Geschwindigkeit und andere Größen aus dem Umgebungsmodell auslesen, aber auch interne Größen im Umgebungsmodell ändern, beispielsweise die Steigung der Straße.

Die Systemsteuerung übernimmt das MTW. Es startet die Laufzeitumgebung MATLAB/Simulink und tauscht Daten mit den Adaptern sowie dem Umgebungsmodell aus. Das MTW sendet die nötigen Test-Stimuli eines Testfalls an den Testrahmen und zeichnet alle verfügbaren Größen im Testrahmen für jeden Simulationsschritt im Rahmen eines Testprotokolls auf. Die aufgezeichneten Daten sind die Grundlage für die Testauswertung (Testfall bestanden oder nicht), aber auch für die Visualisierung des zeitlichen Verlaufs der aufgezeichneten Größen.

4.2.2 Software-in-the-Loop-Testumgebung (SiL)

Aufbau

Das Testobjekt bei einer SiL-Testumgebung ist von Hand programmierter oder aus einem Modell generierter Code, den ein Compiler in die Maschinensprache der Testhardware übersetzt hat. Im Gegensatz zum MiL ist der Zugriff auf die Ein- und Ausgänge des Testobjekts nicht mehr direkt möglich. Stattdessen erlauben Wrapper dem Testrahmen den Zugriff auf die Ein- und Ausgaben der Software (siehe Abb. 4–8). Falls die Software aus einem Modell generiert wurde, lassen sich die Wrapper ebenfalls aus dem Modell generieren. Zugriff auf Interna des Testobjekts sind beim SiL schwieriger, aber mit einem Debugger oder über Testschnittstellen des Testobjekts (z.B. mittels XCP) weiterhin möglich. Die Laufzeitumgebung macht – wie beim MiL – das Testobjekt ausführbar, indem sie den nötigen Kontext bereitstellt.

Abb. 4–8
Software-in-the-Loop-Testumgebung

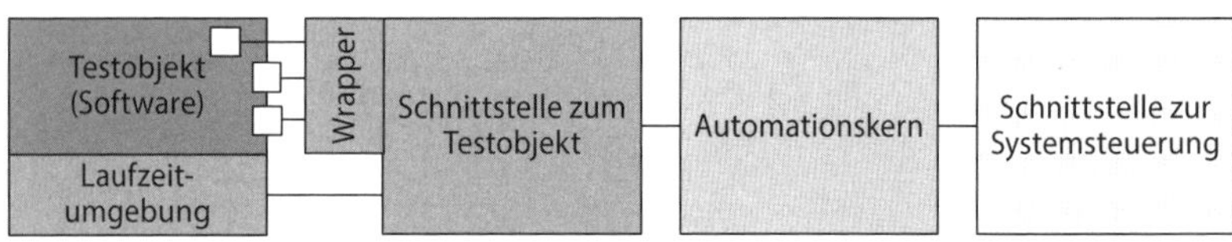

Der SiL läuft auf einem Entwicklungsrechner, weshalb das Testobjekt in dessen Maschinencode vorliegt, *nicht* in dem der Zielhardware[4]. Für einen SiL ist ein Umgebungsmodell erforderlich. Falls bereits ein MiL-Umgebungsmodell vorhanden ist, kann dieses mit wenig Aufwand an den SiL-Betrieb angepasst werden. Zusätzlich benötigt das Testobjekt eine Laufzeitumgebung, die seine Betriebsumgebung simuliert, z.B. das Betriebssystem und andere Softwarekomponenten. Die SiL-Tests laufen analog zum MiL-Test in Simulationszeit. Die Tester können den Testlauf jederzeit anhalten, um Zustand und Verhalten des Testobjekts genauer zu analysieren.

Einsatz

Der SiL ermöglicht den Test der Funktionalität im Maschinencode. Damit sind z.B. Wertebereichsüberläufe erkennbar, die im Modell noch nicht aufgetreten sind. Der SiL erlaubt auch Aussagen zur Effizienz, vor allem zum Speicherbedarf. Dadurch können Speicherüberläufe erkannt werden. Die Beurteilung der Prozessorauslastung ist eingeschränkt möglich. Last- und Stresstests sind hingegen weniger auf einem Entwicklungsrechner, sondern eher auf der Zielhardware sinnvoll (also auf einem HiL). Bevorzugte Teststufen für den SiL sind Komponententests, Integrationstests (mit Schnittstellentests) auf Softwareebene.

Beispiel Tempomat

Die folgenden drei Beispiele zu verschiedenen Integrationsstufen verdeutlichen die Verwendung von SiL-Testumgebungen im Beispielprojekt.

Softwarekomponententest

Im MiL-Beispiel in Abschnitt 4.2.1 hat der Tester Tim im Auftrag der Entwicklerin Erika eine Modelltestumgebung für das Funktionsmodell der SW-C *Tempomat-Regler* erstellt. Nun möchte Erika auch den aus dem Modell generierten Code testen. Dazu benötigt sie eine SiL-Testumgebung, die sie wiederum bei Tim in Auftrag gibt. Das Testobjekt ist der in die Maschinensprache des Entwicklungsrechners übersetzte Code.

→

4. In der Praxis findet man auch Testumgebungen, bei denen die Software auf der Zielhardware läuft, die aber trotzdem SiL genannt werden, weil der Testfokus auf Qualitätsmerkmalen der Software liegt. Faktisch sind das aber HiL-Testumgebungen.

Das Softwaretestwerkzeug (STW) erlaubt es, die Einstellungen für die MiL-Testumgebung recht einfach für die Generierung einer passenden SiL-Testumgebung zu übernehmen. Das STW generiert die benötigten Wrapper als Schnittstellen zum Testobjekt aus der AUTOSAR-ARXML-Datei. Tim verbindet über die Wrapper das Testobjekt mit dem weiterhin nutzbaren Umgebungsmodell. Die Ausführung des Umgebungsmodells übernimmt nach wie vor MATLAB/Simulink – das Umgebungsmodell muss also nicht in Maschinencode übersetzt werden. Nun hat Erika eine vollständige SiL-Testumgebung zur Verfügung. Ihre Testfälle aus dem Modelltest kann sie teilweise wiederverwenden.

Die Struktur dieser SiL-Testumgebung (siehe Abb. 4–9) ist sehr ähnlich zu der MiL-Testumgebung in Abbildung 4–7 in Abschnitt 4.2.1. Die Wrapper übernehmen hier die Aufgaben der Adapter. Das Testobjekt liegt als übersetzter Programmcode vor. Dieser lässt sich als S-Function in MATLAB/Simulink einbinden, weshalb MATLAB/Simulink weiterhin als Laufzeitumgebung dient.

Abb. 4–9
SiL-Testumgebung Tempomat-Regler

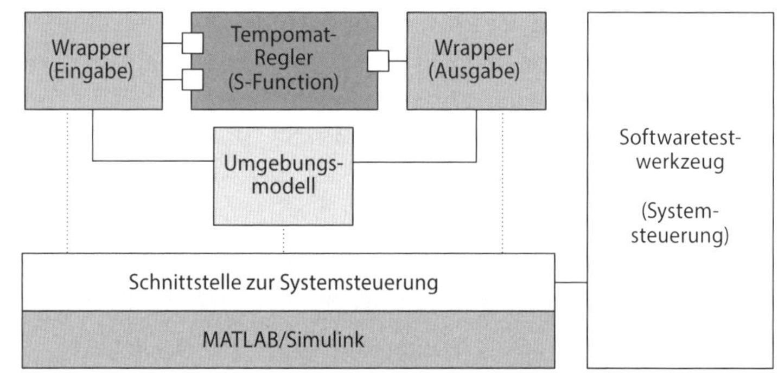

Integrationstest Applikationssoftware

Nachdem Erika alle SW-Cs des Motorsteuergeräts in Softwarekomponententests geprüft hat, möchte Tim nun alle SW-Cs zur AUTOSAR-Applikationssoftware integrieren und diese einem Test unterziehen. Dazu benötigt er eine andere Art von SiL-Testumgebung, da das Testobjekt Applikationssoftware aus der Implementierung mehrerer SW-Cs besteht, die nicht alle modellbasiert entwickelt wurden. Auch die Laufzeitumgebung für das Testobjekt unterscheidet sich: Sie besteht nun aus einer generierten RTE, welche die Kommunikation zwischen den SW-Cs umsetzt. Das Umgebungsmodell aus dem SiL für die SW-C *Tempomat-Regler* muss Tim anpassen, kann aber wesentliche Teile davon wiederverwenden und mit der RTE verknüpfen.

→

Abbildung 4–10 zeigt den Aufbau der SiL-Testumgebung für die Applikationssoftware. Die Software der einzelnen SW-Cs ist mit der generierten RTE verbunden, die die Kommunikation zwischen den SW-Cs realisiert. Das Softwaretestwerkzeug kann über die Schnittstelle zur Systemsteuerung die RTE und das Umgebungsmodell stimulieren und beobachten. Das angepasste Umgebungsmodell läuft weiterhin in MATLAB/Simulink.

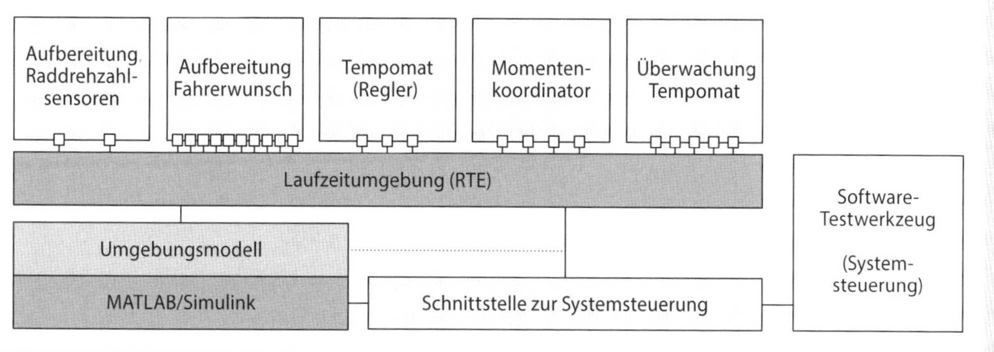

Abb. 4–10 *SiL-Testumgebung Applikationssoftware*

Integrationstest Steuergerätesoftware

Nach der Integration der Applikationssoftware folgt der Integrationstest der vollständig integrierten AUTOSAR-Software des Motorsteuergeräts. Tim benötigt jetzt als Laufzeitumgebung eine Simulation der Hardware des Steuergeräts, ein sogenanntes virtuelles Steuergerät (V-ECU). Er verwendet ein Werkzeug, um aus der AUTOSAR-ARXML-Datei eine V-ECU für das Motorsteuergerät zu erzeugen. Im nächsten Schritt nutzt er eine passende Simulationsumgebung, um die V-ECU auf einem PC zu simulieren und so das Testobjekt ausführbar zu machen.

Abbildung 4–11 zeigt den schematischen Aufbau dieser SiL-Testumgebung. Das Testobjekt ist die vollständig integrierte Software des Steuergeräts, bestehend aus den SW-Cs, der RTE und der Basissoftware (BSW). Die Schnittstelle zum Testobjekt ist die simulierte Steuergerätehardware. Diese ist von außen für den Test geeignet zu stimulieren, insbesondere über den CAN-Bus-Anschluss. Daher verwendet Tim ein Werkzeug für eine Restbussimulation, um die übrigen Busteilnehmer zu simulieren. Entsprechend muss Tim das vorhandene Umgebungsmodell in die Restbussimulation integrieren, damit der Regelkreis wieder korrekt geschlossen ist. Das Testwerkzeug übernimmt die Aufgaben der Systemsteuerung. Es führt die Testfälle aus und beeinflusst dabei das Umgebungsmodell und die Restbussimulation.

→

Abb. 4–11
SiL-Testumgebung Steuergerätesoftware

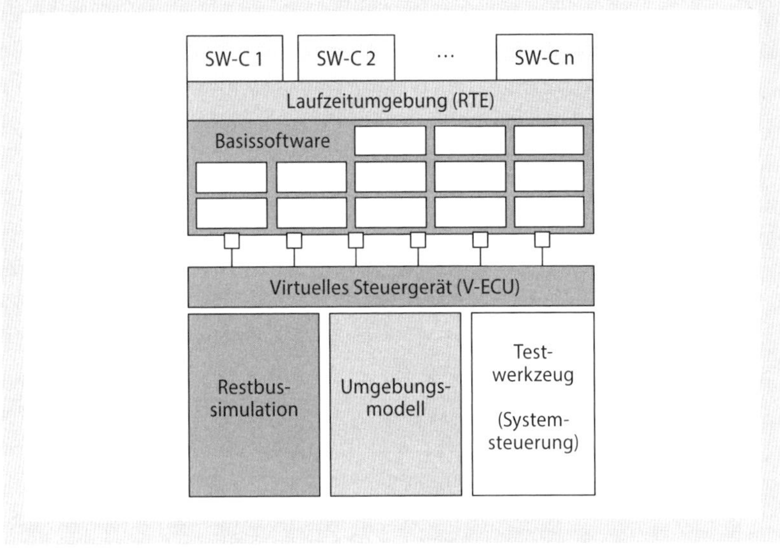

4.2.3 Hardware-in-the-Loop-Testumgebung (HiL)

Aufbau

Bei einer HiL-Testumgebung ist das Testobjekt die Zielhardware zusammen mit der Software in der Maschinensprache der Zielhardware. Der Test läuft in realer Zeit, weshalb insbesondere für die Simulation der Umgebung (z.B. Restbussimulation und Umgebungsmodell) ein echtzeitfähiger Simulationsrechner(verbund) nötig ist. Eingeschränkt ist die Echtzeitfähigkeit auch für die Bestandteile der Testumgebung zur Testausführung und zur Aufzeichnung der Testergebnisse erforderlich.

Kabelsatz

Im Vergleich zu MiL und SiL ist es für den HiL-Testrahmen (siehe Abb. 4–12) deutlich aufwendiger, die Zugangspunkte des Testobjekts zu bedienen. Der Testrahmen muss die elektrischen Anschlüsse (Pins) der Zielhardware kontaktieren. Dafür kommt ein möglichst realistischer Kabelsatz zum Einsatz, z.B. mit den tatsächlichen Steckern, Leitungslängen und Leitungsdurchmessern. Über den Kabelsatz wird das Testobjekt auch mit Strom versorgt, typischerweise durch ein vom Testrahmen steuerbares Netzteil. Eine nahe am Testobjekt in den Kabelsatz integrierte Breakout-Box (BOB) kann zusätzliche Zugangspunkte für den Test bereitstellen. BOBs vereinfachen den Zugriff auf einzelne oder auch alle elektrischen Kontakte des Testobjekts und kommen daher in der Praxis oft vor. In Abbildung 4–12 wäre eine BOB zwischen dem Zugriffspunkt auf das Testobjekt und dem Kabelsatz positioniert.

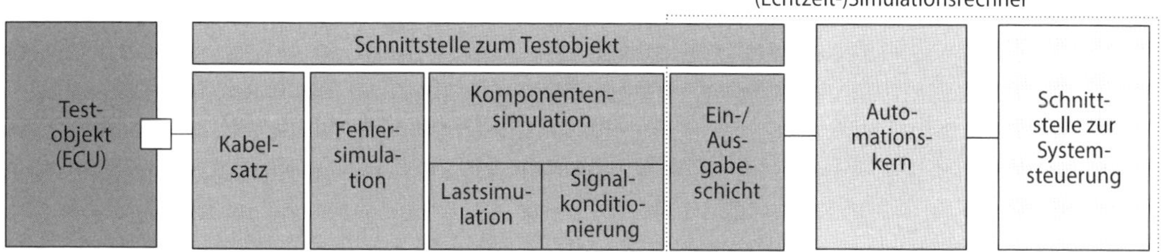

Abb. 4–12 *Hardware-in-the-Loop-Testumgebung*

Komponentensimulation

Die Komponentensimulation ist für die am Steuergerät angeschlossene Sensorik und Aktuatorik zuständig. Der Testrahmen simuliert die Eingaben, wie die eines virtuellen Sensors, durch das Erzeugen äquivalenter elektrischer Signale. Steuert das Testobjekt einen Aktuator (z.B. einen Motor) an, indem es ihn mit Strom versorgt, muss der virtuelle Aktuator tatsächlich Strom verbrauchen. Die Lastsimulation verwendet dazu z.B. steuerbare Widerstände, um das vom Testobjekt beobachtbare Verbrauchsverhalten möglichst realistisch nachzubilden. Die Signalkonditionierung wandelt elektrische Signale zwischen der Komponentensimulation und der Ein-/Ausgabeschicht um. Die Ein-/Ausgabeschicht wiederum wandelt Signale zwischen Automationskern und Komponentensimulation um, beispielsweise durch Analog-Digital-Wandler.

Fehlersimulation

Die Fehlersimulation (Electrical Error Simulation, EES) simuliert verschiedene elektrische Phänomene an Eingangs- und Ausgangspins, beispielsweise Leitungsunterbrechung (Kabelbruch) oder Kurzschlüsse auf Masse, auf Spannungsversorgung oder einzelner Pins untereinander. Dazu kommt typischerweise eine Fault Injection Unit (Fehlereinfügungskomponente) zum Einsatz. Weiterhin simuliert die Fehlersimulation spezielle Fehlerszenarien angeschlossener Sensoren oder Aktuatoren, beispielsweise Sensordrift oder einen verklemmten Motor. Sie kann sogar Schwankungen und Spitzen der Versorgungsspannung simulieren, typischerweise über ein steuerbares Netzteil. Die Fehlersimulation unterstützt somit die Prüfung der Robustheit des Testobjekts gegenüber einzelnen oder mehreren gleichzeitig auftretenden Fehlern.

Aufgrund der hohen Komplexität eines HiL-Testrahmens sind dessen Konzeption, Aufbau und Inbetriebnahme teuer, zeitaufwendig und fehleranfällig. Daher unterstützen oft auf HiL-Testsysteme spezialisierte Dienstleister dabei. Bei der Inbetriebnahme müssen die Tester den Testrahmen einem Test unterziehen, um dessen korrekte Funktion sicherzustellen. Auch vor dem Start von Testläufen ist es sinnvoll, einen Selbsttest des Testrahmens durchzuführen, damit Fehler im Testrahmen nicht zu unbrauchbaren Testergebnissen führen.

Einsatz

Typischerweise kommt eine HiL-Testumgebung auf drei unterschiedlichen Integrationsstufen der Elektrik/Elektronik zum Einsatz. Die Integrationsstufe bestimmt den Namen und die Einsatzmöglichkeiten eines HiLs. Entsprechend unterscheidet man Komponenten-HiL, System-HiL und Fahrzeug-HiL.

Komponenten-HiL

Der Komponenten-HiL (K-HiL) hat als Testobjekt ein einzelnes Steuergerät. Entsprechend liegt der Testfokus auf der Hardware/Software-Integration, den Schnittstellentests und der Funktionalität des Steuergeräts. Restbussimulationen simulieren dabei andere Steuergeräte, die an dieselben Bussysteme wie das Testobjekt angeschlossen sind.

System-HiL

Der System-HiL (S-HiL; auch Verbund-HiL genannt) hat als Fokus einen Steuergeräteverbund, der für bestimmte Funktionen des Fahrzeugs zuständig ist, z.B. den Antrieb oder das Außenlicht. Im Fokus der Tests sind die Schnittstellen der am System beteiligten Steuergeräte auf der Ebene der Bussysteme sowie die im Verbund gemeinsam realisierte Systemfunktionalität. Andere Steuergeräte, die nicht zum Verbund gehören, aber an gemeinsamen Bussystemen angeschlossenen sind, werden weiterhin durch Restbussimulationen repräsentiert.

Fahrzeug-HiL

Der Fahrzeug-HiL (V-HiL; auch Laborfahrzeug genannt) prüft das gesamte E/E-System eines Fahrzeugs so weit wie möglich mit echter Sensorik und Aktuatorik. Damit kann der Tester Schnittstellen zwischen den Systemen und die Fahrzeugfunktionalität – allerdings ohne Mechanik – prüfen. Es ist je nach verwendeter Testtechnologie möglich, System-HiLs zu einem Gesamt-HiL auf Fahrzeugebene zusammenzuschalten. Dies kann die Anzahl der aufzubauenden HiLs reduzieren und somit beträchtlich Kosten sparen.

Verwendung

Dank der Nähe zur späteren Einsatzumgebung des Testobjekts finden die Tester mit dem HiL funktionale und nicht funktionale Fehler in Software und Hardware einzelner Steuergeräte. Die Tester decken aber auch Fehler im Systementwurf auf, die ein korrektes Zusammenspiel der integrierten Teilsysteme verhindern.

Beispiel Tempomat

Für das Motorsteuergerät soll der Tester Tim einen Komponenten-HiL aufbauen. Erste Anforderungen an die Testumgebung findet Tim im Testkonzept. Wesentliche Testziele sind Korrektheit, Echtzeitfähigkeit, Zuverlässigkeit, Robustheit und Effizienz der Applikationssoftware auf der Zielhardware. Fehlereinfügung (siehe Abschnitt 5.3.4.2) soll mit dem K-HiL möglich sein. Der Hersteller BEC fordert einen CAN-Vernetzungstest des Steuergeräts, für den er eine fertige CAN-Netzwerk-Testsuite zur Verfügung stellt. Diesen soll der K-HiL auch ermöglichen.

Im nächsten Schritt sammelt Tim verfügbare Informationen über die externen Schnittstellen und Protokolle des Steuergeräts. Das Steuergerät besitzt einen Stecker mit vier Pins, davon zwei für die Spannungsversorgung (U_{bat}, Masse) und zwei für den Highspeed-CAN-Bus mit 1 Mbit/s (CAN_{high}, CAN_{low}). Da an das Steuergerät weder Sensoren noch Aktuatoren direkt angeschlossen sind, beschränkt sich die Ein-/Ausgabe auf die genannten vier Pins. Die wesentliche Schnittstelle für den Test ist somit der CAN-Bus.

Für den CAN-Bus verwendet Tim die CAN-Kommunikationsmatrix, die alle auf dem CAN-Bus versendeten Botschaften und ihre Signale beschreibt. Außerdem analysiert er die Diagnosedatenbank, die alle vom Steuergerät verarbeiteten Diagnosenachrichten enthält. Zudem schlägt er in der Spezifikation nach, welche Konfigurationsparameter das Steuergerät hat. Dort stößt er auch auf die Information, dass das Steuergerät für den Test XCP (über CAN) unterstützt, um bestimmte Größen in der Software auszulesen und zu ändern. Den AUTOSAR-Spezifikationen entnimmt er noch wichtige Informationen zur Konfiguration des CAN-Netzwerkmanagements. Auf der Basis dieser Informationsquellen kann Tim den K-HiL konzipieren.

Abbildung 4–13 zeigt den Aufbau der K-HiL-Testumgebung. Für den elektrischen Anschluss des Steuergeräts benötigt Tim zunächst einen Kabelbaum mit einem passenden Stecker für das Steuergerät. Eine Fault Injection Unit zur Simulation von Unterbrechungen und Kurzschlüssen zwischen Pins ist mit dem Kabelbaum verbunden. Die Spannungsversorgung des Steuergeräts übernimmt ein steuerbares Netzteil, damit der Testrahmen auch Über-/Unterspannung oder Spannungsschwankungen simulieren kann.

→

Abb. 4–13
HiL-Testumgebung Motorsteuergerät (K-HiL)

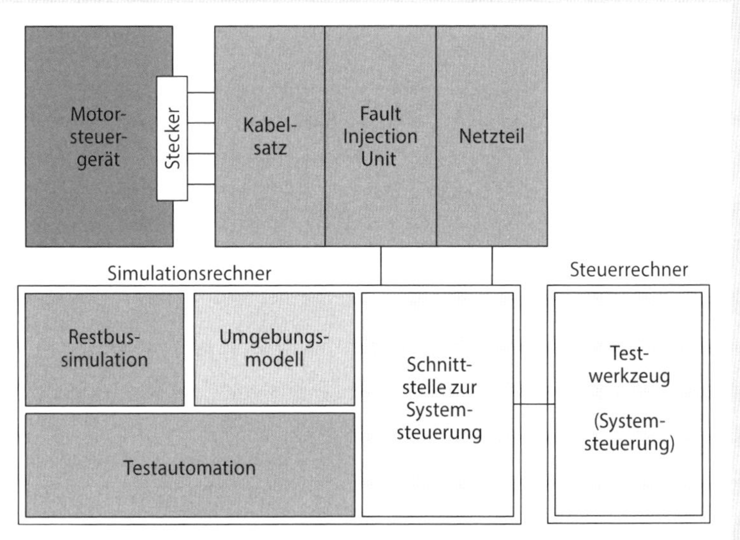

Über eine CAN-Einheit verbindet Tim den elektrischen CAN-Bus mit dem echtzeitfähigen Simulationsrechner, damit dieser CAN-Botschaften senden und empfangen kann. Auf dem Simulationsrechner läuft das Umgebungsmodell und die Restbussimulation. Außerdem steuert der Simulationsrechner das Netzteil und die Fault Injection Unit an. Der Simulationsrechner ist mit dem Steuerrechner (typischerweise ein PC) verbunden, auf dem das Testwerkzeug läuft. Das Testwerkzeug ist für die Systemsteuerung im Rahmen der (automatisierten) Testausführung zuständig und übernimmt für die automatisierten Tests die Testauswertung.

Über den Komponenten-HiL hinaus ist bei Eddison Electronics ein System-HiL geplant, der die Integration aller Steuergeräte des Lieferumfangs abdeckt. Der Hersteller BEC baut gerade einen Fahrzeug-HiL auf, der alle Steuergeräte des *ULV* im Verbund prüft. Dieser Fahrzeug-HiL deckt Teile vom E/E-System des Fahrzeugs ab, die Eddison Electronics nicht liefert, da weitere Steuergeräte und Bussysteme beteiligt sind.

4.3 Auswahl und Einsatz der Testumgebungen

Die Teststrategie legt fest, welche Testumfänge die Tester auf welchen Testumgebungen ausführen sollen. Dabei stehen drei Ziele im Vordergrund:

- Produktrisiken minimieren
- Testkosten minimieren
- Konformität zu Normen und Standards sicherstellen

Diese drei Ziele stehen in der Regel im Konflikt zueinander, lassen sich also nicht alle gleichzeitig optimal erreichen. Beispielsweise ist das Testergebnis im Fahrzeug am aussagekräftigsten, d.h., beim Fahrzeugtest ist das Risiko von falsch-positiven Ergebnissen am geringsten. Bei der Entwicklung eines neuen Fahrzeugs sind Erprobungsfahrzeuge zu Projektbeginn jedoch meist noch gar nicht verfügbar. Darüber hinaus sind Fahrzeuge als Testumgebung sehr teuer und stehen daher selten in ausreichender Anzahl zur Verfügung. Außerdem lassen sich interne Fehlersituationen im Fahrzeug häufig nur schwer von außen herbeiführen. Und schließlich sind normative Anforderungen an den Einsatz bestimmter Testumgebungen für bestimmte Testziele oder Teststufen im Zweifelsfall höher zu gewichten als andere Ziele. Beispielsweise empfiehlt die ISO 26262-6 [ISO 26262:2018, Part 6] nachdrücklich den Einsatz einer HiL-Testumgebung beim Softwaretest.

Zur Minimierung der Produktrisiken tragen die Fokussierung der Testintensität gemäß Fehlerrisiko, das Vermeiden von Testlücken und die optimale Wahl der Teststufe und der passenden Testumgebung für jeden Testfall bei. Die Testkosten sinken durch die Verlagerung von Tests in frühere, kostengünstigere Teststufen, durch die optimale Wahl der Teststufe für jedes Testziel und durch durchgängige, abgestimmte Tests.

Bei der Teststrategie spielen die virtuellen Testumgebungen eine wichtige Rolle, da sie helfen, einen besseren Kompromiss bei der Minimierung der Produktrisiken und der Minimierung der Testkosten zu erreichen. Verschiedene Aspekte sind bei der Auswahl der optimalen Testumgebung zu betrachten. Dazu zählen die Eignung einer Testumgebung für bestimmte Testziele und Teststufen, aber auch Zeitaufwand und Kosten für Inbetriebnahme und Testdurchführung. Diese Aspekte betrachten die folgenden Abschnitte genauer.

Stärken und Schwächen

Bewertet man die Testumgebungen MiL, SiL und HiL anhand verschiedener Kriterien, stellt man fest, dass sie im Quervergleich unterschiedliche Stärken und Schwächen aufweisen (siehe Tab. 4–2). Die Kriterien helfen dem Tester, die für seinen Bedarf passende Testumgebung auszuwählen. Es zeigt sich, dass die belastbarere Testaussage durch die höhere Realitätsnähe auf einem HiL ihren Preis hat: höhere Ansprüche an Testbasis und Testobjekt sowie weniger Zugangspunkte, aber auch höhere Kosten für Inbetriebnahme, Testvorbereitung und Testauswertung.

Tab. 4–2
Bewertung der XiL-Testumgebungen

Kriterium	MiL	SiL	HiL
Realitätsnähe	gering	gering bis mittel	hoch
Zeit/Aufwand Fehlerbehebung	gering	mittel	hoch
Aufwand Inbetriebnahme und Wartung	gering bis mittel	mittel	hoch
Aufwand Testvorbereitung	gering	gering	hoch
nötiger Reifegrad Testobjekt	gering	mittel	hoch
nötige Detailtiefe Testbasis	mittel	mittel bis hoch	hoch
Zugriff auf Testobjekt	hoch	mittel	gering

Realitätsnähe

Die große Stärke des HiLs ist seine Nähe zur realen Umgebung, sodass sich Testaussagen besser auf das tatsächlichen Verhalten im Fahrzeug übertragen lassen als beim SiL, der immerhin die reale, lauffähige Software testet. Der MiL, der für den Modelltest noch stärker auf Abstraktion und Simulationen der Umgebung angewiesen ist, ist noch weiter vom tatsächlichen Verhalten im Fahrzeug entfernt, eignet sich aber gut zum frühzeitigen Test von logischen Strukturen wie Zustandsautomaten und Entscheidungstabellen.

Zeit/Aufwand Fehlerbehebung

Je überschaubarer das Testobjekt ist, desto einfacher ist es auch, den Fehlerzustand hinter einer beim Test beobachteten Fehlerwirkung festzustellen. Demzufolge ist die Fehlerbehebung bei einem Modell (MiL) einfacher als bei der Software in Maschinencode (SiL) oder gar einem Steuergerät oder E/E-System (HiL). Gleiches gilt auch für Fehler in den Testumgebungen selbst: Fehler in einer MiL-Testumgebung lassen sich in der Regel leichter finden als in einer SiL- oder gar in einer HiL-Testumgebung.

Aufwand Inbetriebnahme und Wartung

Ein MiL benötigt ein Laufzeitumgebung und ggf. ein Umgebungsmodell, um das zu testende Modell ausführen zu können. Beim SiL kommen noch die erforderlichen Wrapper dazu, um die Schnittstellen der Software ansprechen zu können. Beim HiL ist zusätzlich die Hardware per Kabelsatz elektrisch an die Testumgebung angeschlossen. Möglicherweise hängen am Kabelsatz auch reale Teile der Umgebung des Testobjekts wie Sensoren oder Aktuatoren. Dementsprechend ist der Aufwand beim HiL am höchsten, bis die Testumgebung überhaupt in Betrieb gehen kann. Auch der Aufwand für die Anpassungen der Testumgebung bei Änderungen externer Schnittstellen des Testobjekts ist beim HiL größer als beim SiL oder MiL.

Beim HiL kommt noch dazu, dass wegen des größeren Hardwareanteils vermehrt zufällige Hardwarefehler auftreten, z.B. der Ausfall von Bauteilen oder sporadische Kontaktverluste bei Steckverbindungen. Beim MiL und SiL stehen systematische Fehler der Software des Testrahmens im Vordergrund, weshalb der Tester den Testrahmen dort eher vor dem ersten Testlauf prüfen muss, aber nicht vor jedem Testlauf. Beim HiL hingegen sollte der Tester den Testrahmen vor jedem Testlauf prüfen und zudem regelmäßig warten.

Aufwand Testvorbereitung

Sobald die Testumgebung einsatzfähig ist, bereitet der Tester die Testfälle aus der Testspezifikation für die Testumgebung auf, beispielsweise indem er Testskripte erstellt. Beim MiL und SiL ist das vergleichsweise einfach, da der Tester bei der Testimplementierung weniger Fehler machen kann als beim HiL. Daher dauert es oft beim HiL länger, bis einzelne Testfälle lauffähig sind. Außerdem ist die Fehlersuche in der Testumgebung bei Auffälligkeiten aufwendiger.

Nötiger Reifegrad Testobjekt

Der Fortschritt der Entwicklung bestimmt, wann Testobjekte für den Test bereit sind. Modelle entstehen früh in der Entwicklung und bilden in der Regel nur einen Ausschnitt der Funktionalität des Systems ab. Daher stehen Modelle früher für einen MiL-Test zur Verfügung als eine ausführbare Software für den SiL-Test. Noch länger dauert es, bis für den HiL-Test eine testfähige Hardware verfügbar ist. Zusätzlich muss die Software auf der Hardware tatsächlich ausführbar sein, was eine erfolgreiche Hardware/Software-Integration voraussetzt.

Ein anderer Aspekt ist der Anspruch an die Testaussage: Während der MiL-Test hauptsächlich die Funktionalität an sich bewertet, spielen beim SiL- und besonders beim HiL-Test auch Zeitverhalten, Speicherplatzbedarf und Zuverlässigkeit eine Rolle. Damit der Tester diese Eigenschaften zutreffend bewerten kann, benötigt er entsprechend reife Testobjekte.

Nötige Detailtiefe Testbasis

Da Modelle nur Ausschnitte des Systems umsetzen, ist der Umfang der Testbasis, der Modellspezifikation, entsprechend kleiner. Außerdem dienen Modelle während der Entwicklung häufig auch zur Anforderungsklärung. Somit überarbeiten und detaillieren die Entwickler die Spezifikation zusammen mit dem Modell. Für den SiL hingegen sind detaillierte Softwarespezifikationen nötig und für den HiL vollständige Systemspezifikationen.

Zugriff auf Testobjekt

Die Zugriffsmöglichkeiten auf das Testobjekt hängen von der Anzahl der zur Verfügung stehenden Zugangspunkte ab. Beim MiL ist es einfach, alle Signale des Modells zu beobachten und zu steuern – das gilt sowohl für externe als auch für interne Signale. Beim SiL sind die zum Test der Software verwendbaren Signale bereits eingeschränkt auf die im Wrapper verfügbaren Signale. Beim HiL schließlich kann der Tester nur noch die in den Hardware- oder Kommunikationsprotokollen des Steuergeräts verfügbaren Signale beobachten und steuern. Es ist also von MiL über SiL zu HiL eine Abnahme der verfügbaren Zugangspunkte des Testobjekts zu beobachten, was den Test und das anschließende Debuggen erschwert.

Testziele

Je nachdem, welche Testziele mit einer Testaktivität erreicht werden sollen, eignen sich Testumgebungen dafür besser oder schlechter. Tabelle 4–3 zeigt einige typische Testziele sowie die jeweilige Eignung von MiL, SiL und HiL, um diese Testziele zu erreichen. Es ist erkennbar, dass der HiL die meisten Anwendungsmöglichkeiten bietet und der MiL die wenigsten. *Empfohlen* bedeutet hier, dass die Testumgebung für das Testziel gut geeignet ist. *Möglich* bedeutet, dass die Testumgebung prinzipiell das Testziel unterstützt, aber in bestimmten Fällen mit Einschränkungen der Aussagekraft der Testergebnisse zu rechnen ist. Daher ist es sinnvoll, Testumgebungen vor allem für Testziele einzusetzen, für die sie empfohlen sind.

Tab. 4–3
Eignung der XiL-Testumgebung für Testziele

Testziel: Testen von ...	MiL	SiL	HiL
Hauptfunktionen	○	○	●
Fehlererkennung/-behandlung	–	●	●
Reaktion auf Konfigurationsdaten	○	●	●
Diagnosefunktionen	–	●	●
Interaktion an Schnittstellen	○	●	●
Gebrauchstauglichkeit	–	○	●
● empfohlen	○ möglich	– nicht sinnvoll	

Hauptfunktionen

Hauptfunktionen sind Funktionen, welche die eigentliche Aufgabe des Testobjekts realisieren – beim Tempomat beispielsweise die Geschwindigkeitsregelung. Detaillierte Testziele sind die Prüfung der korrekten Verarbeitung von Eingaben an den Eingängen, der korrekten Reaktion auf Eingaben sowie der korrekten Ausgaben an den Ausgängen des

Testobjekts. Sofern ein Modell oder eine Software eine Hauptfunktion vollständig umsetzt, kann diese bereits auf einem MiL oder SiL geprüft werden. Benötigt die Hauptfunktion hingegen Hardware, so ist diese erst auf dem HiL testbar. Der HiL ist von den drei Testumgebungen die einzige Option, wenn Echtzeitanforderungen bestehen.

Fehlererkennung/-behandlung

Fehlererkennung und Fehlerbehandlung ergänzen die Hauptfunktionen um das Verhalten im Fehlerfall. Dazu zählen Hardwarefehler und Softwarefehler aller Art. Sicherheitsmechanismen reagieren auf diese Fehler, indem eine Fehlerbehandlung aktiviert wird. Beispielsweise kann das Testobjekt in einen sicheren Zustand übergehen, indem die betroffene Funktion abgeschaltet oder auf eine alternative Funktion umgeschaltet wird. Da die Fehlererkennung und -behandlung selten vollständig auf Modellebene implementiert ist, bietet sich der MiL hier nicht an.[5] Der SiL kann zum Testen von Mechanismen für Softwarefehler und der HiL von Mechanismen für Hardware- und Softwarefehler dienen.

Reaktion auf Konfigurationsdaten

Konfigurationsdaten sind zum einen Parametersätze, wie Kennfelder eines Motorsteuergeräts oder Bewegungsbereiche (Anschläge) für die elektrische Sitzverstellung, zum anderen erlauben Variantencodierungen, dass das Testobjekt sich in unterschiedlichen Umgebungen, wie beispielsweise Hardware- oder Fahrzeugvarianten, passend verhält. Testziel ist es in beiden Fällen, die korrekte Auswirkung der Konfigurationsdaten auf das Verhalten des Testobjekts zu überprüfen. So kann beispielsweise eine Funktion in einer Variante gar nicht verfügbar sein oder sich in verschiedenen Varianten unterschiedlich verhalten. Eine effektive und gleichzeitig effiziente Überdeckung des Konfigurationsraums des Testobjekts stellt eine große Herausforderung für den Test dar. Je nachdem, auf welcher Ebene die Auswirkungen der Konfigurationsdaten zuverlässig beobachtbar sind, kann ein MiL, SiL oder HiL die passende Testumgebung sein.

Diagnosefunktionen

Diagnosefunktionen sind Funktionen, die im normalen Betrieb eines Steuergeräts Fehler erkennen und einen passenden Fehlercode (Diagnostic Trouble Code, DTC) im Fehlerspeicher des Steuergeräts ablegen. Die DTCs werden beispielsweise in der Werkstatt ausgelesen, um die Ursache für das fehlerhafte Verhalten eines Fahrzeugs zu ergründen. Für das Setzen und automatische Löschen von DTCs gibt es typischerweise komplexe Fehlersetzbedingungen und Fehlerrücksetzbedingungen, deren korrekte Umsetzung zu überprüfen ist.

---

5. Ausnahmen sind Mechanismen zur Fehlererkennung und -behandlung, die vollständig im Modell realisiert sind, z. B. die Plausibilisierung des Werts einer Eingangsgröße und Wahl eines Ersatzwerts bei ungültigem Eingangswert.

Zu den Diagnosefunktionen gehören aber auch Funktionen, die nur im Diagnosemodus verfügbar sind, wie z.B. das Auslesen des Softwarestands, das Ändern von Konfigurationsdaten oder das Einspielen von Softwareupdates. Da Diagnosefunktionen typischerweise für das Steuergerät als Ganzes definiert sind, sind ein SiL und HiL hierfür geeignet, ein MiL normalerweise nicht.

Interaktion an Schnittstellen

Ein Integrationstest prüft interne und externe Schnittstellen eines Testobjekts. Zu den internen Schnittstellen gehören beispielsweise die Hardware/Software-Schnittstelle in einem Steuergerät oder das Bussystem in einem Steuergeräteverbund. Für diese Tests nutzt der Tester häufig externe Schnittstellen des Testobjekts zur Stimulation oder er greift auf spezielle Testschnittstellen zurück. Zu den externen Schnittstellen gehört beispielsweise die elektrische Schnittstelle eines Steuergeräts zur Ansteuerung eines Elektromotors. Sowohl bei internen als auch bei externen Schnittstellen sind die ausgetauschten Signale und das Zeitverhalten zu überprüfen. Je nach Art des Testobjekts und der zu überprüfenden Schnittstelle ist die passende Testumgebung auszuwählen. Der MiL ist nur bei Modellschnittstellen sinnvoll, während der SiL und der HiL universeller einsetzbar sind. Für elektrische Schnittstellen ist der HiL die einzige Option.

Gebrauchstauglichkeit

Bei den bisher betrachteten Testzielen steht die Funktionalität im Mittelpunkt. Auch nicht funktionale Eigenschaften des Testobjekts sind durch Tests zu überprüfen. Dazu zählt die Gebrauchstauglichkeit, also die Eignung des Systems aus Sicht der Benutzer. Diese hat zwei Aspekte: die Gebrauchstauglichkeit gemäß den Anforderungen der Benutzer, geprüft beim Systemtest, und die Gebrauchstauglichkeit gemäß den Erwartungen der Benutzer, geprüft beim Akzeptanztest (z.B. durch eine kundennahe Fahrerprobung). Um die Gebrauchstauglichkeit zu prüfen, ist typischerweise eine echtzeitfähige Testumgebung (also ein HiL) erforderlich, da nur dort ein realitätsnahes Erleben der Funktionen gegeben ist. Je nach Funktion kann aber auch ein HiL ungeeignet sein, beispielsweise beim Fahrwerk, da dessen Verhalten nur im Fahrzeug sinnvoll erlebbar ist. Bei Infotainmentsystemen kann bereits eine »Sitzkiste« mit einem SiL oder HiL im Hintergrund einen ersten Test der Gebrauchstauglichkeit erlauben. Aspekte wie die gute Ablesbarkeit von Anzeigen bei schnell wechselnden Lichtbedingungen während der Fahrt bei Sonnenschein durch eine Baumallee sind in einer Sitzkiste allerdings nur sehr aufwendig prüfbar.

Teststufen

Der Grundsatz des frühen Testens (siehe Abschnitt 2.1) soll die Gesamtkosten der Produktentwicklung reduzieren, indem die Qualitätssicherung in den frühen Entwicklungsphasen mehr Aufmerksamkeit bekommt. Damit sollen teure Folgefehler bzw. hohe Kosten bei der Fehlerbehebung vermieden werden. Anforderungs-, Entwurfs- und Implementierungsfehler sind also möglichst früh in der Entwicklung zu finden.

Ein MiL kann Anforderungs- und Entwurfsfehler bei Modellen aufdecken, während ein SiL sich eher für Entwurfs- und Implementierungsfehler der Software eignet. Ein HiL schließlich findet Entwurfs- und Implementierungsfehler in Hardware, Software und deren Zusammenspiel im Systemkontext. Entsprechend können MiL, SiL und HiL bevorzugt auf bestimmten Teststufen eingesetzt werden. Abbildung 4–14 positioniert diese Testumgebungen im allgemeinen V-Modell. Die dunkleren Bereiche der Abbildung sind nur bei modellbasierter System- bzw. Softwareentwicklung vorhanden.

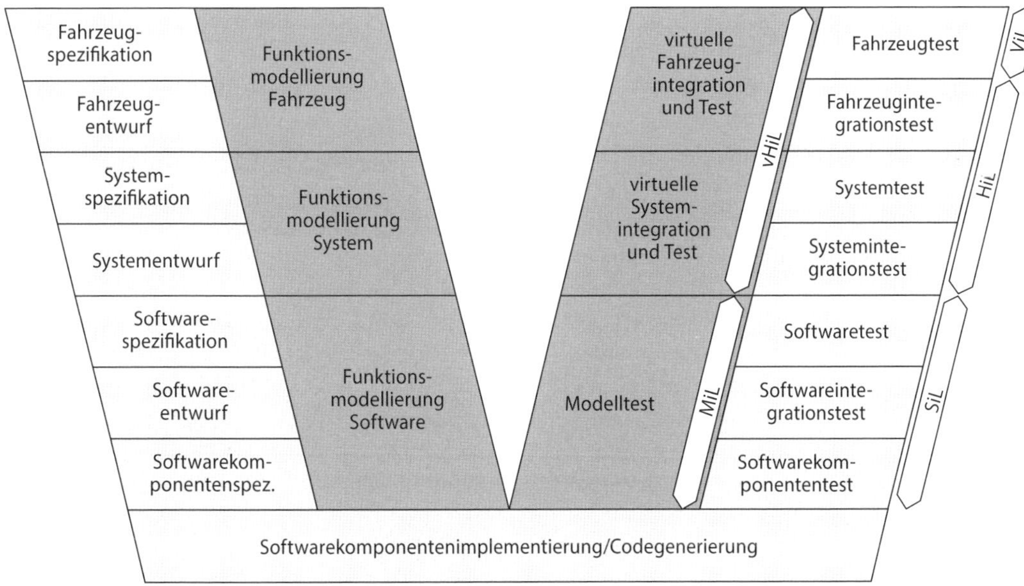

Abb. 4–14 *Virtuelle Testumgebungen im V-Modell*

Der MiL unterstützt den Modelltest, während der SiL für die Teststufen vom Softwarekomponententest bis zum Softwaretest geeignet ist. Der HiL schließlich passt zu den Teststufen oberhalb des Softwaretests, bei denen die Software auf der Zielhardware läuft, bis zum Fahrzeugintegrationstest. Beim Fahrzeugtest ist eine Vehicle-in-the-Loop-Testumgebung (ViL) anzuwenden, sofern Fahrzeugtests nicht in der realen Welt durchführbar sind.

Eine Besonderheit bei der modellbasierten Systementwicklung sind virtuelle Integrationsstufen, bei denen Softwarefunktionen bis hin zur Fahrzeugebene integriert werden können. Das ist beispielsweise bei AUTOSAR-Projekten möglich, da das Konzept des virtuellen Funktionsbusses diese Integration unabhängig von der genutzten Hardware und der Verteilung auf Steuergeräte unterstützt. Die entsprechende Testumgebung nennt man virtueller HiL (vHiL; nicht zu verwechseln mit dem Fahrzeug-HiL, V-HiL).

Beispiel Tempomat

Zu Beginn des Projekts treffen sich der Testmanager Thomas und der Tester Tim, um die Teststrategie für das Projekt sowie für die einzelnen Teststufen festzulegen. Dazu gehört die Festlegung, welche (und wie viele) Testumgebungen auf welchen Teststufen für welche Testziele einzusetzen sind. Da im Projekt Sicherheitsziele mit einer ASIL-Einstufung vorliegen, müssen die anwendbaren Anforderungen der ISO 26262 erfüllt sein. Deshalb beziehen sie den Safety Manager Stefan mit ein. Sie diskutieren mit Stefan ihre Überlegungen zur Teststrategie und berücksichtigen seine Verbesserungsvorschläge. Schließlich stimmt Thomas die Teststrategie mit der Projektleiterin Petra ab, um die vorgesehenen Testaktivitäten in den Gesamtprojektplan einzupassen und die Finanzierung der geplanten Testumgebungen einschließlich Personalkosten sicherzustellen. Dabei stellt sich heraus, dass für den Softwaretest maximal zwei Tester und für den Systemtest maximal drei Tester zur Verfügung stehen.

Der Leitgedanke der Teststrategie ist der Ansatz, Qualitätsmerkmale wie funktionale Angemessenheit oder Zuverlässigkeit möglichst früh zu prüfen. Aus Kostengründen soll allerdings die Anzahl der unterschiedlichen Testumgebungen beschränkt sein, was Kompromisse nötig macht. Außerdem sind bereits vorhandene Testumgebungen und Testwerkzeuge möglichst wiederzuverwenden. Da der Hersteller BEC dem Zulieferer Eddison Electronics gelegentlich ein Erprobungsfahrzeug zur Verfügung stellt, sind im Projekt auch Systemtests im Fahrzeug möglich.

Das übergeordnete Testhandbuch bei Eddison Electronics empfiehlt die in Tabelle 4–4 dargestellte Zuordnung von Testzielen zu Teststufen. Der Softwareintegrationstest ist im Testhandbuch Teil des Softwaretests, daher ist er in der Tabelle nicht separat ausgewiesen; die gleiche Aussage gilt auch für die Integrationstests auf Systemebene. Die Systemintegration erfolgt in drei Stufen: Hardware/Software-Integration pro Steuergerät (ECU), Integration des E/E-Gesamtsystems und Integration des Gesamtsystems (inkl. Mechanik) in das Fahrzeug – jeweils mit Integrationstests und Tests des integrierten Systems.

→

Teststufe / Testziel	Modell-test	Soft-ware-komp.-test	Soft-ware-test	System-test (ECU)	System-test (E/E)	System-test (Fahr-zeug)
Haupt-funktionen	●	●	●	●	●	●
Konfigura-tionsdaten	○	○	●	●	●	–
Diagnose-funktionen	–	○	●	●	○	○
Fehler-erkennung/-behandlung	○	●	●	●	●	○
Zuverlässig-keit	–	–	○	●	●	●
Gebrauchs-tauglichkeit	–	–	–	○	○	●
Leistungs-fähigkeit	–	–	○	●	●	○
Interaktion an Schnittstellen	○	○	●	●	●	–
Struktur-überdeckung	○	●	●	–	–	–
Anforde-rungs-überdeckung	●	●	●	●	●	●

● Empfehlung ○ Teilaspekte prüfbar – wenig sinnvoll

Tab. 4–4
Empfohlene Zuordnung Testziele zu Teststufen (nach [Michailidis 2012], S. 49)

Tabelle 4–5 fasst zusammen, was die erarbeitete Teststrategie des Projekts zu den Testumgebungen aussagt. Bei den Teststufen orientiert sich das Projekt an den Vorgaben des Testhandbuches (siehe Tab. 4–4), weist aber die Integrationsschritte in der Software explizit aus, um die jeweiligen Testumgebungen und Testziele besser darstellen zu können. Jeder Teststufe ist mindestens eine Testumgebung zugeordnet. Jede Testumgebung ist für mindestens ein Testziel zuständig. Unterhalb der Testumgebung steht, welche Anzahl davon nötig ist. Ergänzend zu den dynamischen Tests ist beim Softwarekomponententest eine statische Analyse vorgesehen. Diese ist vor dem dynamischen Test zu absolvieren.

→

Teststufe	Testumgebung	Testziele
Modelltest	MiL (einer pro Modell)	▪ Funktionale Korrektheit der Hauptfunktionen mit 100% Anforderungsüberdeckung (Modellanforderungen bzw. SW-Komponentenanforderungen)
Software-komponenten test	Statisches Analysewerkzeug (eines)	▪ Einhaltung von Programmierrichtlinien (MISRA-C:2012, Firmenstandards)
	Softwarekomponenten-SiL (einer pro Softwarekomponente)	▪ Funktionale Korrektheit der Hauptfunktionen und (sofern ohne Hardware testbar) der Fehlererkennung/-behandlung mit 100% Anforderungsüberdeckung (SW-Komponenten-anforderungen). Sofern sich Konfigurationsdaten auf die Softwarekomponente direkt auswirken, sind diese im Test ebenfalls zu berücksichtigen. ▪ Strukturüberdeckung (QM bis ASIL B: mindestens 90% Entscheidungsüberdeckung; ASIL C bis D: mindestens 90% MC/DC-Überdeckung); ergänzend Codereviews für durch den dynamischen Test nicht überdeckte Strukturen im Code
Software-integrations-test	Applikationssoftware-SiL (einer)	▪ Korrekte funktionale Interaktion an den Schnittstellen zwischen SW-Cs der Applikationssoftware (über die simulierte RTE) inkl. Fehlererkennung/-behandlung mit 100% Strukturüberdeckung der Schnittstellen
	Steuergerätesoftware-SiL (einer)	▪ Korrekte funktionale Interaktion an den Schnittstellen zwischen SW-Cs und RTE und zwischen RTE und BSW inkl. Fehlererkennung/-behandlung mit 100% Strukturüberdeckung der Schnittstellen
Softwaretest	Steuergerätesoftware-SiL (zwei)	▪ Funktionale Korrektheit der Hauptfunktionen, der Reaktion auf Konfigurationsdaten, der Fehlererkennung/-behandlung und der Diagnosefunktionen mit 100% Anforderungsüberdeckung (Softwareanforderungen) ▪ Leistungsfähigkeit der Software (sofern ohne Hardware messbar, z.B. maximaler Stack-Verbrauch, Scheduling der Betriebssystem-prozesse) ▪ Zuverlässigkeit der Software in Fehlersituationen
Hardware/ Software-Integrations-test	Komponenten-HiL (einer)	▪ Korrekte funktionale Interaktion an den Schnittstellen zwischen Hardware und Software (Hardware Software Interface, HSI) und der Fehlererkennung/-behandlung mit 100% Strukturüberdeckung der Schnittstellen ▪ Leistungsfähigkeit des HSI (z.B. Echtzeitfähigkeit, Durchsatz) ▪ Leistungsfähigkeit des Steuergeräts (z.B. maximaler Speicherverbrauch, maximale Prozessorlast, Prozessor-Scheduling)
Steuergeräte-test	Komponenten-HiL (einer)	▪ Funktionale Korrektheit der Hauptfunktionen, der Reaktion auf Konfigurationsdaten, der Fehlererkennung/-behandlung und der Diagnosefunktionen mit 100% Anforderungsüberdeckung (Steuergeräteanforderungen) ▪ Leistungsfähigkeit und Zuverlässigkeit des Steuergeräts unter Last/fehlerhaften Eingaben

→

Teststufe	Testumgebung	Testziele
E/E-Systemtest	System-HiL (einer)	▪ Korrekte funktionale Interaktion an den Schnittstellen zwischen den Komponenten des E/E-Gesamtsystems (Steuergeräte, Sensoren, Aktuatoren, Bussysteme, Kabelbaum) und der Fehlererkennung/-behandlung mit 100% Strukturüberdeckung für die Schnittstellen
Systemtest	Erprobungsfahrzeug (eines, gestellt von BEC)	▪ Funktionale Korrektheit der Hauptfunktionen, der Reaktion auf Konfigurationsdaten und der Diagnosefunktionen mit 100% Anforderungsüberdeckung (Systemanforderungen) ▪ Zuverlässigkeit (z.B. Dauerfestigkeit im intensiven Fahrbetrieb) ▪ Gebrauchstauglichkeit des Gesamtsystems

Tab. 4–5 *Zuordnung Testumgebungen zu Teststufen und Testzielen*

Da für den Softwaretest zwei Tester zur Verfügung stehen, sind für die Teststufe Softwaretest zwei Testumgebungen vorgesehen. Beim Systemtest mit HiL-Testumgebungen ist jeweils aus Kostengründen nur eine HiL-Testumgebung geplant, obwohl drei Tester verfügbar sind. Dadurch ist die Kapazität der Systemtests eingeschränkt, weshalb die angestrebte Anforderungsüberdeckung von 100% voraussichtlich schwierig zu erreichen ist. Daher muss Thomas die Teststrategie anpassen, sobald klar ist, welche Testumfänge tatsächlich auf den vorgesehenen HiL-Testumgebungen durchführbar sind. Entweder reduziert er den Testumfang oder verhandelt das nötige Budget für eine weitere HiL-Testumgebung. Da Erprobungsfahrzeuge sehr teuer sind und BEC das Erprobungsfahrzeug nur selten zur Verfügung stellt, sind vermutlich auch Abstriche beim Ziel der 100% Anforderungsüberdeckung erforderlich. Zumindest Anforderungen, die für die funktionale Sicherheit relevant sind, sollten aber auch im Fahrzeug getestet werden.

5 Testansätze und Testverfahren

Grundsatz 2 des Testens lautet: »Vollständiges Testen ist nicht möglich« (siehe Abschnitt 2.1). Bei einem vollständigen Test müsste der Tester alle möglichen Kombinationen von Vorbedingungen und Eingabewerten ausführen. Die große Anzahl von Tests würde den Nutzen weit übersteigen – mit Ausnahme von sehr trivialen Testobjekten. Daher kann Testen nur eine stichprobenhafte Aktivität sein. Für die Auswahl geeigneter Stichproben stehen dem Tester sowohl Testverfahren als auch Testansätze zur Verfügung, deren Auswahl er in der Testvorgehensweise im Testkonzept festlegt.

Eine Übersicht über die hier im Buch betrachteten Testansätze und Testverfahren sowie deren Bezug zu Teststrategie und Testkonzept liefert Abbildung 5–1.

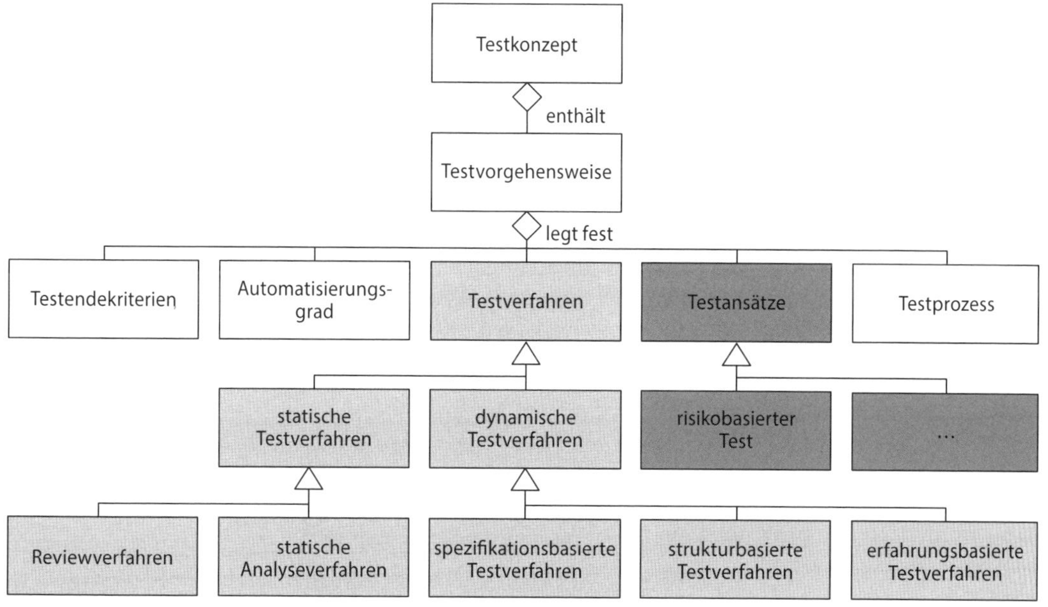

Abb. 5–1 *Testansätze und Testverfahren nach ISO 29119-1:2013 [ISO 29119]*

Testansatz

Im Softwaretest sind Testansätze von genereller Natur und repräsentieren *prinzipielle Vorgehensweisen und Theorien* zur Lösung von Testaufgaben. Hierzu zählen beispielsweise die Testansätze wie das anforderungs-, erfahrungs-, risiko- und modellbasierte Testen (siehe Abschnitt 5.1).

Testverfahren

Im Gegensatz zu den Testansätzen sind Testverfahren *konkrete Vorgehensweisen und Techniken* zur Lösung von Testaufgaben. Hierzu zählen sowohl Testverfahren für den Testentwurf und die Testdurchführung als auch Verfahren für die Durchführung von Reviews und statische Analysen. Alle hier aufgeführten Testverfahren haben zum Ziel, letztendlich Fehlerzustände aufzudecken und die Qualität von Arbeitsergebnissen zu bewerten.

Statische Testverfahren

Der statische Test kann Fehlerzustände aufdecken, ohne das Testobjekt auszuführen. Die Fehlerzustände können im Programmcode sein, aber auch in vorgelagerten Entwicklungsdokumenten (z.B. in Anforderungs- und Entwurfsdokumenten). Zu den statischen Tests zählen sowohl Reviewverfahren als auch Verfahren zur statischen Analyse (siehe Abschnitt 5.2).

Dynamische Testverfahren

Im Gegensatz zum statischen Test führt der Tester beim dynamischen Test das zu testende Arbeitsergebnis aus (z.B. ein ausführbares Modell oder Programm). Dabei beobachtete Fehlerwirkungen sind mit hoher Wahrscheinlichkeit auf Fehlerzustände zurückzuführen. Es ist überwiegend die Aufgabe des Entwicklers, diese Fehlerzustände zu lokalisieren und zu entfernen (zu debuggen), und es ist die Aufgabe des Testers, Fehlerwirkung zu melden. Zu den Testverfahren für dynamische Tests zählen sowohl Testentwurfsverfahren als auch Testverfahren zur Testdurchführung (siehe Abschnitt 5.3).

5.1 Testansätze

Im Gegensatz zu den Testverfahren stellen Testansätze prinzipielle Vorgehensweisen und Theorien zum Erreichen der Testziele zur Verfügung. Sie legen damit auch die Ausrichtung für die Wahl der Testverfahren fest, die wiederum konkrete Vorgehensweisen und Techniken zur Lösung der Testaufgaben beschreiben. Die bekanntesten und hier näher beschrieben Testansätze sind:

- Anforderungsbasiertes Testen (siehe Abschnitt 5.1.1)
- Erfahrungsbasiertes Testen (siehe Abschnitt 5.1.2)
- Risikobasiertes Testen (siehe Abschnitt 5.1.3)
- Modellbasiertes Testen (siehe Abschnitt 5.1.4)

In der Praxis setzen Tester häufig eine Kombination verschiedener Testansätze ein.

5.1.1 Anforderungsbasiertes Testen

Anforderungsüberdeckung (Requirements Coverage)

Beim anforderungsbasierten Testen zieht der Tester Anforderungen als Testbasis heran und entwirft für möglichst jede Anforderung einen oder mehrere Testfälle. Der Grad, in dem die Testfälle die Gesamtzahl der Anforderungen überdecken, wird als Anforderungsüberdeckung bezeichnet. Der Grad, in dem ein Testobjekt Anforderungen erfüllt, ist wiederum ein Maß für die Qualität.

Dieser recht pragmatische Ansatz erstreckt sich über alle Teilprozesse des Testens: Bereits in der Planung führt der Tester die Aufwandsschätzung auf Basis der Anzahl und der Komplexität der Anforderungen durch. Darauf basierend legt er die Testziele im Testkonzept fest. Im Rahmen der Testanalyse bewertet der Tester die Qualität der Anforderungen und leitet die Testbedingungen (z. B. Grenzwerte) ab. Durch den Einsatz spezifikationsbasierter Testentwurfsverfahren (z. B. Grenzwertanalyse) entwirft er die zur Überdeckung der Testbedingungen und Testziele erforderlichen Testfälle. Diese Testfälle führt er aus und analysiert die Testergebnisse. Wenn notwendig verfeinert er die Tests, wodurch weitere Testfälle entstehen können.

Kombination mit anderen Testansätzen

Dieser Ansatz hat den wesentlichen Nachteil, dass der Tester nur Anforderungen testen kann, die ihm auch explizit bekannt sind! Sind die Anforderungen unvollständig oder nur implizit bekannt, kann er diese auch nicht testen! In der Praxis ist dies häufig der Fall und ein großes Problem.

Dieses Risiko kann der Tester durch Einsatz ergänzender Testansätze (z. B. das erfahrungsbasierte Testen) reduzieren. So kann er beispielsweise durch explorative Tests auch implizit erwartetes Verhalten bewerten. Andererseits kann der Tester bei sehr detaillierten Anforderungen ggf. auch nicht alle Anforderungen in der gegebenen Detaillierung testen, weil die Anzahl der Tests schlicht zu groß wird. Auch liefert das anforderungsbasierte Testen keine Hilfestellung bei der Wahl der konkreten Testdaten. In diesen Fällen kann beispielsweise der Ansatz des risikobasierten Testens eine Priorisierung der Testfälle und die Auswahl der Testdaten unterstützen.

Beispiel Tempomat

Nach ASPICE dient der Systemtest dem Zweck, die Übereinstimmung des Systems mit den Systemanforderungen zu verifizieren (siehe Abschnitt 3.1.2). Aus diesem Grund wählt Testmanager Thomas einen anforderungsbasierten Testansatz.

Die Featurespezifikation *Tempomat* enthält u.a. folgende Anforderungen (Tab. 5–1):

Tab. 5–1
Featurespezifikation Tempomat

REQ-ID	Anforderung
TEMP-10	Der Tempomat muss das Feature Tempomat deaktivieren, solange die Ist-Geschwindigkeit (v_{ist}) kleiner als die minimal erlaubte Geschwindigkeit (v_{min}) ist.
TEMP-11	Der Tempomat muss das Feature Tempomat deaktivieren, solange die Ist-Geschwindigkeit (v_{ist}) größer als die maximal erlaubte Geschwindigkeit (v_{max}) ist.

Der Tester Tim entwirft hierzu die folgenden beiden Testfälle (Tab. 5–2):

Tab. 5–2
Testfallspezifikation Tempomat

TC-ID	Attribut	Beschreibung
SYS-10.1	Vorbedingung	Regelung aktiv, $v_{ist} \geq v_{min}$
	Eingaben	$v_{ist, neu} = v_{min}$ - 5 km/h
	Erwartetes Ergebnis	Regelung schaltet ab (Aktivierung nicht möglich)
	Nachbedingung	Regelung ist inaktiv
SYS-10.2	Vorbedingung	Regelung aktiv, $v_{ist} \leq v_{max}$
	Eingaben	$v_{ist, neu} = v_{max}$ + 5 km/h
	Erwartetes Ergebnis	Regelung schaltet ab (Aktivierung nicht möglich)
	Nachbedingung	Regelung ist inaktiv

Für eine vollständige Anforderungsüberdeckung würden diese beiden Testfälle ausreichen, da als Minimum nur ein Testfall pro Anforderung erwartet wird! Doch auch wenn die beiden Anforderungen korrekt umgesetzt wurden, gibt es noch weitere Punkte, die betrachtet werden sollten:

- Wie erfährt der Fahrer, warum eine Aktivierung nicht wieder möglich ist? Dieser Aspekt ist nicht spezifiziert und bliebe aus diesem Grund auch ungetestet.
- Dem Entwickler kann ein Fehler bei der Implementierung des Operators unterlaufen (z.B. $v_{ist} \leq v_{min}$ anstatt $v_{ist} < v_{min}$). Durch die zufällige Wahl der Testdaten bliebe der Fehlerzustand an der Grenze $v_{ist} = v_{min}$ unentdeckt.

→

- Die Aktivierung des Reglers beim Rückwärtsfahren (z.B. $v_{ist} = -3$ km/h) ist denkbar, wäre aber das eher seltene Szenario einer Zweckentfremdung. Gegebenenfalls greift auch beim Rückwärtsfahren sogar eine andere implementierte Anforderung. Dann bliebe ein dadurch maskierter Fehlerzustand im Bereich ($0 < v_{ist} \leq v_{min}$) sogar unentdeckt.

Dies ist nur eine Auswahl von Aspekten, die durch anforderungsbasiertes Testen nicht betrachtet werden. Es zeigt sich, dass eine Anforderungsüberdeckung von 100% nicht automatisch zu einer geeigneten Stichprobe von Tests führen muss.

5.1.2 Erfahrungsbasiertes Testen

Beim erfahrungsbasierten Test leitet der Tester Testfälle aus seiner Intuition, seiner Erfahrung und seinem Wissen ab. Dieser Ansatz kommt häufig zum Einsatz, wenn Anforderungen (anforderungsbasierter Ansatz) oder Kenntnisse über die interne Struktur (strukturbasierter Ansatz) nur unzureichend verfügbar sind. Darüber hinaus lassen sich gerade sehr komplexe Problemstellungen nur schwer durch analytische Ansätze lösen. Hier ist es dem Tester/Testmanager häufig dennoch möglich, eine Entscheidung intuitiv auf Basis seiner Erfahrung zu treffen.

Bei diesem Ansatz besteht ein wesentliches Risiko darin, dass der Erfahrungsträger seine Erfahrungen in einem Kontext gesammelt haben muss, der in der konkreten Situation noch seine Gültigkeit hat. So sind die Erfahrungen, die ein Tester beim Test einer Webanwendung gesammelt hat, nur bedingt auf das Testen eines Tempomaten im Fahrzeug übertragbar. Und auch wer vor vielen Jahren einen Tempomaten getestet hat, muss das nicht zwingend heute genauso gut können.

Testplanung

Insbesondere beim erfahrungsbasierten Testen erfolgt die Aufwandsschätzung häufig durch expertenbasierte Schätzverfahren. Diese Schätzverfahren basieren auf der Erfahrung der für die Testaufgaben zuständigen Person oder von Experten. Erfolgt die Aufwandsschätzung im Team (wie beim Planning Poker oder den Delphi-Verfahren [Spillner et al. 2014]), reduziert die Konsensbildung das Risiko der Fehleinschätzung eines Einzelnen.

Auch beim Treffen von Entscheidungen und der Wahl der Teststrategie nutzt der erfahrene Testmanager häufig seine Intuition.

Testvorbereitung

In der Testvorbereitung setzt der Tester erfahrungsbasierte Testverfahren wie die intuitive Testfallermittlung (Error Guessing) oder checklistenbasiertes Testen ein. Bei diesen Verfahren nutzt er zum Entwurf der Testfälle und der Wahl der Testdaten seine Erfahrung bezüglich der bisherigen Verwendung oder früheren Fehlern des zu testenden Produkts. Insbesondere das erwartete Verhalten lässt sich häufig nur auf Basis der Erfahrung orakeln.

Testdurchführung

Im Rahmen der Testdurchführung ist das *Ad-hoc-Testen* ein weitverbreitetes, ebenfalls erfahrungsbasiertes Testverfahren. Ad-hoc-Tests sind Tests, die der Tester spontan für einen speziellen Zweck oder aus einer Situation heraus durchführt.

Ein weiteres erfahrungsbasiertes Testverfahren, das explorative Testen, kommt ebenfalls im Rahmen der Testdurchführung (bzw. einer Testsession beim Session Based Testing) zum Einsatz. Im Gegensatz zum eher unsystematischen Ad-hoc-Testen führt der Tester hier seine Tests systematischer während der Testdurchführung auf Basis der Erfahrungen aus, die er im Rahmen der Testausführung und -auswertung sammelt.

Beispiel Tempomat

In der Konzeptphase des Antriebsstrangs für den *ULV* bittet die Projektleiterin Petra den Testmanager Thomas, einen groben Kostenplan für alle Testaktivitäten abzugeben. Hierzu plant er eine Expertenschätzung gemeinsam mit dem Tester Tim sowie zwei erfahrenen Tester- und einem Testmanagerkollegen aus einem Parallelprojekt, die bereits kurz vor der Serienfreigabe stehen.

Aufgrund der hohen Projektkomplexität und der relativ groben Anforderungen des Kunden befürchtet Thomas, dass ein rein anforderungsbasierter Ansatz im Testentwurf nicht reichen wird. Aus diesem Grund plant er, 20% der Testfälle erfahrungsbasiert zu entwerfen (intuitive Testfallermittlung, siehe Beispiel in Abschnitt 5.3.2). Hierzu bittet er Tim, gemeinsam mit den beiden Testerkollegen eine Liste zu erstellen, was gerade bei elektrischen Antriebssystemen leicht zu Fehlfunktionen und Ausfällen führen kann. Auf Basis der Liste soll Tim im Anschluss auf den *ULV* abgestimmte Testfälle ableiten.

5.1.3 Risikobasiertes Testen

Beim risikobasierten Test basiert das Management, die Auswahl, die Priorisierung und die Anwendung von Testaktivitäten und Testressourcen auf den identifizierten Produktrisiken, also auf Faktoren, die zu einem Schaden im Betrieb des Produkts führen können. Die Höhe eines Risikos lässt sich durch die mögliche Schadenshöhe und Eintrittswahrscheinlichkeit bestimmen:

$$\text{Risikohöhe} = \text{Eintrittswahrscheinlichkeit} \times \text{Schadenshöhe}$$

Die Schadenshöhe setzt sich aus allen materiellen und immateriellen Schäden zusammen. Hierzu gehören beispielsweise Vermögens-, Zeit- und Imageverlust, aber auch Verletzungen oder Tod.

Schadenshöhe

Die Eintrittswahrscheinlichkeit setzt sich aus mehreren Faktoren zusammen, die sich gegenseitig bedingen:

Eintritts-wahrscheinlichkeit

- aus der Wahrscheinlichkeit eines Fehlerzustands, der durch eine Fehlhandlung in der Entwicklung oder äußere Einflussfaktoren im Betrieb verursacht wird,
- der Wahrscheinlichkeit einer Fehlerwirkung, die durch einen im Test unentdeckten Fehlerzustand im Rahmen einer spezifischen Nutzung im Betrieb verursacht wird, sowie
- der Wahrscheinlichkeit eines Schadens, der durch eine Fehlerwirkung verursacht wird, die vom Anwender im Betrieb nicht beherrscht wird.

Ziel des risikobasierten Tests ist es, den höchsten Risiken auch den höchsten Testaufwand zu widmen und dadurch die Eintrittswahrscheinlichkeit eines späteren Schadens durch nicht aufgedeckte Fehlerzustände zu reduzieren. Auf die Schadenshöhe hingegen kann Testen keinen Einfluss nehmen.

Risikobasiertes Testen beginnt bereits bei der Testplanung. Wird z.B. das Risiko in den Schnittstellen zweier Softwarekomponenten als gering eingeschätzt, kann eine *Big-Bang-Integrationsstrategie* angemessen sein. Lassen sich Schäden im Betrieb mehr auf eine mangelnde Zuverlässigkeit und weniger auf mangelnde Performanz zurückführen, kann eine Fokussierung auf Zuverlässigkeitstests eine risikobasierte Maßnahme sein.

Testplanung

Im Rahmen der Testanalyse und des Testentwurfs können identifizierte Produktrisiken dem Tester bzw. Testanalysten bei der Priorisierung der Testbedingungen, der Auswahl der Testentwurfsverfahren und Entwurf der Testfälle helfen. Ist beispielsweise eine Anforderung in der Implementierung trivial und im Falle eines Schadens im Betrieb unkritisch, kann ein oberflächlicher Test genügen. Ist hingegen eine Anforderung aufgrund vieler Abhängigkeiten in der Umsetzung komplex (d.h., die erwartete Eintrittswahrscheinlichkeit eines Risikos ist hoch), ist eine höhere Testintensivität anzuraten. Auch in der Testrealisierung findet sich der Ansatz des risikobasierten Testens wieder:

Testvorbereitung

- Die Konkretisierung der Testfälle bzw. die Auswahl der konkreten Werte für die Testdaten sollte auf Basis der Wahrscheinlichkeit der späteren Nutzung bzw. eines möglichen Fehlerzustands erfolgen.

- Die Reihenfolge der auszuführenden Testfälle in einem Testausführungsplan sollte, neben fachlichen Abhängigkeiten, auch eine risikobasierte Priorisierung berücksichtigen.
- Die Auswahl der Regressionstests sollte auf Basis einer Auswirkungsanalyse erfolgen. Das heißt, der Tester sollte möglichst Regressionstestfälle priorisieren, die von Änderungen in der Software am ehesten betroffen sind.

Testdurchführung

Im Rahmen der Testdurchführung kann der Tester weitere Produktrisiken identifizieren. Nachdem in den vorgelagerten Testaktivitäten die Risiken auf Basis von Annahmen getroffen werden, kann der Tester diese Annahmen im Rahmen der Testdurchführung verifizieren. So kann es sein, dass er in Bereichen der Software mehr Fehlerzustände identifiziert, als ursprünglich prognostiziert wurden. Verfolgt der Tester einen (reaktiven) risikobasierten Ansatz, sollte er genau diese Bereiche intensiver testen, in den sich die Fehler häufen.

Schwächen

Eine wesentliche Schwäche des risikobasierten Tests ist der nicht zu unterschätzende Aufwand für die Risikoidentifikation und Risikoanalyse. Und ob Risiken umfassend identifiziert und korrekt eingeschätzt werden, hängt stark von der Erfahrung und Intuition der Stakeholder ab. So hat es sich bewährt, möglichst viele (insbesondere erfahrene) Stakeholder in diesen Prozess einzubeziehen.

Beispiel Tempomat

In der Konzeptphase hat Thorsten, der Teilprojektleiter für den Tempomaten, einen Risikoworkshop zur Identifikation und Bewertung der Produktrisiken mit erfahrenen Entwicklern und Testern durchgeführt. Hierbei hat das Team das Risiko einer mangelnden Robustheit gegen unerlaubte Nutzungsszenarien (Fehlbedienung) als am höchsten eingestuft. Aus diesem Risiko leitet der Testmanager Thomas das folgende Testziel für den Komponententest ab (Tab. 5–3):

Tab. 5–3
Testziel Komponententest

TZ-ID	Anforderung
TZ-01	Robustheit aller Komponenten gegen Nutzung außerhalb der Betriebsparameter bewerten.

→

Die Komponentenspezifikation *Aufbereitung Fahrerwunsch* enthält unter anderem folgende Anforderungen (Tab. 5–4):

REQ-ID	Anforderung
AF-04	Die Komponente Aufbereitung Fahrerwunsch muss die Bremspedalstellung ($r.s_{brems}$) [0...100 ≙ 0...100%] einlesen.
AF-15	Alle Parameter sind vom Datentyp Integer (int 16 Bit).
AF-16	Die Genauigkeit aller Parameter beträgt ein Digit.

Tab. 5–4
Komponentenspezifikation Aufbereitung Fahrerwunsch

In der Programmiersprache C entspricht `int` dem Datentyp `signed int`. Bei einer Auflösung von 16 Bit entspricht dies einem möglichen Wertebereich von -32.768 bis 32.767. In diesem Bereich sind allerdings nur die Werte 0 bis 100 gültig. Werte außerhalb des gültigen Bereichs muss die Komponente als ungültig erkennen. Da der Tester Tim die Robustheit der Komponenten gegen Nutzung außerhalb der Betriebsparameter bewerten soll (Testziel TZ-01), entwirft er die folgenden Testfälle (Tab. 5–5):

TC-ID	Attribut	Beschreibung
KOMP-13.1	Vorbedingung	Regelung aktiv
	Eingaben	Bremspedalstellung $r.s_{brems} < 0$
	Erwartetes Ergebnis	Rückgabe Fehler
	Nachbedingung	Fehlerspeicher gelöscht, Regelung aktiv
KOMP-13.2	Vorbedingung	Regelung aktiv
	Eingaben	Bremspedalstellung $r.s_{brems} > 100$
	Erwartetes Ergebnis	Rückgabe Fehler
	Nachbedingung	Fehlerspeicher gelöscht, Regelung aktiv

Tab. 5–5
Testfallspezifikation Aufbereitung Fahrerwunsch

Für die Wahl der konkreten Werte betrachtet er die Wahrscheinlichkeit fehlerhafter Werte (Tab. 5–6):

TC-ID	Erläuterung zur Wahl der Werte
KOMP-13.1	Für $r.s_{brems} < 0$ wählt er den Wert - 60 %, da er einen Vorzeichenfehler (z.B. durch einen falsch angeschlossenen Sensor) bei einer sehr häufig vorkommenden Bremspedalstellung von 60% als am wahrscheinlichsten erachtet.
KOMP-13.2	Für r.sbrems > 100 wählt er den Wert 105, da er Werte, die wesentlich größer als 100 sind, für äußerst unwahrscheinlich hält. Allerdings sind Werte knapp oberhalb der spezifizierten Grenze von 100 leicht vorstellbar, wenn z.B. ein Übertreten des Bremspedals über den Endpunkt hinaus möglich ist.

Tab. 5–6
Wahl der Testdaten

→

Wenn man nur den Parameter $r.s_{brems}$ betrachtet, wären diese beiden Testfälle ausreichend. Doch auch wenn Tim damit das Testziel erreicht hat, die eigentliche Funktion bliebe ungetestet (es fehlt ein Testfall mit $r.s_{brems}$ im Bereich 0...100). Denn diese hatte Thomas nicht als kritisch eingestuft.

5.1.4 Modellbasiertes Testen

Modellbasiertes Testen (MBT) basiert auf einem Modell des erwarteten Verhaltens des Testobjekts. Jedes Modell besitzt die folgenden drei zentralen Eigenschaften:

1. Es bildet eine (zu schaffende) Realität ab.
2. Es verkürzt die abgebildete Realität auf ausgewählte Attribute.
3. Es wird für eine spezifische Verwendung erstellt.

Streng genommen verwendet der Tester somit bei all seinen Tests ein Modell als Testbasis. Es kann zum Beispiel in folgenden Formen vorliegen:

- Natürlichsprachige Anforderungen (siehe Abschnitt 5.1.1)
- Geistige Bilder und Vorstellungen (siehe Abschnitt 5.1.2)
- Mathematische Gleichungen (z. B. ASCET-/MATLAB-Modell)
- Grafische Notationen (z. B. UML-Diagramme)
- Matrizen (z. B. Entscheidungstabelle)
- Mischung aus den zuvor genannten

Auch das modellbasierte Testen basiert auf einem Modell allerdings mit dem Unterschied, dass das Modell formal und/oder detailliert genug sein muss, damit nützliche Testinformationen aus dem Modell abgeleitet werden können. In der Praxis umfasst modellbasiertes Testen mindestens einen der folgenden Aspekte [Winter et al. 2016]:

- Die Nutzung für die Automatisierung von Testaktivitäten
- Die Modellierung von Artefakten im Testprozess

Zu den Vorteilen des modellbasierten Testens zählt u. a. die effizientere Generierung von Testartefakten durch einen höheren Automatisierungsgrad der Testaktivitäten, z. B. beim Testentwurf. Eine Konsequenz dieses Automatisierungsgrades ist, dass potenziell eine sehr große Anzahl von Testfällen in relativ kurzer Zeit automatisch generiert, ausgeführt und überprüft werden können.

Testvorbereitung

Typischerweise verwendet der Tester beim modellbasierten Test das Modell als Testbasis, um Testeingaben und erwartete Ergebnisse aus diesem automatisiert abzuleiten. Liegt das Modell in maschinenlesbarer Form vor, z.B. als UML-Zustandsdiagramm, kann der Entwurf von Zustandsübergangstests automatisiert erfolgen. Die Wahl der Testdaten geschieht ggf. auf Basis von modellierten Nutzungsprofilen. Darüber hinaus kann der Tester auch die Testfälle und Testabläufe in einer grafischen Notation (z.B. als UML-Aktivitätsdiagramme) spezifizieren.

Testdurchführung

Im Anschluss kann der Tester die aus dem Modell gewonnenen und ggf. als Modell spezifizierten Tests manuell oder automatisiert ausführen.

Modellbasierte Softwareentwicklung

Die Verwendung eines Modells kann auch in anderen Bereichen Vorteile bringen. So ermöglichen ausführbare Modelle eine Simulation des zu entwickelnden Systems bzw. der zu entwickelnden Komponente. Damit sind bereits vor der Codegenerierung dynamische Tests zur Verifikation und Validierung des Modells möglich, das auch Basis für den zu implementierenden Code ist (siehe Abschnitt 4.2.1). Ist das (ausführbare) Modell verifiziert bzw. validiert, kann es wiederum nach der Codegenerierung als Orakel für das erwartete Verhalten dienen (siehe Abschnitt 5.3.1).

5.2 Statische Testverfahren

Je später ein Fehlerzustand in einem Arbeitsergebnis aufgedeckt wird, desto kosten- und zeitintensiver ist dessen Korrektur. Statische Tests kann der Tester bereits sehr früh einsetzen, bevor ausführbarer Code vorliegt. Die statischen Testverfahren beschreiben die konkreten Vorgehensweisen und Techniken. Hierzu gehören sowohl Testverfahren zur statischen Analyse (Abschnitt 5.2.1) als auch Reviewverfahren (Abschnitt 5.2.2).

Die in der Automobilindustrie weitverbreiteten MISRA-C-Programmierrichtlinien nehmen in diesem Kapitel eine Sonderstellung ein (Abschnitt 5.2.3). Hierbei handelt es sich um eine Sammlung von Richtlinien für Programmcode in der Programmiersprache C. Deren Einhaltung kann durch statische Analysen und Reviews überprüft werden.

5.2.1 Statische Analyseverfahren

Bei der statischen[1] Codeanalyse handelt es sich um eine systematische Untersuchung, bei der ein Programmcode in seine Codeelemente (z.B. Anweisung oder Entscheidung) zerlegt und deren Beziehungen zueinander (z.B. Daten- und Kontrollflüsse) analysiert werden. Da die Elemente und Beziehungen für gewöhnlich strukturellen Regeln (z.B. Syntaxregeln) folgen, lassen sich diese leicht von Werkzeugen automatisch überprüfen. In diesem Fall spricht man von einer werkzeuggestützten statischen Analyse.

Zu den Verfahren der statischen Codeanalyse gehören u.a. Analysen von Syntax, Datenfluss, Kontrollfluss und Komplexität. Mit ihrer Hilfe können Tester Anomalien (potenzielle Fehlerzustände) identifizieren, die sie durch dynamische Tests nur schwer finden können.

Syntaxanalyse

Im Kontext einer Programmiersprache ist die Syntax ein System aus Regeln, gemäß dem der Entwickler wohlgeformte (syntaktisch korrekte) Programmtexte bildet. Die Syntaxregeln legen sowohl die korrekte Schreibweise einzelner Programmanweisungen fest als auch den korrekten Aufbau des Programms, analog zu Rechtschreibung und Grammatik in der Schriftsprache. Darüber hinaus können Konventionen für die Gestaltung von Programmtexten existieren, z.B. der Verzicht auf bestimmte Konstrukte der verwendeten Programmiersprache. In der Programmiersprache C können beispielhaft folgende Anomalien auftreten (Tab. 5–7):

Tab. 5–7
Beispiele für Syntaxregeln und Konventionen in C

Regel		falsch	korrekt
Schreibweise	Anweisungen müssen korrekt geschrieben sein.	`retrn DevState;`	
Aufbau	Anweisungen müssen mit Terminator (;) enden.	`return DevState`	`return DevState;`
Konvention	Bezeichner müssen in UpperCamelCase[a] geschrieben sein.	`return devstate;`	

a. Bei der *CamelCase*-Notation (auch Kamelhöcker-Notation) werden zur besseren Lesbarkeit von Bezeichnern, die aus mehreren Wörtern bestehen, die jeweils ersten Buchstaben eines Wortes großgeschrieben. Bei der *[lower]CamelCase*-Notation wird der erste Buchstabe des Gesamtwortes kleingeschrieben, während Bei der *UpperCamelCase*-Notation der erste Buchstabe großgeschrieben wird.

1. Eine Codeanalyse kann sowohl statisch (ohne den Code auszuführen) als auch dynamisch (zur Laufzeit) erfolgen. Die dynamische Codeanalyse ist den dynamischen Tests zuzuordnen und findet häufig bei nicht funktionalen und strukturellen Testarten Anwendung.

Datenflussanalyse

Die Datenflussanalyse untersucht den Lebenszyklus von Variablen und den darin gespeicherten Werten (Daten) in einem Programm. Dabei stellen sich folgende Fragen:

- Wo wird die Variable deklariert, d.h. Dimension, Bezeichner und Datentyp der Variablen festgelegt?
- In welchem Teil des Programms ist die Variable gültig bzw. sichtbar?
- Wo wird die Variable definiert, d.h. ihr ein Wert zugewiesen?
- Wo wird auf die Variable zugegriffen, d.h. ihr Wert ausgelesen?
- Wo wird die Variable gelöscht/zerstört?

Bei jedem dieser Vorgänge können beispielsweise folgende Anomalien auftreten:

- Eine Variable löschen, die nicht deklariert wurde.
- Eine Variable auslesen, deren Wert noch nicht definiert wurde.
- Eine Variable deklarieren, die bereits deklariert wurde.
- Eine Variable definieren, die bereits definiert und zwischenzeitlich noch nicht ausgelesen wurde.

Eine ausführlichere Erläuterung dieses Testverfahrens findet sich in [Bath & McKay 2015, S. 284 ff.].

Kontrollflussanalyse

Programmcode besteht aus Programmelementen wie Anweisungen, Verzweigungen (z.B `if`-Anweisung) und Schleifen (z.B. `while`-Schleife). Wird ein Programm ausgeführt, beschreibt der Kontrollfluss mögliche Wege entlang der einzelnen strukturellen Programmelemente während der Ausführung des Programmcodes.

Durch eine Kontrollflussanalyse untersucht der Tester die Programmstruktur. Dabei kann er folgende beispielhafte Anomalien aufdecken:

- Unerreichbarer (toter) Code durch eine Bedingung in einer `if` Anweisung, die nicht erfüllbar ist.
- Endlosschleife durch eine Abbruchbedingung am Schleifenende, die nicht erfüllbar ist.

Eine ausführlichere Erläuterung dieses Testverfahrens findet sich in [Bath & McKay, 2015, S. 282 ff.].

Komplexitätsanalyse

Ein Entwickler verursacht durch Fehlhandlungen Fehlerzustände im Code. Für Fehlhandlungen ist neben Zeitdruck, Qualifikation und Innovationsgrad auch die Komplexität ein wesentlicher Risikofaktor. Mit zunehmender Komplexität des Programmcodes steigt das Risiko einer Fehlhandlung – und damit das Risiko eines Fehlerzustands.

Die Komplexität des Codes ist unter anderem durch die Anzahl von Verzweigungen, die Anzahl der Codezeilen, verwechselbare Bezeichner und mangelnde strukturierte Programmierung geprägt. Durch eine Komplexitätsanalyse untersucht der Tester die Komplexität der Programmstruktur. Dabei ermittelt er Kennzahlen, sogenannte Komplexitätsmetriken, die ihm als Maß unterschiedlicher Aspekte der Komplexität dienen. Komplexitätsmetriken (z.B. die McCabe-Metrik [McCabe 1976]) können dann sowohl dem Entwickler als Freigabekriterium (siehe auch [Kuder 2008]) als auch dem Tester als Indikatoren für die Fehlerdichte dienen. Eine ausführlichere Erläuterung dieses Testverfahrens findet sich in [Spillner & Linz 2019].

5.2.2 Reviewverfahren

Ein Review ist ein statischer Test, bei dem ein Arbeitsergebnis oder -prozess von einer oder mehreren Personen bewertet wird, um Fehlerzustände zu erkennen oder Verbesserungen zu erzielen. Auch wenn ein Review Aspekte einer statischen Analyse beinhalten kann, so kommen Reviews insbesondere dort zum Einsatz, wo eine werkzeuggestützte Analyse nur schwer möglich ist. Das ist vor allem dort der Fall, wo die Erfahrung des Gutachters[2] bei der Bewertung des Arbeitsergebnisses notwendig ist. Dies kann z.B. erforderlich sein, wenn die Bedeutung des Inhalts, die Bewertung von Alternativen oder das intuitive Aufdecken von Schwachstellen das Ziel des Reviews ist.

Es gibt eine Reihe von Reviewverfahren, die ein Gutachter anwenden kann. Die folgenden Verfahrensbeispiele können unabhängig voneinander, aber auch in Kombination zum Einsatz kommen (siehe auch CTFL):

2. Ein Teilnehmer eines Reviews, der Befunde zu einem Arbeitsprodukt erhebt.

- Beim *Ad-hoc-Review* haben Gutachter nur wenig oder gar keine Vorgaben, wie sie ihre Aufgabe ausführen sollen. So hängt Effektivität und Effizienz dieses Verfahrens stark von den individuellen Fähigkeiten der Gutachter ab.
- Beim *checklistenbasierten Review* erhalten die Gutachter bei Reviewbeginn Checklisten, gegen die sie das Arbeitsergebnis prüfen. Dabei sollten sie aber auch auf Fehlerzustände achten, die nicht im Fokus der Checkliste sind.
- Beim *szenariobasierten Review* durchlaufen die Gutachter das Arbeitsergebnis entlang von möglichen Anwendungsszenarien der Nutzer. Auch hier sollten sie Fehlerzustände außerhalb der Szenarien im Blick behalten.
- Beim *rollenbasierten Review* bewerten die Gutachter das Arbeitsergebnis aus Sicht unterschiedlicher Stakeholder (z.B. erfahrene oder unerfahrene Anwender, Werkstattmitarbeiter, Tester).
- Beim *perspektivenbasierten Review* versuchen die Gutachter das Arbeitsergebnis zu nutzen, um daraus eigene Arbeitsergebnisse abzuleiten (z.B. Testfälle aus der Tester-Perspektive); ansonsten läuft es wie das rollenbasierte Review ab.

5.2.2.1 Review der Testbasis

Im Testprozess ist es die Aufgabe des Testers, die Eignung der Testbasis (wie Anforderungen, Architekturentwürfe oder Programmcode) im Rahmen der Testanalyse zu bewerten. Laut einer Studie [Sauer et al. 2000] ist das perspektivenbasierte Review das dafür effektivste und effizienteste Reviewverfahren. Damit auch ungeübte und unerfahrene Gutachter ihre Aufgabe gut übernehmen können, ist je Gutachter ein Review-Leitfaden hilfreich. Dieser Leitfaden besteht aus drei Teilen:

- Der erste Teil beschreibt die *Perspektive* des Stakeholders, die der Gutachter während des Reviews einnehmen sollte. Im Idealfall steht sogar ein Stakeholder-Vertreter als Gutachter zur Verfügung, um Anforderungen aus der Perspektive eines Testers zu betrachten.
- Der zweite Teil beschreibt das *Arbeitsergebnis*, das der Stakeholder aus dem zu prüfenden Arbeitsergebnis entwickeln soll. Für das Review von Anforderungen aus der Perspektive eines Testers sind dies z.B. Testbedingungen und Testfälle.
- Der dritte Teil enthält eine *Checkliste* mit Fragen zu dem im zweiten Teil entwickelten Arbeitsergebnis. Eine Frage zum Testfall könnte lauten, ob das geforderte Systemverhalten beobachtbar ist.

5.2.2.2 Qualitätsmerkmale von Anforderungen

Qualitätsmerkmale von Anforderungen helfen dem Tester dabei, die Qualität dieser beurteilen zu können. Die ISO 29148 [ISO 29148] beschreibt Qualitätsmerkmale von einzelnen Anforderungen und von Anforderungssätzen (siehe Tab. 5–8):

Tab. 5–8
Qualitätsmerkmale nach ISO 29148

Qualitätsmerkmal	Erläuterung	Gültigkeit
abgegrenzt*	Der Anforderungssatz enthält nur Anforderungen für den festgelegten Umfang.	M
atomar*	Der Anforderungstext enthält nur eine Anforderung (ohne Konjunktionen).	A
eindeutig*	Die Anforderung ist nur auf eine Weise interpretierbar.	A
konsistent*	Die Anforderungen enthalten in sich und untereinander keine Widersprüche.	A, M
lösungsneutral	Die Anforderung vermeidet unnötige Entwurfseinschränkungen.	A
machbar	Der Anforderungssatz ist innerhalb von Lebenszyklusbeschränkungen realisierbar.	M
notwendig	Die Anforderung definiert ein wesentliches Leistungsmerkmal zur Zweckerfüllung.	A
realisierbar	Die Anforderung ist ohne wesentliche technologische Fortschritte erreichbar.	A
verfolgbar*	Die Anforderung ist zu vor- und nachgelagerten Arbeitsergebnissen verfolgbar.	A
verifizierbar*	Die Erfüllung der Anforderung ist durch einen objektiven Nachweis nachweisbar.	A
vollständig*	Die Anforderung und der Anforderungssatz enthalten alle benötigten Informationen.	A, M

A Qualitätsmerkmal für einzelne Anforderung
M Qualitätsmerkmal für Anforderungssatz (Mengen von Anforderungen)
* Für den Tester von besonderem Interesse

Die hier aufgeführten Qualitätsmerkmale sind wichtig, jedoch können in der Praxis nur selten alle Qualitätsmerkmale zu 100 % erfüllt werden. So ist es beispielsweise kaum möglich und sinnvoll, jedes erdenkliche implizite Wissen vollständig als explizite Anforderung zu dokumentieren. Auch ist nicht jedes Qualitätsmerkmal für jeden Stakeholder in gleichem Maße relevant. Die Qualitätsmerkmale, die für den Tester besonders relevant sind, werden im Folgenden näher erläutert.

Abgegrenzt

Ein Anforderungssatz bleibt innerhalb des für die Problemlösung identifizierten Umfangs, wenn die einzelnen Anforderungen nicht über das hinausgehen, was zur Erfüllung der Bedürfnisse der Nutzer erforderlich ist. Umgangssprachlich wird auch von einer Goldrandlösung gesprochen, wenn diese über die geforderte Problemlösung deutlich hinausgeht.

Das Problem für den Tester, wenn Anforderungen über die geforderte Problemlösung hinausgehen: Sie sprengen häufig die für die Lösung des Problems festgelegten Zeit- und Kostenrahmen. Gleiches gilt für den Softwaretest: Die zusätzlichen Anforderungen müssen vom Tester getestet werden und binden damit Testressourcen, die dann für die Problemlösung relevanten Umfänge fehlen.

Atomar

Eine Anforderungsformulierung ist atomar, wenn man sie nicht mehr sinnvoll in weitere Anforderungen aufspalten kann. Indikatoren für eine nicht atomare Anforderung sind Konjunktionen (Bindewörter wie »und«) oder Aufzählungen.

Das Problem für den Tester, wenn Anforderungsformulierungen nicht atomar sind: Da diese aus mehreren Anforderungen bestehen, sind zur Verifikation auch mehrere Testfälle notwendig. Und nach der Testdurchführung liegen mehrere Testergebnisse zu dieser vor. Wenn nun ein Test nicht bestanden ist, ist dieses Ergebnis nicht eindeutig einer Anforderung zuordenbar. Dies erschwert die Verfolgbarkeit und damit auch die darauf basierende Auswirkungsanalyse.

Eindeutig

Eine Anforderung ist eindeutig, wenn sie so formuliert ist, dass sie vom Leser nur auf eine Weise interpretierbar ist. Darüber hinaus ist sie in einer einfachen Sprache formuliert und leicht zu verstehen.

Das Problem für den Tester, wenn Anforderungen nicht eindeutig sind: Er kann sie nicht korrekt interpretieren, wodurch das vom Tester erwartete Verhalten möglichweise nicht im Sinne der Stakeholder ist. Dies kann sowohl zu falsch-positiven Fehlern[3] als auch falsch-negativen Fehlern[4] führen und damit die Effizienz des Testens mindern.

3. Gefundene Fehlerwirkungen, die keine sind.
4. Fehlerwirkungen, die nicht als solche erkannt werden.

Konsistent

Jede Anforderung ist frei von Widersprüchen in sich selbst und zu anderen Anforderungen. Außerdem gibt es keine Redundanz von Anforderungen, z.B. durch Dubletten.

Das Problem für den Tester, wenn Anforderungen oder Anforderungssätze nicht konsistent sind: Bei widersprüchlichen Anforderungen ist es dem Tester nicht möglich, das erwartete Verhalten des Testobjekts vorherzusagen. Ein sinnvoller Test dieser Anforderungen ist dann nicht möglich. Bei redundanten Anforderungen hingegen ergibt sich das Problem potenzieller Änderungsanomalien. Diese können auftreten, wenn eine Änderung nur an einer Anforderung vorgenommen wird, ohne die Auswirkung auf die redundanten Anforderungen zu untersuchen. Eine Dublette stellt kein direktes Problem für den Tester dar. Sie kann jedoch zu doppeltem Aufwand führen, wenn der Tester sie als solche nicht erkennt.

Verfolgbar

Jede Anforderung ist vertikal verfolgbar: sowohl zu vorgelagerten Arbeitsergebnissen (z.B. Marktanforderungen) als auch zu nachgelagerten Arbeitsergebnissen (z.B. Implementierung). Darüber hinaus ist jede Anforderung auch horizontal bis zu den Testergebnissen verfolgbar.

Das Problem für den Tester, wenn Anforderungen nicht verfolgbar sind: Er kann die Auswirkung einer Fehlerwirkung auf Anforderungen nicht analysieren, den Grad der Anforderungsüberdeckung nicht bestimmen und die Konsistenz der Testfälle zu den Anforderungen nicht prüfen.

Verifizierbar

Für jede Anforderung existiert mindestens ein Verifikationsverfahren, durch das ein objektiver Nachweis erbracht werden kann, dass das Testobjekt diese Anforderung erfüllt. Zu den Verifikationsverfahren zählen sowohl statische als auch dynamische Testverfahren. So kann ein Gutachter die Anforderungen an die Wartbarkeit der Software durch ein Review oder eine statische Analyse des Programmcodes bewerten. Ein Tester kann hingegen die Erfüllung funktionaler Anforderungen durch einen dynamischen Test des Programmcodes prüfen.

Das Problem für den Tester, wenn Anforderungen nicht verifizierbar sind: Er kann keinen objektiven Nachweis liefern, dass das Testobjekt die festgelegten Anforderungen erfüllt. Dadurch kann er ein wesentliches Testziel nicht erreichen.

Vollständig

Jede Anforderung und der gesamte Anforderungssatz beschreiben die Fähigkeit und Eigenschaften des Testobjekts ausreichend, um die Bedürfnisse der Stakeholder zu erfüllen. Insbesondere fehlen keine Anforderungen.[5] Darüber hinaus enthält der Anforderungssatz keine der folgenden Klauseln:

- noch zu definieren (to be defined [tbd])
- noch zu spezifizieren (to be specified [tbs])
- noch zu klärende Aspekte (to be resolved [tbr])

Das Problem für den Tester, wenn eine Anforderung oder der gesamte Anforderungssatz nicht vollständig ist: Er kann diese nur unvollständig und unzureichend anforderungs- bzw. spezifikationsbasiert testen.

Weitere Qualitätsmerkmale

Darüber hinaus sollen nach ISO 29148 Anforderungen auch notwendig, lösungsneutral und realisierbar sein. Diese Merkmale kann der Tester allerdings meistens nur eingeschränkt bewerten (z.B. die Notwendigkeit) oder sie beeinflussen den Test nur gering (z.B. die Realisierbarkeit und die Lösungsneutralität).

5.2.2.3 Reviewcheckliste für Anforderungen

Checklisten sind beim perspektivenbasierten Review gerade für unerfahrene Gutachter ein wichtiges Werkzeug. Sie enthalten Fragen für den Gutachter (z.B. den Tester) zu Qualitätsmerkmalen eines Arbeitsergebnisses (z.B. Anforderungen) in Bezug auf zu entwickelnde Arbeitsergebnisse (z.B. Testbedingungen und Testfälle). Die Checkliste in Tabelle 5–9 enthält mögliche Fragen zu den für den Tester relevanten Qualitätsmerkmalen aus Abschnitt 5.2.2.1:

---

5. Erfahrungsgemäß werden Selbstverständlichkeiten oder Sonder- und Fehlerfälle in der Anforderungsspezifikation häufig vergessen.

Tab. 5–9
Reviewcheckliste für Tester

Qualitätsmerkmal	Checklistenfragen für Tester (Auswahl)
abgegrenzt	✓ Bezieht sich die Anforderung weder auf Merkmale außerhalb noch auf Merkmale innerhalb des zu testenden Testobjekts? ✓ Sind die Schnittstellen des Testobjekts, über die es stimuliert und beobachtet werden soll, definiert? ✓ Lässt sich die Anforderung einer Teststufe zuordnen?
atomar	✓ Sind zur Überdeckung der Anforderungsformulierung *gewöhnlich viele* Testfälle notwendig[a]? ✓ Lässt sich aus dem Testergebnis eindeutig der Erfüllungsgrad der Anforderungsformulierung ableiten[b]?
eindeutig	✓ Sind die Bedingungen, unter denen die Anforderung gültig sein soll, spezifisch und nur in einer Art interpretierbar? ✓ Sind die geforderten Eingaben für einen funktionalen Test spezifisch und nur in einer Art interpretierbar? ✓ Sind die geforderte Ausgaben bzw. das geforderte Verhalten für einen Test spezifisch und nur in einer Art interpretierbar?
konsistent	✓ Führen die Anforderungen im Test zu keinen widersprüchlich geforderten Verhalten oder Ausgaben? ✓ Führen die Anforderungen im Test zu keinen widersprüchlich erwarteten Stimuli oder Eingaben?
verfolgbar	✓ Lassen sich die Testfälle von den zu verifizierenden Anforderungen eindeutig referenzieren? ✓ Lassen sich die Anforderungen von den davon abgeleiteten Testfällen eindeutig referenzieren?
verifizierbar	✓ Ist jede Anforderung durch mindestens eine Testart verifizierbar? ✓ Ist jede Anforderung durch mindestens ein Testverfahren verifizierbar?
vollständig	✓ Ist zu jeder von einer Bedingung abhängigen Anforderung auch das geforderte Verhalten beschrieben, wenn die Bedingung nicht erfüllt ist? ✓ Fehlen keine für den Test relevanten Informationen durch »to be...«-Klauseln?

a. Hier handelt es sich um ein eher subjektives Kriterium. Um dies bewerten zu können, bedarf es eines erfahrenen Testers als Gutachter.

b. Beispiel: Zum Test einer aus mehreren Anforderungen bestehenden Formulierung sind 10 Testfälle notwendig. Schlägt ein Testfall fehl, lässt sich nicht eindeutig ableiten, in welchem Umfang damit die Anforderungsformulierung erfüllt ist.

Beispiel Tempomat

Der Anforderungsmanager Rolf hat den Tester Tim zum Review (Inspektion) der Komponentenspezifikationen eingeladen. Im Kick-off des Reviews hat Rolf den Ablauf des Reviews erläutert und an alle Gutachter die zu prüfenden Komponentenspezifikationen (Tab. 5–10) und individuelle Checklisten (Tab. 5–9) verteilt. Tim soll die Anforderungen zur Komponente *Tempomat-Regler* prüfen. Das Anforderungsdokument ist als Textdokument auf dem Projektlaufwerk abgelegt.

Tab. 5–10
Anforderung an die Komponente Tempomat-Regler

REQ-ID	Anforderung
TR-01	Die Komponente Tempomat-Regler muss die Soll-Geschwindigkeit (v_1) und die Ist-Geschwindigkeit (v_2) einlesen.
TR-02	Die Komponente Tempomat-Regler muss eine Regelabweichung (e_T) aus der Soll-Geschwindigkeit (v_2) und der Ist-Geschwindigkeit (v_1) ermitteln.
TR-03	Die Komponente Tempomat-Regler muss das benötigte Drehmoment ($M_{soll,T}$) anfordern, solange die Regelabweichung (e_T) positiv ist ($v_2 \geq v_1$).
TR-04	Die Komponente Tempomat-Regler muss die Drehmomentanforderung ($M_{soll,T}$) so begrenzen, dass die Beschleunigung des Fahrzeugs ($a_{ist} = v_1'$) noch angenehm ist.
TR-05	Die Komponente Tempomat-Regler muss das vom Tempomaten angeforderte Drehmoment ($M_{soll,T}$) bereitstellen.
TR-06	Die Komponente Momentenkoordination muss die Anforderung des Drehmoments durch den Tempomaten ($M_{soll,T}$) einlesen.
TR-07	Die Komponente Tempomat-Regler muss übertragbar auf zukünftige Prozessorarchitekturen sein.

Anhand der Checkliste geht er die Anforderungen durch und notiert die gefundenen Abweichungen in sein Abweichungsprotokoll (Tab. 5–11).

Tab. 5–11
Abweichungsprotokoll

ID	REQ-ID	Qualitätsmerkmal	Abweichung
1	TR-06	abgegrenzt	Die Anforderung bezieht sich nicht auf die Komponente Tempomat-Regler.
2	TR-01	atomar	Die Anforderungsformulierung besteht aus zwei getrennt testbaren Schnittstellenanforderungen.
3	TR-02	eindeutig	Es ist nicht klar, wie die Regelabweichung berechnet wird.
4	TR-03	eindeutig	Es ist nicht klar, nach welchem Algorithmus das benötigte Drehmoment bestimmt werden soll.
5	TR-04	eindeutig	Es ist nicht klar, welche Beschleunigung »noch angenehm« entspricht?

→

ID	REQ-ID	Qualitätsmerkmal	Abweichung
6	TR-01	konsistent	Bezeichner (v_1/v_2) für Soll- und Ist-Geschwindigkeit gegenüber TR-02 vertauscht.
7	alle	verfolgbar	Da die Anforderungen nur als Textdokumente verfügbar sind, ist eine Referenzierung auf Testfälle schwer bis gar nicht möglich.
8	TR-07	verifizierbar	Da zukünftige Prozessorarchitekturen nicht absehbar sind, kann dies auch nicht durch einen Portabilitätstests verifiziert werden.
9	TR-03	vollständig	Verhalten nicht spezifiziert, wenn die Regelabweichung (e_T) negativ ist ($v_2 < v_1$).

5.2.3 MISRA-C-Programmierrichtlinien

Bei der Entwicklung von eingebetteten Systemen in der Automobilindustrie ist die Programmiersprache C immer noch weit verbreitet. Die Gründe hierfür sind vielfältig:

- C-Compiler sind für viele Prozessoren verfügbar.
- C-Programme lassen sich in effizienten Maschinencode übersetzen.
- C ist (in Teilen) standardisiert (aktuell durch die ISO/IEC 9899:2018 [ISO 9899]).
- C stellt Funktionalität bereit, die einen direkten Zugriff auf Ein- und Ausgänge des Prozessors ermöglicht.
- Es ist umfangreiche Erfahrung vorhanden zur Verwendung von C in eingebetteten Systemen, die funktional sicher sein müssen.
- Es existiert eine Vielzahl von Werkzeugen für statische Analysen und dynamischen Test, die C unterstützen.

Nachteile der Programmiersprache C

Trotz der Popularität hat C auch mehrere Nachteile:

Definition der Sprache

Die ISO/IEC 9899:2018 [ISO 9899] standardisiert nur Teile der C-Sprache. Dies ist gewollt, um dadurch eine Vielzahl von bereits existierenden Compilern für verschiedene Prozessoren zu erlauben, die C im Detail unterschiedlich realisieren. In der Konsequenz gibt es Bereiche der Sprache, in denen das Verhalten auf Basis des Standards unbestimmt ist. Dies erschwert nicht nur die Wartbarkeit, sondern macht auch eine Übertragung auf andere Prozessoren (und damit andere Compiler) zu einem unkalkulierbaren Risiko. Selbst wenn der kompilierte Code auf dem ursprünglichen Prozessor wie spezifiziert läuft, kann er auf einem anderen Prozessortyp nach dem erneuten Kompilieren ein abweichendes Verhalten zeigen. Abweichendes Verhalten der Softwarevariante muss der Tester beispielsweise durch den Einsatz von Back-to-Back-Tests (siehe Abschnitt 5.3.4.1) aufdecken.

Missbrauch der Sprache

C ermöglicht Entwicklern das Schreiben von Code, der schwierig zu verstehen ist. So erschweren die umfangreichen Verwendungs- und Kombinationsmöglichkeiten der Operatoren, mögliche Fehlerzustände durch einen Compiler oder einen Gutachter aufzudecken.

Beispiel für einen potenziell unentdeckten Fehlerzustand

Die beiden folgenden Ausdrücke sind beide standardkonform und für den Laien kaum zu unterscheiden:

```
if (a == b)  /* prüft, ob der Wert von a gleich dem Wert b ist */

if (a = b)   /* weist a den Wert von b zu und prüft, */
             /* ob der Ausdruck wahr ist, das heißt, */
             /* ob der zugewiesene Wert ungleich 0 ist */
```

Einem Analysewerkzeug ist es unmöglich zu erkennen, ob es sich hier um einen Fehlerzustand oder um ein gewünschtes Verhalten handelt. Mit hoher Wahrscheinlichkeit dürfte aber die zweite Zeile einen Tippfehler enthalten: Das zweite Gleichheitszeichen wurde vergessen, da in der Mathematik für den Vergleich ein einzelnes Gleichheitszeichen ausreicht.

Missverständnis der Sprache

Es gibt Bereiche der Sprache, die C-Entwickler gewöhnlich missverstehen. So hat C zum Beispiel mehr Operatoren als andere Sprachen. Infolgedessen hat C eine große Anzahl von Prioritätsstufen. Nicht alle sind intuitiv oder deren Kombination definiert, was das folgende Beispiel verdeutlicht:

Beispiel für einen potenziell unentdeckten Fehlerzustand

Der folgende Ausdruck veranschaulicht sehr gut das Problem der vielzähligen Operatoren in C:

```
a = 1;
b = a+++a;
```

→

Der Ausdruck setzt sich aus zwei Operatoren zusammen: aus dem Operator + für eine Addition (wie a = b + c) mit dem Rang 4 und einem Operator ++ für ein Inkrement (wie a = a + 1) mit dem Rang 2. Wobei beim Inkrement zwischen der Postfix-Notation (a++) und der Präfix-Notation (++a) mit gleichem Rang zu unterscheiden ist: Bei a++ wird der Wert a erst referenziert und dann um eine Einheit inkrementiert. Hingegen wird bei ++a der Wert a erst um eine Einheit inkrementiert und dann referenziert. Der oben stehende Ausdruck ließe zwei standardkonforme Interpretationen zu:

```
b = a++ +a;  /* a wird erst zu sich selbst addiert */
             /* und dann um eine Einheit inkrementiert. */
             /* Ergebnis b = 3 */
b = a+ ++a;  /* a wird erst um eine Einheit inkrementiert */
             /* und dann zu sich selbst addiert. */
             /* Ergebnis b = 4 */
```

Da ein Inkrement (++) einen höheren Rang hat als eine Addition (+), wird das Inkrement vor der Addition angewendet. Da allerdings die Prä- und Postfix-Notationen den gleichen Rang haben, ist dieser Ausdruck gemäß dem Standard undefiniert. Jeder Compiler-Hersteller hat bei derartigen Situationen die Möglichkeit, über die Interpretation frei zu entscheiden. Es kann also, je nach verwendetem Compiler, zu unterschiedlichen Ergebnissen kommen.

Darüber hinaus können die Regeln für implizite Typumwandlungen selbst erfahrene Entwickler verwirren. So muss der aus einer Operation resultierende Typ nicht zwingend mit dem Typ der Operanden übereinstimmen, wie das folgende Beispiel zeigt:

Beispiel für eine Typumwandlung

Der folgende Ausdruck veranschaulicht die implizite Typumwandlung in C:

```
char c1 = '6', c2 = '4', c3;
c3 = c1 + c2;
```

Die Variablen c1 und c2 sind vom Typ `char` (Zeichen). Aufgrund der Adition der Variablen c1 und c2 führt der Compiler zuvor eine implizite Typumwandlung nach `int` (ganze Zahl) durch. Nach der ASCII-Tabelle wird aus dem Zeichen »6« die Zahl 54 und aus dem Zeichen »4« die Zahl 52. Die Summe daraus ergibt die Zahl 106. Da diese einer Variable c3 vom Typ `char` zugewiesen wird, führt der Compiler auch hier eine implizite Typumwandlung nach `char` durch. Im Ergebnis ist `c3 = 'j'`.

Überprüfung von Laufzeitfehlern

Mit C kann ein Entwickler kompakten und effizienten Maschinencode erzeugen. Allerdings mit dem Nachteil, dass C-Programme üblicherweise keine Überprüfung von Laufzeitfehlern bereitstellen. Zu den Laufzeitproblemen gehören beispielhaft arithmetische Ausnahmen (z.B. Division durch null), Variablenüberläufe und ungültige Zeiger. Es ist die Philosophie von C, dass es die Aufgabe des Entwicklers ist, solche Mechanismen zu implementieren. In der Regel tut es der Entwickler aber nicht, was häufig erst spät und im laufenden System (z.B. im Systemtest oder im Betrieb) erkannt wird.

Einsatz von Programmierrichtlinien

Die hier aufgeführten Nachteile können zu Fehlerzuständen führen – müssen sie jedoch nicht, da es sich auch um gewünschte Features handeln kann. Daher können diese Fehlerzustände beim Übersetzen eines Programms nicht erkannt werden. Um das Risiko von derartigen Anomalien zu reduzieren, sind Programmierrichtlinien eine bewährte Lösung. Daher gehört es heute zum Stand der Technik, dass Entwickler neben der sprachspezifischen Syntax auch ergänzende Programmierrichtlinien einhalten.

Programmierrichtlinien helfen, Anomalien in der Software zu vermeiden, die möglicherweise zu Fehlerwirkungen führen. Zugleich unterstützen sie den Entwickler dabei, die Wartbarkeit und Übertragbarkeit der Software zu verbessern. Da jede Technologie ihre spezifischen Schwächen und Eigenheiten hat, sind Programmierrichtlinien häufig auf eine bestimmte Programmiersprache ausgerichtet. Für die Programmiersprache C stellt MISRA-C [MISRA 2013] einen in der Automobilindustrie weitverbreiteten Standard dar. Der MISRA-C-Standard enthält über hundert Richtlinien, die sich in Regeln und Direktiven gliedern.

Regeln und Direktiven

Regeln

Regeln sind durch statische Analysewerkzeuge prüfbar. Hier handelt es sich überwiegend um Regeln für Syntax, Datenfluss und Kontrollfluss. Die als Regeln klassifizierten Richtlinien sind im Standard MISRA-C:2012 [MISRA 2013] in Kapitel 8 definiert.

Dort fordert beispielsweise die Regel 2.1, dass Programmcode keinen unerreichbaren (toten) Code enthalten darf. Einen Verstoß gegen diese Regel kann der Tester[6] durch eine Kontrollflussanalyse identifizieren.

Direktiven

Im Gegensatz zu den Regeln beziehen sich Direktiven auf semantische Aspekte oder Dokumente außerhalb der Software. Dadurch sind diese nicht vollständig durch statische Analysewerkzeuge prüfbar. Da-

6. Das Testen des Codes erfolgt häufig direkt durch den Entwickler selbst. Er nimmt in diesem Fall die Rolle des Testers ein.

her kommen ergänzend Codereviews zum Einsatz. Die als Direktiven klassifizierten Richtlinien sind im Standard MISRA-C:2012 in Kapitel 7 definiert.

Dort fordert beispielsweise die Direktive 3.1, dass der gesamte Code zu dokumentierten Anforderungen verfolgbar sein soll. Dadurch soll der Entwickler sicherstellen, dass der Code nur benötigte Anweisungen enthält. Nicht geforderte Funktionalität führt zu einem nicht spezifizierten und ggf. sogar unerwünschten Verhalten. Darüber hinaus kann der Entwickler nicht beurteilen, welche Auswirkungen zusätzliche Funktionalität auf das Systemverhalten hat.

Eine automatisierte Verfolgbarkeit zwischen Code und (Kunden-) Anforderungen ist häufig nicht gegeben oder möglich. Eine Möglichkeit ist es, durch ein Codereview zu verifizieren, dass die Implementierung das Feindesign erfüllt und wiederum durch ein Designreview zu verifizieren, dass das Feindesign die Anforderungen erfüllt.

Verbindlichkeiten

Für alle Direktiven und Regeln definiert der MISRA-C-Standard auch deren Verbindlichkeit. Hier unterscheidet der Standard zwischen empfohlenen, erforderlichen und verbindlichen Richtlinien:

Empfohlene Richtlinien

Empfohlene Richtlinien stellen lediglich Empfehlungen dar. Der Entwickler sollte diese jedoch befolgen, solange der Aufwand hierfür angemessen ist. Beispielsweise definiert die Regel 15.5, dass eine Funktion nur am Ende verlassen werden sollte. Sie sollte also nicht mehr als eine `return`-Anweisung enthalten. Enthält eine Funktion mehrere `return`-Anweisungen, kann dies zum unbeabsichtigten Auslassen von Sequenzen bei Beendigung der Funktion führen, die beispielsweise am Beginn der Funktion allokierte Ressourcen wieder freigeben.

Erforderliche Richtlinien

Erforderliche Richtlinien darf der Entwickler nur missachten, wenn er einem dafür definierten Prozess folgt und die Abweichung nachvollziehbar begründet. Beispielsweise definiert die Regel 15.7, dass alle `if…else if`-Konstrukte[7] mit einer `else`-Anweisung abschließen müssen. Dadurch legt der Entwickler ein Standardverhalten fest, auch wenn keine der Entscheidungen wahr sein sollte. Dies kann beispielsweise eintreten, wenn die Entscheidungsregeln nicht alle möglichen Bedingungskombinationen abdecken, die zur Entscheidung führen (zum Test von Entscheidungen und Bedingungen siehe auch Abschnitt 5.3.3).

Verbindliche Richtlinien

Verbindliche Richtlinien muss der Entwickler einhalten. Ausnahmen sind nicht erlaubt. Beispielsweise definiert die Regel 17.1, dass alle Austrittspfade einer Funktion, deren Rückgabe nicht vom Typ `void`

7. Diese Regel gilt nicht für einfache if-Anweisungen.

sind, eine explizite `return`-Anweisung mit einem Ausdruck enthalten müssen. Wenn eine aufrufende Funktion einen Rückgabewert erwartet, die aufgerufene Funktion jedoch keinen Wert zurückgibt, ist das resultierende Verhalten nicht definiert.

Für alle Direktiven und Regeln gilt: Eine Organisation oder ein Projekt darf eine im MISRA-C-Standard festgelegte Verbindlichkeit immer höher einstufen (z.B. von empfohlen auf erforderlich oder sogar verbindlich). Das Herabstufen einer Verbindlichkeit ist hingegen unzulässig (z.B. von verbindlich auf erforderlich oder gar empfohlen).

5.3 Dynamische Testverfahren

Im Gegensatz zu den statischen Tests führt der Tester bei den dynamischen Tests das Testobjekt (z.B. den Code oder ein ausführbares Modell) aus. Zur Durchführung dynamischer Tests ist also ein ausführbares Testobjekt zwingend erforderlich. Die hier vorgestellten Testverfahren haben den Zweck, Testfälle für den dynamischen Test zu entwerfen (Testentwurfsverfahren) und durchzuführen.

5.3.1 Spezifikationsbasierte Testverfahren

Bei den spezifikationsbasierten Testverfahren leitet der Tester die Testbedingungen und Testfälle aus einer Spezifikation ab. Dies kann z.B. ein Lastenheft, ein Pflichtenheft oder eine Schnittstellenspezifikation sein. Für den Tester sind gemäß ISO 26262 [ISO 26262:2018] insbesondere die Äquivalenzklassenbildung und die Grenzwertanalyse von Interesse. Darüber hinaus kann auch der zustandsbasierte Test (auch Zustandsübergangstest) und der Entscheidungstabellentest von Bedeutung sein, auf die dieses Buch aber nicht näher eingeht (dafür aber [Spillner & Linz 2019]).

5.3.1.1 Äquivalenzklassenbildung

Bei der Äquivalenzklassenbildung bildet der Tester für die spezifizierten Wertebereiche der Parameter Äquivalenzklassen und wählt für diese einen geeigneten Repräsentanten aus. Dabei geht er von der Annahme aus, dass das spätere Testobjekt jeden Repräsentanten innerhalb einer Äquivalenzklasse immer gleich verarbeitet. Die Ergebnisse sind also für jeden Repräsentanten innerhalb derselben Klasse äquivalent.

Ziel dieses Testverfahrens ist es, die vorher festgelegte Äquivalenzklassenüberdeckung (häufig 100%) zu erreichen. Die Überdeckung entspricht dem prozentualen Anteil der getesteten Äquivalenzklassen bezogen auf die Gesamtanzahl aller Äquivalenzklassen.

Beispiel Tempomat

Die Featurespezifikation *Tempomat* enthält u.a. folgende Anforderungen (Tab. 5–12):

Tab. 5–12
Featurespezifikation Tempomat

REQ-ID	Anforderung
TEMP-10	Der Tempomat muss das Feature Tempomat deaktivieren, solange die Ist-Geschwindigkeit (v_{ist}) kleiner als die minimal erlaubte Geschwindigkeit (v_{min}) ist.
TEMP-11	Der Tempomat muss das Feature Tempomat deaktivieren, solange die Ist-Geschwindigkeit (v_{ist}) größer als die maximal erlaubte Geschwindigkeit (v_{max}) ist.

Die Geschwindigkeit v_{ist} lässt sich in folgende drei Äquivalenzklassen unterteilen (Abb. 5–2):

Abb. 5–2
Bildung der Äquivalenzklassen

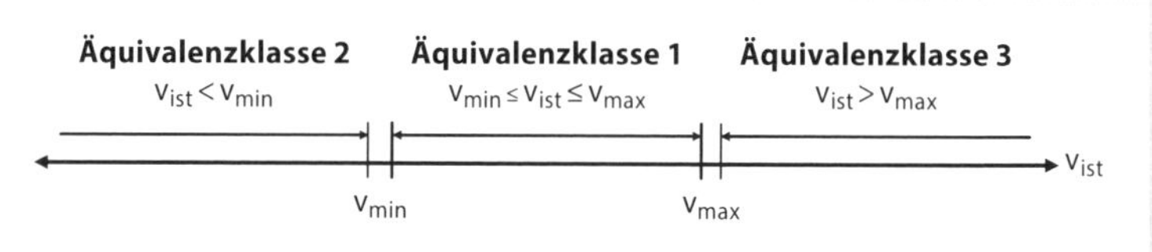

Für 100% Äquivalenzklassenüberdeckung benötigt der Tester in diesem Fall drei Testfälle (Tab. 5–13):

Tab. 5–13
Testfallspezifikation Tempomat

TC-ID	Attribut	Beschreibung
SYS-311.1	Vorbedingung	Tempomat inaktiv und $v_{ist} < v_{min}$
	Eingaben	Fahrerwunsch Tempomat aktivieren
	Erwartetes Ergebnis	Tempomat bleibt inaktiv
	Nachbedingung	Tempomat inaktiv
SYS -311.2	Vorbedingung	Tempomat inaktiv und $v_{min} \leq v_{ist} \leq v_{max}$
	Eingaben	Fahrerwunsch Tempomat aktivieren
	Erwartetes Ergebnis	Tempomat wird aktiviert
	Nachbedingung	Tempomat aktiv
SYS -311.3	Vorbedingung	Tempomat inaktiv und $v_{ist} > v_{max}$
	Eingaben	Fahrerwunsch Tempomat aktivieren
	Erwartetes Ergebnis	Tempomat bleibt inaktiv
	Nachbedingung	Tempomat inaktiv

Bei diesen Testfällen handelt es sich noch um *abstrakte* Testfälle, also um Testfälle ohne konkrete Werte für Vorbedingungen, Eingaben, erwartete Ergebnisse und Nachbedingungen. Diese muss der Tester vor der Testdurchführung noch festlegen (*konkrete* Testfälle).

5.3.1.2 Grenzwertanalyse

Bei der Grenzwertanalyse analysiert der Tester zu allen Äquivalenzklassen die jeweiligen Grenzen und bildet zu jeder Grenze die zu testenden Grenzwerte. Hintergrund ist dabei die Annahme, dass speziell an den Wertegrenzen Fehler in der Softwareimplementierung passieren können (z.B. »>« statt »≥«), die ein Äquivalenzklassentest nicht unbedingt aufdeckt. Die Grenzwertanalyse ist also eine weiter gehende Analyse zum Äquivalenzklassentest und erfordert zwingend die Kenntnis der Äquivalenzklassen der zu testenden Parameter. Die ISO 29119-4 [ISO 29119] empfiehlt das 2-Punkt- oder 3-Punkt-Verfahren:

- Beim 2-Punkt-Verfahren bildet der Tester zu jeder Grenze zwei Grenzwerte:
  - Den Grenzwert an der spezifizierten Grenze
  - Den nächstmöglichen Wert zum Grenzwert außerhalb der spezifizierten Äquivalenzklasse
- Beim 3-Punkt-Verfahren bildet der Tester zu jeder Grenze drei Grenzwerte:
  - Den Grenzwert an der spezifizierten Grenze
  - Den nächstmöglichen Wert zum Grenzwert außerhalb der spezifizierten Äquivalenzklasse
  - Den nächstmöglichen Wert zum Grenzwert innerhalb der spezifizierten Äquivalenzklasse

Ziel dieses Testverfahrens ist es, die vorher festgelegte Grenzwertüberdeckung (häufig 100%) zu erreichen. Die Überdeckung entspricht dem prozentualen Anteil der getesteten Grenzwerte bezogen auf die Gesamtanzahl aller Grenzwerte.

Beispiel Tempomat

Die Featurespezifikation *Tempomat* enthält u.a. folgende Anforderungen (Tab. 5–14):

Tab. 5–14
Featurespezifikation Tempomat

TC-ID	Anforderung
TEMP-10	Der Tempomat muss das Feature Tempomat deaktivieren, solange die Ist-Geschwindigkeit (v_{ist}) kleiner als die minimal erlaubte Geschwindigkeit (v_{min}) ist.
TEMP-11	Der Tempomat muss das Feature Tempomat deaktivieren, solange die Ist-Geschwindigkeit (v_{ist}) größer als die maximal erlaubte Geschwindigkeit (v_{max}) ist.
TEMP-15	Der Tempomat muss Geschwindigkeiten mit einer Genauigkeit von 1 km/h ermitteln.

Für die Äquivalenzklasse 1 ergeben sich die Grenzen v_{min} und v_{max}. Mit dem 2-Punkt-Verfahren folgen daraus die Grenzwerte 1.1/1.2 und die Grenzwerte 2.1/2.2. Nach dem 3-Punkt-Verfahren kommen noch die Grenzwerte 1.3/2.3 hinzu (Abb. 5–3):

Abb. 5–3
Bildung der Grenzwerte

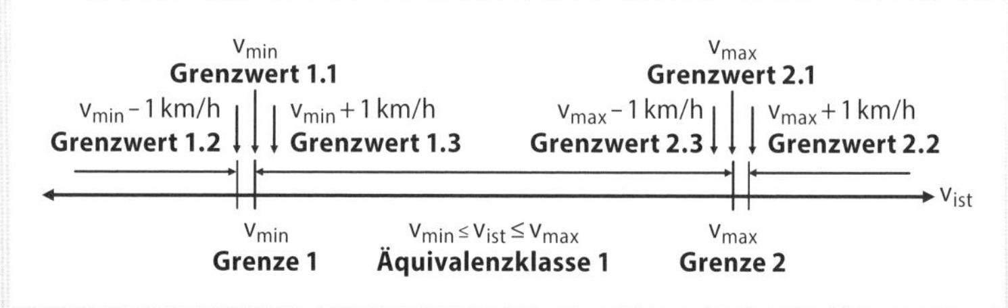

Nach dem 2-Punkt-Verfahren spezifiziert der Tester Tim die folgenden vier Testfälle für 100% Grenzwertüberdeckung der Äquivalenzklasse 1 (Tab. 5–15):

Tab. 5–15
Testfallspezifikation Tempomat

TC-ID	Attribut	Beschreibung
SYS-312.1.1	Vorbedingung	Regelung aktiv, $v_{min} \leq v_{ist} \leq v_{max}$
	Eingaben	$v_{ist} = v_{min}$
	Erwartetes Ergebnis	Regelung bleibt aktiv
	Nachbedingung	Regelung aktiv
SYS-312.1.2	Vorbedingung	Regelung aktiv, $v_{min} \leq v_{ist} \leq v_{max}$
	Eingaben	$v_{ist} = v_{min}$ – 1 km/h
	Erwartetes Ergebnis	Regelung schaltet ab (Aktivierung nicht möglich)
	Nachbedingung	Regelung ist inaktiv

→

TC-ID	Attribut	Beschreibung
SYS-312.2.1	Vorbedingung	Regelung aktiv, $v_{min} \leq v_{ist} \leq v_{max}$
	Eingaben	$v_{is} = v_{max}$
	Erwartetes Ergebnis	Regelung bleibt aktiv
	Nachbedingung	Regelung aktiv
SYS-312.2.2	Vorbedingung	Regelung aktiv, $v_{min} \leq v_{ist} \leq v_{max}$
	Eingaben	$v_{ist,} = v_{max} + 1$ km/h
	Erwartetes Ergebnis	Regelung schaltet ab (Aktivierung nicht möglich)
	Nachbedingung	Regelung ist inaktiv

5.3.2 Erfahrungsbasierte Testverfahren

Bei den erfahrungsbasierten Testverfahren leitet der Tester die Testbedingungen und Testfälle aus seiner Erfahrung ab. Dies kann z.B. Wissen über das erwartete Verhalten oder Kenntnisse über frühere Fehlerwirkungen und Fehlerzustände, aber auch seine persönliche Intuition sein. Für den Tester ist gemäß ISO 26262 insbesondere intuitive Testfallermittlung (Error Guessing) von Interesse.

Intuitive Testfallermittlung

Bei der intuitiven Testfallermittlung leitet der Tester auf Basis seiner Intuition Testfälle ab. Hierzu nutzt er seine Erfahrung mit früheren Komponenten und Systemen, in denen er bereits Fehler gefunden hat. Dabei geht er von der Annahme aus, dass Fehlerzustände und die zugrunde liegenden Ursachen einer Systematik folgen, die auf das zu untersuchende Testobjekt übertragbar ist.

Zum Entwurf der Testfälle sammelt er zuerst eine Liste der potenziellen Fehlerzustände bzw. Fehlerwirkungen, die auch in seinem derzeitigen Testobjekt möglich sind. Zu jedem dieser möglichen Fehler entwirft er passende Testfälle, die das Vorhandensein des Fehlers im Testobjekt aufspüren sollen.

Beispiel Tempomat

Tim war vor seiner Zeit als Tester für die Tempomatfunktion des *ULV* für viele Jahre als Integrationstester am Gesamtfahrzeug tätig. Dabei kam es immer wieder vor, dass Steuergeräte im Ruhemodus aufwachten, weil sie Stör- und Nutzsignale (Busnachrichten) nicht sauber unterscheiden konnten. In Konsequenz haben sich die Steuergeräte gegenseitig aufgeweckt, was zu einer erhöhten Stromaufnahme und damit zum Entladen der Fahrzeugbatterie geführt hat. Dieses Wissen macht er sich zunutze und spezifiziert den folgenden Testfall (Tab. 5–16):

Tab. 5–16 *Testfallspezifikation Tempomat*

TC-ID	Attribut	Beschreibung
SYS-32.1	Vorbedingung	Steuergerät im Ruhemodus
	Eingaben	Störsignal am CAN
	Erwartetes Ergebnis	Keine Reaktion
	Nachbedingung	Steuergerät im Ruhemodus

5.3.3 Strukturbasierte Testverfahren

Neben dem Entwurf von Testfällen auf Basis der Spezifikation (spezifikationsbasierte oder Blackbox-Testverfahren) und der Erfahrung des Testers (erfahrungsbasierte Testverfahren) stellt das Entwerfen und Ausführen von Testfällen auf Basis der internen Struktur (strukturbasierte oder Whitebox-Testverfahren) eine wertvolle und je nach ASIL sogar eine dringend empfohlene Ergänzung dar.

Beispiel

Ein Beispiel für den Nutzen dieses ergänzenden Testverfahrens ist das Testen einer Ausnahmebehandlung (exception handling). Zweck einer Ausnahmebehandlung ist es, Ausnahmen (wie den Wertebereichsüberlauf einer Variablen) zu erkennen und an andere Programmebenen zur Weiterbehandlung (z.B. Fehlermeldung) weiterzureichen. So kann die Ausnahmebehandlung eine unkontrollierte Fehlerwirkung (z.B. Systemabsturz) verhindern.

Ist die Ausnahmebehandlung als solche nicht in den Anforderungen spezifiziert, kann der Tester hierzu keine spezifikationsbasierten Tests entwerfen. Hat der Tester darüber hinaus keine Erfahrung mit Ausnahmebehandlungen, wird er diese auch nicht erfahrungsbasiert testen. Daher bliebe vermutlich die Ausnahmebehandlung ungetestet, wenn der Tester nicht die im Code realisierte Ausnahmebehandlung entdeckte und dafür dann auch Testfälle spezifizierte und durchführte.

Strukturbasierte Tests leiten sich meistens von folgenden strukturellen Elemente ab:

- Anweisungen
- Entscheidungen
- Bedingungen

Beispiel Dummy-Code

Abbildung 5–4 illustriert den Unterschied zwischen diesen drei Elementen.

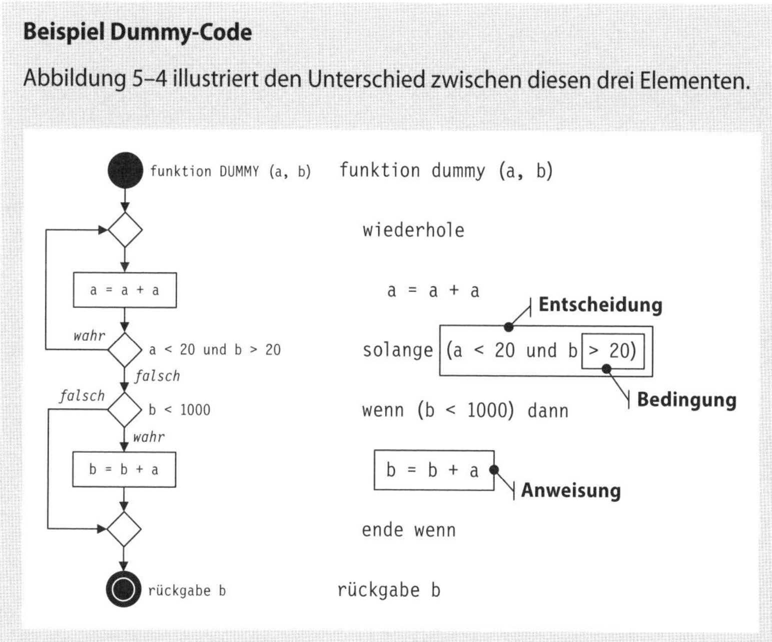

Abb. 5–4
Programmablauf Dummy

Bei strukturbasierten Tests geht es vor allem darum, bisher ungetesteten Code zu testen bzw. nicht ausführbaren (toten) Code zu identifizieren. Dies ist speziell bei sicherheitsrelevanter Software eine elementare Notwendigkeit, um eine unerwünschte Funktionalität der Software im Fehlerfall zu vermeiden. Das Ziel strukturbasierter Tests ist häufig eine Überdeckung von 100 %.

Hierzu entwirft der Tester zu den bereits existierenden spezifikations- und erfahrungsbasierten Tests die für die strukturelle Überdeckung noch benötigten Testfälle und führt diese durch. Die folgenden strukturbasierten Testentwurfsverfahren sind für den Tester von besonderer Bedeutung:

- Anweisungstest
- Entscheidungstest
- Modifizierter Bedingungs-/Entscheidungstest (MC/DC[8]-Test)

8. MC/DC: Akronym für die englische Bezeichnung Modified Condition/Decision Coverage.

5.3.3.1 Anweisungstest

Beim Anweisungstest stehen die Anweisungen des Codes (wie im Beispiel Dummy-Code `b = b + a`) im Mittelpunkt. Ziel dieses Testverfahrens ist es, die vorher festgelegte Anweisungsüberdeckung (häufig 100%) zu erreichen. Die Überdeckung entspricht dem prozentualen Anteil der ausgeführten Anweisungen bezogen auf die Gesamtanzahl aller Anweisungen.

Beispiel Dummy-Code

Der Beispielcode enthält 8 Anweisungen (Start- und Endknoten mitgezählt). Für eine Anweisungsüberdeckung von 100% muss der Tester Tim so viele Testfälle entwerfen, dass alle 8 Anweisungen ausgeführt werden. In diesem Beispiel führt bereits ein einziger Testfall zu 100% Anweisungsüberdeckung (Tab. 5–17):

Tab. 5–17 *Testfallspezifikation Dummy*

TC-ID	Eingaben		erwartete Rückgabe	Anweisungsüberdeckung
	a	b		
KOMP-333.1	30	10	70	100%

Abb. 5–5 *Kontrollfluss zu Testfall KOMP-333.1*

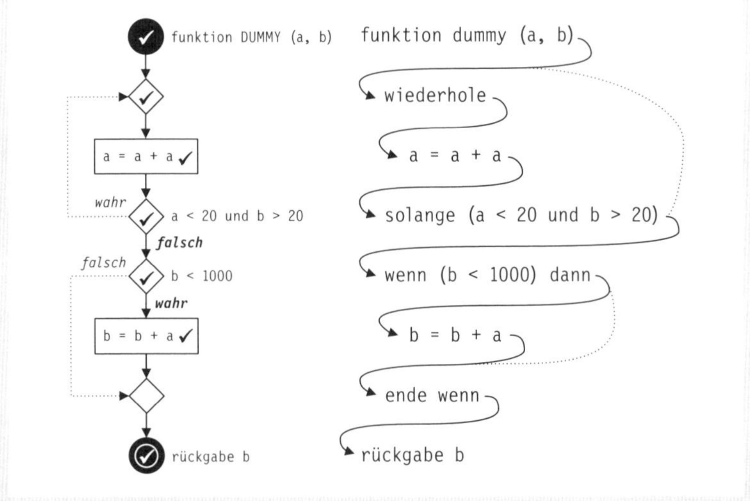

Allerdings wird mit dem Testfall KOMP-333.1 weder das Entscheidungsergebnis zum Durchlaufen der Schleife noch das alternative Entscheidungsergebnis durchlaufen.

Auch wenn bei 100 % Anweisungsüberdeckung nicht zwangsweise jedes Entscheidungsergebnis getestet wird, gilt ein vollständiger Test aller Anweisungen als Minimalkriterium. Boris Beizer schreibt dazu [Beizer 1990]: »Eine Anweisungsüberdeckung von weniger als 100 % beim Testen neuer Software ist skrupellos und sollte kriminalisiert werden [...] Falls ich mich nicht klar ausgedrückt habe, [...] ungetesteter Code in einem System ist dumm, kurzsichtig und unverantwortlich.«

5.3.3.2 Entscheidungstests

Beim Entscheidungstest stehen die Entscheidungen des Codes (im Beispiel Dummy-Code: `(a < 20 und b > 20)` mit ihren Entscheidungsergebnissen (im Beispiel Dummy-Code: `wahr` oder `falsch`) im Mittelpunkt. Entscheidungen können, je nach Programmiersprache, durch verschiedene Anweisungen realisiert sein, z. B.:

- if
- if – else
- switch – case
- while
- for
- do – while

Ziel dieses Testverfahrens ist es, die vorher festgelegte Entscheidungsüberdeckung (häufig 100 %) zu erreichen. Die Überdeckung entspricht dem prozentualen Anteil der erreichten Entscheidungsergebnisse bezogen auf die Gesamtanzahl aller Entscheidungsergebnisse.

Beispiel Dummy-Code

Der Beispielcode enthält die zwei Entscheidungen `(a < 20 und b > 20)` und `(b < 1000)` mit *jeweils* zwei Entscheidungsergebnissen (`wahr` und `falsch`). Der Testfall KOMP-333.1 führt zwar alle Anweisungen aus, allerdings erreicht er nur zwei der vier Entscheidungsergebnisse. Dies entspricht einer Entscheidungsüberdeckung von 50 %. Für eine Entscheidungsüberdeckung von 100 % ergänzt der Tester Tim den Testfall KOMP-334.1 (Tab. 5–18):

Tab. 5–18
Testfallspezifikation Dummy

TC-ID	Eingaben		erwartete Rückgabe	Anweisungs-überdeckung	Entscheidungs-überdeckung
	a	b			
KOMP-333.1	30	10	70	100%	50%
KOMP-334.1	5	1020	1020	100%	100%

→

Damit erreicht er 100 % Entscheidungsüberdeckung (siehe Abb. 5–6). In der Abbildung sind die Kontrollflüsse der vier Entscheidungsausgänge hervorgehoben.

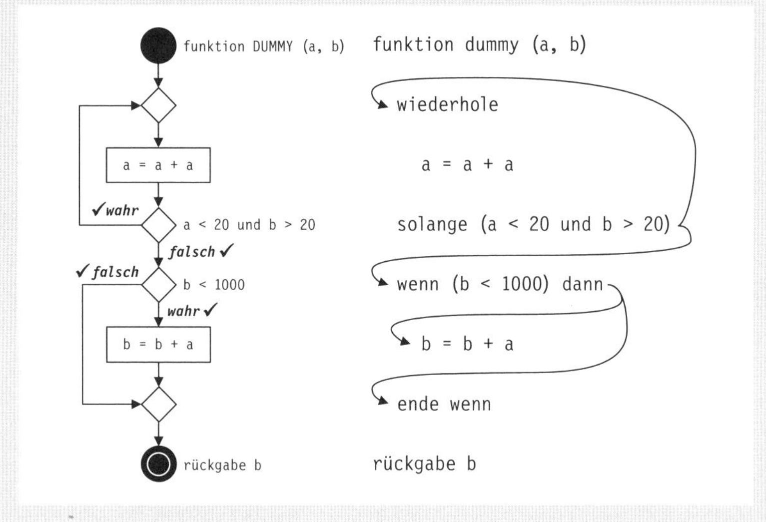

Abb. 5–6
Kontrollfluss zu Testfall KOMP-333.1 und KOMP-334.1

Da mit dem Durchlaufen aller Entscheidungsergebnisse auch alle Anweisungen ausgeführt werden, ist mit 100 % Entscheidungsüberdeckung auch 100 % Anweisungsüberdeckung erreicht.

Anstatt der hier beschriebenen Entscheidungsüberdeckung (Decisions Coverage) empfiehlt die ISO 26262 das Messen der Zweigüberdeckung (Branch Coverage). Beim Zweigtest bzw. bei der Zweigüberdeckung dient ein Kontrollflussgraph mit seinen Knoten und Kanten als Testbasis. Im Gegensatz hierzu dient beim Entscheidungstest bzw. bei der Entscheidungsüberdeckung der Programmtext selbst als Testbasis. Da mit dem Durchlaufen aller Entscheidungsausgänge auch alle Zweige durchlaufen werden, ist mit 100 % Entscheidungsüberdeckung auch 100 % Zweigüberdeckung erreicht (und umgekehrt). In allen anderen Fällen, kann sich der Überdeckungsgrad unterscheiden.

Beispiel Dummy-Code

Der Beispielcode enthält die zwei Entscheidungen (`a < 20 und b > 20`) und (`b < 1000`) mit *jeweils* zwei Entscheidungsergebnissen (`wahr` und `falsch`). Bei der Zweigüberdeckung dienen die Kanten (hier: 9 Kannten) und bei der Entscheidungsüberdeckung die Entscheidungsausgänge (hier: 4 Entscheidungsausgänge) zur Bestimmung des Überdeckungsgrades. In Tabelle 5–19 sind die Überdeckungsgrade dieser beiden Testverfahren gegenübergestellt.

Tab. 5–19
Testfallspezifikation Dummy

TC-ID	Eingaben		erwartete Rückgabe	Zweig-überdeckung	Entscheidungs-überdeckung
	a	b			
KOMP-333.1	30	10	70	7/9 = 78%	2/4 = 50%
KOMP-334.1	5	1020	1020	9/9 = 100%	4/4 = 100%

5.3.3.3 Bedingungstest

Im Vergleich zum Entscheidungstest, bei dem der Tester die Testfälle im Hinblick auf die Überdeckung der Entscheidungsergebnisse entwirft, betrachten Bedingungstests die Bedingungen, aus denen sich die Entscheidung zusammensetzt. Diese Verfahren befassen sich also damit, wie eine Entscheidung getroffen wird: Jede Entscheidung (wie im Beispiel Dummy-Code (`a < 20` und `b > 20`)) besteht aus einer oder aus mehreren atomaren Bedingungen (wie im Beispiel Dummy-Code `a < 20` sowie `b > 20`). Führt der Tester einen Testfall aus, ergibt sich für jede dieser Bedingungen der Wert `wahr` oder `falsch`. Aus der logischen Kombination dieser Werte resultiert dann der Wert der Entscheidung. Besteht eine Entscheidung aus nur einer einzigen Bedingung, ist der Bedingungstest mit dem Entscheidungstest identisch. Beim Bedingungstest sind die folgenden drei Testverfahren besonders relevant:

- (Einfacher) Bedingungstest
- Mehrfachbedingungstest
- Modifizierter Bedingungs-/Entscheidungstest (MC/DC-Test)

Insbesondere der modifizierte Bedingungs-/Entscheidungstest ist bei sicherheitskritischer Software verbreitet und gemäß ISO 26262-6 für den Komponententest bereits ab ASIL A als *empfohlen* eingestuft.

Beispiel Dummy-Code

Die Entscheidung (a < 20 und b > 20) des obigen Beispiels besteht aus den beiden atomaren Bedingungen a < 20 sowie b > 20. Tabelle 5–20 unterscheidet in dem Beispiel zwischen den möglichen Werten der Parameter, der Bedingungen und der Entscheidung..

Tab. 5–20
Parameter – Bedingungen – Entscheidung

Werte der Parameter		Werte der Bedingungen		Werte der Entscheidung
a	**b**	**a < 20**	**b > 20**	**a < 20 und b > 20**
5	1020	wahr	wahr	wahr
30	1020	falsch	wahr	falsch
5	10	wahr	falsch	falsch
30	10	falsch	falsch	falsch

(Einfacher) Bedingungstest

Beim (einfachen) Bedingungstest stehen die atomaren Bedingungen des Codes für sich genommen mit ihren jeweiligen Bedingungsergebnissen im Mittelpunkt. Ziel des Testverfahrens ist es, die vorher festgelegte Bedingungsüberdeckung zu erreichen. Die Überdeckung entspricht dem prozentualen Anteil der erreichten Bedingungsergebnisse bezogen auf die Gesamtanzahl aller Bedingungsergebnisse.

Beispiel Dummy-Code

Der Beispielcode enthält die beiden Bedingungen a < 20 bzw. b > 20 mit jeweils zwei Bedingungsergebnissen (wahr bzw. falsch). Für 100% Bedingungsüberdeckung müssen beide Bedingungen jeweils beide Bedingungsergebnisse erzielen. Mit den folgenden *zwei* Testfällen erreicht der Tester 100% (einfache) Bedingungsüberdeckung (Tab. 5–21):

Tab. 5–21
Testfallspezifikation Dummy

TC-ID	Eingaben		erwartete Rückgabe	Bedingung		Entscheidung
	a	**b**		**a < 20**	**b > 20**	**a < 20 und b > 20**
KOMP-335.1	30	1020	1020	falsch	wahr	falsch
KOMP-335.2	5	10	20	wahr	falsch	falsch

Die Testfälle KOMP-335.1 und KOMP-335.2 führen dazu, dass die Ergebnisse der Bedingungen a < 20 und b > 20 für sich genommen sowohl wahr als auch falsch sind. Allerdings erzielen beide Testfälle nur eines von zwei Entscheidungsergebnissen, nämlich falsch. Somit ist die Entscheidungsüberdeckung nur 50%.

Bei unglücklicher Wahl der Testdaten testet der Tester bei 100 % (einfacher) Bedingungsüberdeckung nur einen Teil der Werte der resultierenden Entscheidungen und damit ggf. auch nicht alle Anweisungen!

Mehrfachbedingungstest

Beim Mehrfachbedingungstest steht die Kombination der atomaren Bedingungen mit ihren jeweiligen Bedingungsergebnissen im Mittelpunkt. Wenn jede Kombination von Bedingungsergebnissen getestet ist, ist damit auch jedes Entscheidungsergebnis getestet. Ziel des Testverfahrens ist es, die vorher festgelegte Mehrfachbedingungsüberdeckung zu erreichen. Die Überdeckung entspricht dem prozentualen Anteil der erreichten Kombinationen von Bedingungsergebnissen bezogen auf die Gesamtanzahl aller möglichen Kombinationen von Bedingungsergebnissen. Ein Nachteil dieses Verfahrens ist das exponenzielle Wachstum der Anzahl der Testfälle mit der Anzahl der atomaren Bedingungen.

Beispiel Dummy-Code

Der Beispielcode enthält die beiden Bedingungen `a < 20` bzw. `b > 20` mit jeweils zwei Bedingungsergebnissen (`wahr` bzw. `falsch`). Für 100% Mehrfachbedingungsüberdeckung müssen alle Kombinationen von Bedingungsergebnissen beider Bedingungen vorkommen. Mit den folgenden *vier* Testfällen erreicht der Tester 100% Mehrfachbedingungsüberdeckung (Tab. 5–22):

Tab. 5–22
Testfallspezifikation Dummy

TC-ID	Eingaben		erwartete Rückgabe	Bedingung		Entscheidung
	a	b		b > 20	a < 20	a < 20 und b > 20
KOMP-335.1	30	1020	1020	falsch	wahr	falsch
KOMP-335.2	5	10	20	wahr	falsch	falsch
KOMP-335.3	30	10	70	falsch	falsch	falsch
KOMP-335.4	5	1020	1020	wahr	wahr	wahr

Die Testfälle KOMP-335.1 bis KOMP-335.4 führen dazu, dass die Ergebnisse der Bedingungen `a < 20` und `b > 20` in jeder möglichen Kombination sowohl `wahr` als auch `falsch` sind. Dadurch ergeben sich auch für beide Entscheidungen die Entscheidungsausgänge `wahr` und `falsch`. In diesem Beispiel betragen die Mehrfachbedingungsüberdeckung wie auch die Entscheidungs- und die Anweisungsüberdeckung jeweils 100 %.

Mit 100 % Mehrfachbedingungsüberdeckung erreicht der Tester automatisch:

- 100 % (einfacher) Bedingungsüberdeckung
- 100 % Entscheidungsüberdeckung
- 100 % Anweisungsüberdeckung

Modifizierter Bedingungs-/Entscheidungstest (MC/DC-Test)

Der modifizierte Bedingungs-/Entscheidungstest ähnelt dem oben beschriebenen Mehrfachbedingungstest. Jedoch betrachtet dieses Verfahren nur die Kombinationen von Bedingungsergebnissen, bei denen die Änderung eines *einzelnen* Bedingungsergebnisses auch das Entscheidungsergebnis beeinflusst – also unabhängig von den anderen Bedingungsergebnissen.

Ziel des Testverfahrens ist es, die vorher festgelegte modifizierte Bedingungs-/Entscheidungsüberdeckung zu erreichen. Für 100 % modifizierte Bedingungs-/Entscheidungsüberdeckung müssen folgende Anforderungen erfüllt sein:

1. Alle Entscheidungsergebnisse sind mindestens einmal erreicht. Dies entspricht 100 % Entscheidungsüberdeckung.
2. Alle Bedingungsergebnisse sind mindestens einmal erreicht. Dies entspricht 100 % (einfache) Bedingungsüberdeckung.
3. Zusätzlich müssen alle Bedingungsergebnisse jeweils unabhängig von den anderen Bedingungsergebnissen zu einer Änderung des Entscheidungsergebnisses führen.

Die Überdeckung entspricht dem prozentualen Anteil der erreichten Kombinationen von Bedingungsergebnissen bezogen auf die Gesamtanzahl der Kombinationen von Bedingungsergebnissen, die für 100 % modifizierte Bedingungs-/Entscheidungsüberdeckung benötigt werden.

Beispiel Dummy-Code

Für 100% modifizierte Bedingungs-/Entscheidungsüberdeckung muss der Tester zur Erfüllung aller oben genannter Bedingungen die *drei* Testfälle KOMP-335.1, KOMP-335.2 und KOMP-335.4 durchführen (in Tab. 5–23 schwarz umrandet). Die Tabelle zeigt darüber hinaus, welchen Einfluss eine Änderung einer einzelnen Bedingung auf die Entscheidung hätte. Nur wenn eine Bedingungsänderung eine Änderung der Entscheidung zur Folge hat, trägt der Testfall zur Steigerung der MC/DC-Überdeckung bei.

→

TC-ID	Eingaben		erwartete Rückgabe	Bedingung		Entscheidung
	a	b		a < 20	b > 20	a < 20 und b > 20
KOMP-335.1	30	1020	1020	falsch	wahr	falsch
				wahr	wahr	wahr
				falsch	falsch	falsch
KOMP-335.2	5	10	20	wahr	falsch	falsch
				wahr	wahr	wahr
				falsch	falsch	falsch
KOMP-335.3	30	10	70	falsch	falsch	falsch
				falsch	wahr	falsch
				wahr	falsch	falsch
KOMP-335.4	5	1020	1020	wahr	wahr	wahr
				falsch	wahr	falsch
				wahr	falsch	falsch

Tab. 5–23 *Testfallspezifikation Dummy*

Testfall KOMP-335.1

Bei diesem Testfall ist das Entscheidungsergebnis `falsch`. Zugleich ist es der einzige Testfall, bei dem allein die Änderung des Ergebnisses der Bedingung `a < 20` von `falsch` auf `wahr` eine Änderung des Ergebnisses der Entscheidung von `falsch` auf `wahr` bewirkt.

Testfall KOMP-335.2

Bei diesem Testfall ist das Entscheidungsergebnis `falsch`. Zugleich ist es der einzige Testfall, bei dem allein die Änderung des Ergebnisses der Bedingung `b > 20` von `falsch` auf `wahr` eine Änderung des Ergebnisses der Entscheidung von `falsch` auf `wahr` bewirkt.

Testfall KOMP-335.3

Bei diesem Testfall ist das Entscheidungsergebnis `falsch`. Allerdings führt weder eine alleinige Änderung des Ergebnisses der Bedingung `a < 20` von `falsch` auf `wahr` noch eine alleinige Änderung des Ergebnisses der Bedingung `b < 20` von `falsch` auf `wahr` zu einer Änderung des Entscheidungsergebnisses von `falsch` auf `wahr`. Ein Fehler in einer der beiden Bedingungen wäre durch die Logik der anderen Bedingung maskiert.

Testfall KOMP-335.4

Es ist der einzige Testfall, bei dem das Entscheidungsergebnis `wahr` ist.

5.3.4 Testverfahren für die Testdurchführung

Bei den bisher erläuterten Testverfahren handelt es sich um Verfahren zum Testentwurf. Sie werden daher auch als Testentwurfsverfahren bezeichnet. Im Gegensatz dazu kommen die folgenden Testverfahren überwiegend im Rahmen der Testdurchführung zum Einsatz. Der Abschnitt konzentriert sich auf die von der ISO 26262 empfohlenen Testverfahren *Back-to-Back-Test* und *Fehlereinfügungstest*.

5.3.4.1 Back-to-Back-Test

Die metaphorische Bezeichnung Back-to-Back-Test (Rücken an Rücken) ist sehr treffend, denn bei diesem Verfahren führt der Tester die *gleichen* Testfälle an zwei (oder mehr) Testobjekten durch und vergleicht die Ergebnisse. Der Back-to-Back-Test wird darum auch als vergleichender Test bezeichnet.

Sind die Ergebnisse identisch bzw. im Rahmen vorher definierter Kriterien hinreichend ähnlich, so ist der Test bestanden. Weichen die Ergebnisse ab, ist die Ursache der gefundenen Abweichung zu analysieren. Die Testobjekte müssen dabei auf inhaltlich gleichen Anforderungen basieren. Nur so können die Ergebnisse sinnvoll verglichen werden. Die Anforderungen können zwar als Testbasis für den Testentwurf dienen, der Back-to-Back-Test ist aber keine Ersatz für den anforderungsbasierten Test. Vielmehr sollen durch den Back-to-Back-Test ungewollte Abweichungen *zwischen* den Testobjekten aufgezeigt werden. In der Regel stellt dabei eines der Testobjekte (z.B. ein Funktionsmodell oder ein Altsystem) das Testorakel, also die Referenz für das erwartete Ergebnis, dar.

Es gibt nicht *den* Back-to-Back-Test. Wer recherchiert, wird feststellen, dass zahlreiche Varianten dieses Testverfahrens existieren. In der Praxis sind die folgenden Formen des Back-to-Back-Tests am geläufigsten.

Back-to-Back-Test unterschiedlicher Softwareversionen

Dies ist der einfachste Fall des Back-to-Back-Tests. Bei den Testobjekten handelt es sich um unterschiedliche Versionen der gleichen Software (z.B. aktuelles gegenüber vorhergehendem Release). Der Test soll prüfen, ob die neue Version der Software gegenüber der bisherigen Version unerwünschte Abweichungen zeigt (z.B. nach dem Beheben eines Fehlerzustands (Bugfix)). Dabei dient die frühere Version des Testobjekts als Testorakel für den Regressionstest.

Back-to-Back-Test Programmcode gegen Funktionsmodell

Dies ist die wahrscheinlich bekannteste Variante des Back-to-Back-Tests. Sie dient im Rahmen der modellbasierten Softwareentwicklung dem Vergleich der entwickelten (ausführbaren) Modelle (z.B. MATLAB/ Simulink oder ASCET) mit dem davon abgeleiteten Programmcode. Während das Modell unter idealen Systemvoraussetzungen entwickelt und ausgeführt werden kann, können sich beim Programmcode durch Implementierung (speziell bei der Anwendung von Codegeneratoren) und Laufzeitumgebung unerwünschte Abweichungen vom erwarteten Verhalten ergeben.

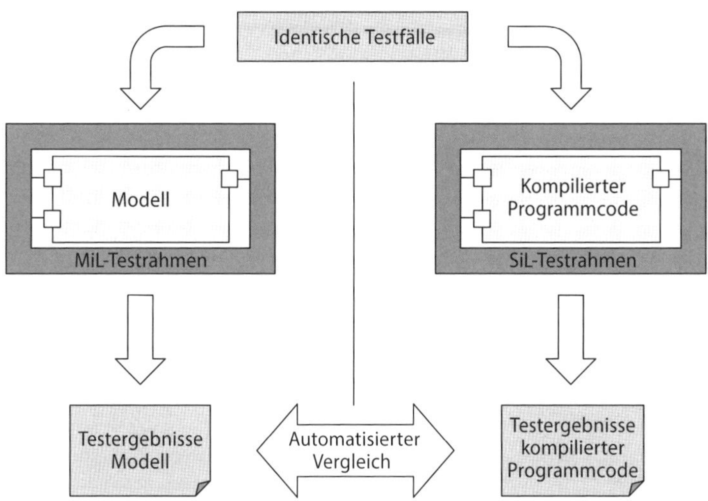

Abb. 5–7 *Schematischer Aufbau eines Back-to-Back-Tests*

Beispiel Tempomat

In der Modellentwicklung für den Geschwindigkeitsregler des Tempomaten kommt ein Funktionsblock zum Berechnen des Logarithmus zum Einsatz:

$$y = \log_{10} x$$

Das Modellierungswerkzeug setzt beim Ausführen des Modells eine fast perfekte Näherungsformel ein. Nachdem das Modell des Reglers das gewünschte Verhalten in der Regelstrecke zeigt, beginnt die Entwicklerin Erika damit, das Modell manuell in Programmcode zu überführen. Da die Berechnung der Formel sehr zeitaufwendig ist, verwendet sie aus Gründen der Performanz eine Tabelle mit 100 korrespondierenden Logarithmuswerten. Diese Tabelle umfasst nur den für die Funktion relevanten Wertebereich x = [0,50; 1,50] mit einer Auflösung von 0,01. Das folgende Diagramm (Abb. 5–8) skizziert beispielhaft für den Wertebereich x = [0,9; 1,10] den idealen Logarithmus des Modells und die zugehörigen Werte in der Tabelle.

→

Abb. 5-8
Kennlinie für Logarithmus

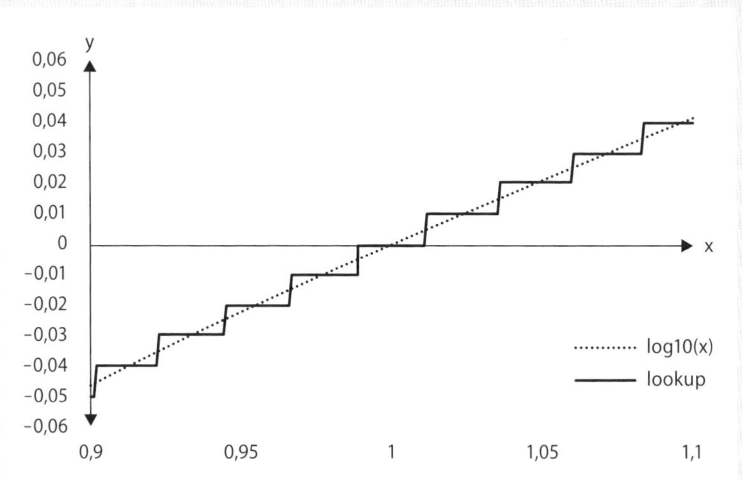

In dem Diagramm ist die Abweichung zwischen den diskretisierten und den tatsächlichen Werten gut zu erkennen. Aufgrund der zu erwartenden Quantisierungsfehler ist ein Back-to-Back-Test geplant. Bei diesem vergleicht der Tester das Ergebnis des ausführbaren Modells (MiL-Test) mit dem Ergebnis der kompilierten Software (SiL-Test[a]) unter gleichen Szenarien und mit dem gleichen Umgebungsmodell für die Regelstrecke (siehe hierzu auch Closed-Loop-Testsystem sowie Model- und Software-in-the-Loop (MiL/SiL) in Abschnitt 4.2).

a. Im konkreten Beispiel wird die kompilierte Software in einer SiL-Testumgebung getestet. Je nach Einsatzzweck ist auch eine HiL-Testumgebung möglich.

Back-to-Back-Test System gegen Software

Eine weitere Variante des Back-to-Back-Tests ist der Einsatz im Rahmen der Softwareintegration. Durch diese Art des Back-to-Back-Tests kann z.B. der Tester das Verhalten einer auf der Zielhardware integrierten Software (Systemtest) mit dem Verhalten der gleichen Software in der Entwicklungsumgebung (Softwaretest) vergleichen. So kann er beispielsweise Einflüsse der Zielhardware auf das Softwareverhalten identifizieren.

5.3.4.2 Fehlereinfügungstest

Eine Besonderheit im Softwaretest stellt der Robustheitstest dar. Robustheit ist der Grad, in dem eine Komponente oder ein System bei ungültigen Eingaben oder unter extremen Umgebungsbedingungen korrekt funktioniert. Während extreme Umgebungsbedingungen oft auf einen nicht spezifikationsgemäßen Einsatz des Systems zurückzuführen sind, können ungültige Eingaben u.a. folgende Ursachen haben:

- Fehlerzustände *in externen Komponenten*
  Wenn beispielsweise das Testobjekt durch einen Sensordefekt unplausible Informationen erhält.
- Fehlerzustände *an Schnittstellen*
  Wenn beispielsweise das Testobjekt durch einen Leitungsdefekt Informationen gar nicht oder fehlerhaft erhält.
- Fehlerzustände *in der verarbeitenden Einheit* selbst
  Wenn beispielsweise das Testobjekt durch einen korrupten Datenwert im Speicher ein ungewolltes Verhalten zeigt.

Programmiertechnische Verfahren wie die Fehlerbehandlung (error handling) dienen dazu, dass das System robust und sicher auf solche internen und externen Fehlerzustände reagiert. Um die korrekte Funktion der implementierten Maßnahmen zur Fehlererkennung und Fehlerbehandlung zu testen, fügt der Tester gezielt Fehlerzustände in das System ein – die sogenannte Fehlereinfügung (Fault Injection). Das Ziel ist dabei die Nachbildung von Fehlern, wie sie im realen Einsatz des Systems vorkommen können. Man unterscheidet hier zwischen hardware- und softwarebasiertem Fehlereinfügen.

Hardwarebasiertes Fehlereinfügen

Beim hardwarebasierten Fehlereinfügen nutzt der Tester eine reale Komponente zur Stimulation von Fehlfunktionen, die Fehlereinfügungskomponente (Fault Injection Unit, FIU). Damit können typische elektrische Fehlfunktionen, wie beispielsweise Kurzschlüsse oder offene Leitungen, simuliert werden. Abbildung 5–9 zeigt schematisch eine solche Fault Injection Unit: Der Kanal 1 von der Testumgebung zum Testobjekt (Steuergerät) kann über den oberen Schalter getrennt werden. Durch Umlegen des Wechselschalters können Kurzschlüsse und offene Leitung erzeugt werden. Im Bild ist ein Kurzschluss auf Masse (GND) eingestellt.

Abb. 5–9 *Beispiel einer Fault Injection Unit in der Testumgebung*

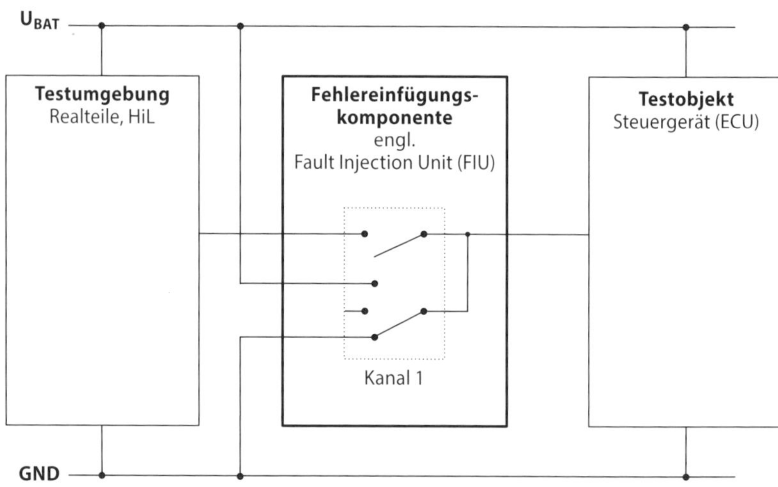

Softwarebasiertes Fehlereinfügen

Beim softwarebasierten Fehlereinfügen kann der Tester hingegen gut funktionale Fehler und softwareseitige Schnittstellenfehler simulieren. Während die hardwarebasierte Fehlereinfügung auf eine HiL-Testumgebung beschränkt ist, kann diese Art der Fehlereinfügung vom Tester auf allen relevanten Testumgebungen eingesetzt werden (MiL, SiL, PiL und HiL).

Externe Fehler (auch Schnittstellenfehler) kann der Tester in der gewöhnlichen Softwaretestumgebung simulieren. Änderungen an der Software des Systems sind dafür nicht notwendig. Fehler innerhalb der Software kann er jedoch meist nur in der Entwicklungsumgebung z.B. mittels Debugger oder XCP einfügen. Oft ist dafür eine eigene Softwareversion nötig. Die Testvorbereitung und -durchführung ist daher in der Praxis aufwendig und zeitintensiv.

5.4 Gegenüberstellung und Auswahl

Die Auswahl eines geeigneten Testansatzes bzw. eines geeigneten Testverfahrens ist von vielen Einflussfaktoren abhängig. So können verschiedene Kombinationen von Testansätzen bzw. Testverfahren zum Ziel führen – wenn auch nicht immer in gleichem Maße effektiv. Es gibt leider keine allgemeingültigen Regeln der Form: »Wenn das Kriterium X erfüllt ist, dann nehme das Testverfahren Y.« Die im Folgenden beschriebenen Kriterien können jedoch bei der Auswahl geeigneter Ansätze helfen.

Teststufe

Sinnvoll auf der Teststufe anwendbar?

Jede Teststufe verfolgt stufenspezifische Testziele. Soll z.B. der Systemtest auf Basis der Kundenanforderungen eine Freigabeempfehlung aussprechen, so ist ein *anforderungsbasierter* Testansatz passend.

Einige Testverfahren stellen auch Anforderungen an das Testobjekt. So lässt sich die Codeüberdeckung eines strukturbasierten Tests am einfachsten mit instrumentiertem Code im Komponententest bewerten. Hingegen lassen sich Anforderungen nur auf Teststufen bewerten, auf denen das spezifizierte Ergebnis auch *beobachtbar* ist.

Testart

Sinnvoll für die Testart anwendbar?

Testarten bewerten ein Testobjekt bezüglich spezifischer Merkmale. Diese können Qualitätsmerkmale (z.B. die Performanz einer Schnittstelle), strukturelle Merkmale (z.B. eine Anweisung im Code) und änderungsbezogene Merkmale (z.B. die Regression eines Systems) sein.

Für die Testart des funktionalen Tests lassen sich die benötigten Testfälle mit fast jedem Testverfahren für dynamische Tests entwerfen. Doch nicht jede Testart lässt sich mit jedem Testverfahren in gleichem Maße kombinieren. So ist die Wartbarkeit des Codes stark durch seine Verständlichkeit und Komplexität bestimmt. Beides lässt sich nur durch Testverfahren für *statische Tests* bewerten. So kann beispielsweise ein unabhängiger Entwickler die Verständlichkeit des Quellcodes bewerten. Metriken für die Komplexität kann hingegen die statische Analyse eines geeigneten Compilers liefern.

Testbasis

Benötigte Informationen verfügbar?

Als Testbasis dienen dem Tester Spezifikationen, strukturelle Information, Risiken, Modelle und seine Erfahrung. Sie liefern dem Tester die für seine Testaktivitäten benötigten Informationen. Steht dem Tester eine bestimmte Form der Testbasis nicht zu Verfügung, ist ein spezieller Testansatz bzw. ein Testverfahren gegebenenfalls nicht anwendbar. So bedingt der Testansatz des *anforderungsbasierten* Testens die Existenz von (spezifizierten) Anforderungen. Der Testansatz des *erfahrungsbasierten* Tests bedingt hingegen eine hinreichende Erfahrung der Tester.

Gleiches gilt bei der Wahl der Testverfahren: Das Bilden von Äquivalenzklassen ist sinnvoll, wenn für die Parameter Wertebereiche mit äquivalentem Ergebnis spezifiziert sind. Liegen allerdings die Werte einer Äquivalenzklasse nicht in linear geordneter Form vor (z.B. bei einer ungeordneten Liste von Sehenswürdigkeiten), ist eine Grenzwertanalyse nicht sinnvoll.

Testaktivität

Für die Testaktivität anwendbar?

Zum Testen zählen das Managen, das Vorbereiten und das Durchführen von Tests. Testansätze erstrecken sich meistens über mehrere Testaktivitäten (siehe Abschnitt 5.1). Testverfahren existieren hingegen häufig nur zur Lösung einzelner Testaufgaben. So gehören alle spezifikationsbasierten, strukturbasierten und erfahrungsbasierten Testverfahren zu der Untergruppe der Testentwurfsverfahren. Es handelt sich hierbei um Verfahren, die den Tester beim Testentwurf unterstützen. Das Testverfahren des Fehlereinfügens hingegen ermöglicht dem Tester die Durchführung von Robustheitstests.

Risiken

Als Risikomaßnahme angemessen?

Insbesondere bei dem Testansatz des risikobasierten Testens stellt sich der Tester die Frage, ob ein Testansatz oder ein Testverfahren angemessen ist, ein identifiziertes Projekt- oder Produktrisiko zu reduzieren. So ist beispielsweise ein erfahrungsbasierter Testansatz unangemessen, wenn das Risiko mangelnder Erfahrung bei den Testern besteht. Und der Test eines Systems an seinen Grenzen (z.B. bei -40°C) kann eventuell entfallen, wenn das Risiko an der Grenze gering ist, weil das System nur selten an dieser Grenze betrieben wird (geringe Eintrittswahrscheinlichkeit) und der Schaden durch einen unentdeckten Fehlerzustand an der Grenze akzeptabel ist (Schadenshöhe).

Stand der Technik

Maßnahme gegen Haftungsrisiken?

Entsteht bei einem Verkehrsteilnehmer aufgrund einer Fehlerwirkung ein Schaden, kann er den Hersteller (OEM) über die Produkthaftung in Regress nehmen. Nach dem Produkthaftungsgesetz ist die Haftung des Herstellers jedoch ausgeschlossen, wenn der Fehler zum Zeitpunkt des Inverkehrbringens nach dem Stand von Wissenschaft und Technik nicht erkannt werden konnte. Für den Softwaretester stellt sich damit die Frage: Hat er zumindest mit Testansätzen und Testverfahren nach dem Stand der Wissenschaft und Technik gearbeitet? Hätte er den für einen Schaden ursächlichen Fehler aufdecken können?

Im Softwaretest sind wissenschaftliche Neuerungen (Stand der Wissenschaft) eher selten. Bleibt die Frage nach dem Stand der Technik. Darunter versteht der Gesetzgeber u.a. Verfahren, die nach herrschender Auffassung führender Fachleute das Erreichen eines vorgegebenen Zieles gesichert erscheinen lassen. Diese Verfahren müssen sich in der Praxis bewährt haben oder sollten – wenn dies noch nicht der

Fall ist – möglichst im Betrieb mit Erfolg erprobt worden sein. Eine Sammlung von Testansätzen und Testverfahren nach dem Stand der Technik findet der Tester in Normen wie der ISO 29119 und der ISO 26262.

ISO 29119

Die ISO-29119-Reihe definiert Begriffe, Prozesse, Arbeitsergebnisse und Testverfahren für Softwaretests, die von jeder Organisation bei der Durchführung jeglicher Form von Softwaretests verwendet werden können. Der Band 4 dieser Reihe definiert einen Satz von Testentwurfsverfahren, die im Rahmen des Testentwurfs eingesetzt werden können. Alle diese Testentwurfsverfahren repräsentieren den Stand der Technik. Eine Vorschrift oder Empfehlung leitet sich aus dieser Normenreihe nicht ab. Im Rahmen eines QM-Systems gilt es abzuwägen, welche dieser anerkannten Verfahren zum Einsatz kommen sollten.

ISO 26262

Im Gegensatz hierzu empfiehlt die ISO-26262-Reihe Testansätze und Testverfahren in Abhängigkeit des ASIL. Zu diesem Standard und seinem Einfluss auf den Softwaretest sei auf Abschnitt 3.2 verwiesen.

Erfahrung und Intuition

Was sagt das eigene Bauchgefühl?

Neben den oben aufgeführten, eher objektiven Kriterien bei der Auswahl von Testansätzen und Testverfahren darf die Erfahrung und die Intuition der Tester und Testmanager nicht unterschätzt werden. Wie eingangs erläutert, gibt es keine allgemeingültigen Regeln für die Ableitung des »richtigen« Testansatzes oder des »richtigen« Testverfahrens aus den oben genannten Kriterien. So kann und sollte gerade bei gegensätzlichen Ansätzen (wie erfahrungsbasiert vs. anforderungsbasiert) auch die Intuition des Testers oder Testmanagers die Entscheidung beeinflussen.

Beispiel Tempomat

Testmanager Thomas und Tester Tim planen den Komponententest der Softwarekomponente *Momentenkoordinator.* Der *Momentenkoordinator* steuert das Soll-Drehmoment abhängig davon, ob der Tempomat aktiv ist oder der Fahrerwunsch umgesetzt werden soll, und ist eine funktional recht einfache Komponente mit nur wenigen Eingangssignalen. Daher liegt dieser Komponente, im Unterschied zu anderen Komponenten, kein ausführbares MATLAB/Simulink-Modell zugrunde. Der Code wird manuell auf Basis der Anforderungen entwickelt.

→

Ausgangspunkt für ihre Betrachtungen sind die von der ISO 26262 empfohlenen Verfahren (Methoden) für den Komponententest, die Thomas mit dem Safety Manager Stefan abgestimmt hat (siehe Beispiel in Abschnitt 3.2.6). Die Komponente *Momentenkoordinator* trägt gemäß dem Sicherheitskonzept für den Tempomaten *keine* ASIL-Last. Thomas und Tim haben also mehr Freiheiten hinsichtlich der Auswahl geeigneter Testverfahren. Die Zielsetzung der Komponententests liegt für sie auf der korrekten *Funktionalität* der Komponente (Qualitätsmerkmal).

Thomas und Tim nehmen die Empfehlungen aus Abschnitt 5.4 dieses Buches zu Hilfe, um die geeigneten Verfahren auszuwählen. Aufgrund ihrer Bewertung entscheiden sie sich zunächst zum Entwurf der Testfälle für die Anforderungsanalyse (anforderungsbasierter Testansatz) und den Entscheidungstest (strukturbasierter Testansatz).

Tabelle 5–24 zeigt das Ergebnis ihrer Überlegungen.

Tab. 5–24
Auswahl der Testverfahren für die Komponente Momentenkoordinator

Testverfahren	**Für Teststufe sinnvoll**	**Für Testart geeignet**	**Testbasis verfügbar**	**Für Testaktivität geeignet**		**Risiken bei Nichtdurchführung**	**Stand der Technik**		**Auswahl**
				Analyse & Entwurf	**Realisierung & Durchführung**		**ISO 26262**	**ISO 29119**	
Anforderungsbasierter Test	X	X	X	X		X	(X)	X	X
Schnittstellentest	X		X		X		(X)		
Fehlereinfügungstest	X		X		X		(X)		
Bewertung der Ressourcennutzung	X				X		(X)		
Back-to-Back-Test	X	X			X		(X)		
Anforderungsanalyse	X	X	X	X		X	(X)	X	X
Äquivalenzklassenbildung	X	X		X			(X)	X	
Grenzwertanalyse	X	X		X			(X)	X	
Intuitive Testfallermittlung	X	X	X	X		X	(X)	X	
Anweisungstest	X	(X)	X	X	X	X	(X)	X	
Entscheidungstests	X	(X)	X	X	X	X	(X)	X	X
MC/DC-Test	X	(X)	X	X	X		(X)	X	

→

Im Folgenden wird erläutert, wie Thomas und Tim zu ihrer Entscheidung gekommen sind:

Teststufe:

Alle in der Tabelle aufgeführten Testverfahren sind dem Kapitel 9 zu Software unit verification der ISO 26262-6:2018 [ISO 26262:2018, Teil 6] entnommen und explizit für den Komponententest empfohlen.

Testart:

Die Zielsetzung des Komponententests liegt für Thomas und Tim auf der korrekten Funktionalität der Komponente. Hier bietet sich insbesondere der anforderungsbasierte Test in Kombination mit der *Anforderungsanalyse, Äquivalenzklassenbildung* und *Grenzwertanalyse* an. Liegt ein ausführbares Modell vor, so kann ein *Back-to-Back-Test* bei der Ermittlung der erwarteten Ausgaben in Abhängigkeit der Eingaben helfen.

Bei der *intuitiven Testfallermittlung* handelt es sich um ein erfahrungsbasiertes Testverfahren, das insbesondere Fehler aufdecken soll, die in der Vergangenheit häufig aufgetreten sind. Dieses Verfahren ist für alle Testarten einsetzbar.

Der *Schnittstellentest* steht im Mittelpunkt der Integrationstests und zur Bewertung der Kompatibilität. Ein *Fehlereinfügungstest* eignet sich eher zur Bewertung der Robustheit und die *Bewertung der Ressourcennutzung* zur Bewertung der Effizienz. Alle drei Testverfahren dienen der Bewertung nicht funktionaler Qualitätsmerkmale.

Strukturelle Tests (wie *Anweisungstest, Entscheidungstests, MC/DC-Test*) sind eine eigene Testart und zur Bewertung der strukturellen Qualität sinnvoll. Strukturelle Tests können aber durchaus funktionale Aspekte aufzeigen.

Testbasis:

Die Anforderungen (siehe Anhang D) für das Projekt *ULV* verwaltet Eddison Electronics in einem ALM-Werkzeug. Die Spezifikationen der externen Signale und Schnittstellen liegen in einer gemeinsamen Datenbank mit dem OEM für das Projekt vor. Allerdings sind die rein internen Schnittstellen (d.h. zwischen den Softwarekomponenten) in der Datenbank nicht erfasst. Da die Anforderungen vorliegen, ist ein anforderungsbasierter Test gut umsetzbar. Fehlereinfügen wäre auf Basis der Anforderungen zumindest ansatzweise möglich. Für einen Schnittstellentest fehlen Tim jedoch zunächst die notwendigen Informationen.

Die Softwarekomponente *Momentenkoordinator* ist relativ einfach aufgebaut, daher liegt für sie kein ausführbares Modell vor. Tim kann hier keinen Back-to-Back-Test realisieren, auch wenn dieser bei anderen Komponenten im Projekt auf dieser Teststufe durchgeführt wird.

→

Die Anforderungsanalyse ist aufgrund der vorliegenden Testbasis sehr gut möglich. Allerdings verarbeitet der *Momentenkoordinator* keine Parameter mit Wertebereichen. Die resultierenden Äquivalenzklassen und Grenzwerte sind trivial. Tim erwartet von entsprechenden Tests keine signifikanten Ergebnisse. Als erfahrener Tester entschließt er sich daher, aus seiner Erfahrung zusätzlich zu den anforderungsbasierten Tests weitere Testfälle zu definieren (intuitive Testfallermittlung).

Da Tim der Quellcode der Software vorliegt, kann er auch strukturbasierte Testfälle entwerfen.

Tim hat bereits Kontakt mit Kollegen aus dem Parallelprojekt. Sie haben bereits Erfahrung mit einer vergleichbaren Technologie gesammelt und wissen, was hier häufig zu Problemen in der Software führen kann. Mit der Erfahrung und Intuition der Kollegen lässt sich gut eine Liste möglicher Fehler erstellen, auf deren Basis der Testentwurf erfolgt.

Testaktivität:

Die von der ISO 26262 empfohlenen Methoden umfassen sowohl Verfahren für den Testentwurf wie auch für die spätere Durchführung. Thomas und Tim haben daher in ihrer Tabelle die Zuordnung zur Testaktivität in zwei Spalten unterteilt, um eine bessere Zuordnung zu ermöglichen. Prinzipiell sind alle genannten Verfahren entweder für Analyse & Entwurf (z.B. Anforderungsanalyse) oder für Realisierung & Durchführung (z.B. Back-to-Back-Test) gut geeignet.

Risiken:

Die Anforderungsanalyse ist ein grundlegendes Testentwurfsverfahren im Rahmen des anforderungsbasierten Testansatzes. Sie wegzulassen würde ein sehr hohes Risiko bedeuten, Mängel im Sinne von verletzten Anforderungen in der Softwarekomponente nicht zu finden.

Die Schnittstellen ($M_{soll,T}$; T_{aktiv}; M_{soll}) zeigen keine große Komplexität – weder in der Abhängigkeit untereinander noch in ihren Wertebereichen. Das Risiko eines unentdeckten Fehlerzustands durch das Weglassen des Schnittstellentests und des Fehlereinfügungstests bzw. durch eine unvollständige Überdeckung von Äquivalenzklassen und Grenzwerten erachtet Tim als vergleichsweise niedrig.

Den Programmcode schreibt die Entwicklerin Erika manuell in C. Da der verwendete Compiler seit Langem im Einsatz ist, sieht Tim das Risiko eines Fehlers durch die Toolkette als relativ gering an. Den Nutzen durch einen Back-to-Back-Test schätzt er hier als sehr niedrig ein.

Aufgrund der Anforderungen an die Komponente rechnet Tim weder mit größeren Speicherzugriffen noch mit einer hohen CPU-Auslastung durch rechenintensive Algorithmen. Das Risiko eines dadurch bedingten Ausfalls bewertet er ebenfalls als sehr niedrig.

→

Da Erika den Programmcode in C schreibt, vermutet er zusätzliche Programmanweisungen. Diese hat Rolf zwar nicht spezifiziert, sie können aber zur Behandlung von Laufzeitfehlern implementiert sein. Ungetestete Anweisungen und Entscheidungen dürfen auf keinen Fall zum Einsatz kommen. Aufgrund der recht einfachen Entscheidungsregeln hält er den Entscheidungstest für ausreichend und sieht das Risiko durch den Entfall des MC/DC-Tests als gering an.

Da die Anforderungen an die Komponente nur sehr grob spezifiziert sind, befürchtet Thomas, dass die Tester durch rein analytische Testverfahren mögliche Fehler übersehen können. Genau den gleichen Fall hatte er vor einigen Jahren in einem vergleichbaren Projekt. Aus diesem Grund hält er es als unverzichtbar, auch auf die Erfahrung und die Intuition der Tester zu setzen.

Stand der Technik:

Das Projekt *ULV* wendet die ISO 26262 in der aktuellen Version von 2018 an. Diese stellt in der funktionalen Sicherheit den Stand der Technik dar. Alle in der Liste genannten Verfahren sind nach ISO 26262 für den Komponententest empfohlen oder dringend empfohlen. Allerdings muss der *Momentenkoordinator* nicht nach ASIL entwickelt werden.

Ein Großteil der aufgelisteten Testverfahren ist in der ISO 29119 spezifiziert. Sie definiert damit die genaue Anwendung dieser Verfahren. Bei den anderen Testverfahren, wie z.B. dem Back-to-Back-Test, handelt es sich in erster Linie um Verfahren für die *Testdurchführung*. Diese werden von der ISO 29119 derzeit nicht betrachtet. Das heißt aber im Umkehrschluss nicht, dass diese nicht dem Stand der Technik entsprechen!

Erfahrung und Intuition:

Thomas und Tim verfügen über viele Jahre Projekterfahrung in vergleichbaren Projekten. Sie haben auf eher analytischem Weg ihre Auswahl getroffen und zunächst eine Kombination aus Anforderungsanalyse und Entscheidungstest geplant. Sie schauen sich das Ergebnis in Tabelle 5–24 nochmal mit etwas Abstand an: Da die Anforderungen für die Komponente doch recht grob spezifiziert sind, haben sie kein gutes Gefühl damit, nur auf diese Verfahren zu vertrauen. Sie entscheiden sich, auch die Erfahrung von Tim und den anderen Kollegen für eine *intuitive Testfallermittlung* zu nutzen.

Anhang

A ISO 26262

A.1 Zusammenfassung der Bände

Dieser Anhang beschreibt die einzelnen Bände der ISO 26262 detaillierter, damit ein besseres Gesamtbild der Norm entsteht. Außerdem stellt er die Versionen der ISO 26262 von 2011 und 2018 gegenüber. Testrelevante Aspekte der jeweiligen Bände sind dabei besonders herausgestellt.

Da die ISO 26262:2011 noch in zahlreichen laufenden Projekten zum Einsatz kommt, basiert die nachfolgende Zusammenfassung auf dieser Version. Änderungen oder Ergänzungen in der ISO 26262:2018 sind jeweils am Ende vermerkt. Die Bände 11 und 12 gibt es allerdings nur in der ISO 26262:2018.

Band 1 – Vocabulary

Vokabular

In diesem Band werden die wichtigsten Fachbegriffe, die die Norm verwendet, erläutert. Darunter finden sich auch testrelevante Begriffe, wie Branch Coverage oder Statement Coverage. Die Begriffsdefinitionen (meist zwei bis drei Zeilen lang) unterstützen beim Verständnis der anderen Bände.

> **Hinweis zur ISO 26262:2018**
>
> In der ISO 26262:2018 ist die Liste der Fachbegriffe gegenüber der 2011er-Version etwas länger geworden. Einzelne Begriffsdefinitionen wurden nachgeschärft.

Band 2 – Management of functional safety

Management der funktionalen Sicherheit

Dieser Band beschreibt primär die Aufgaben eines Safety Managers. Dazu gehört z.B. die Planung aller sicherheitsbezogenen Tätigkeiten, die projektspezifische Auswahl der notwendigen Sicherheitsaktivitäten (Tailoring) und die Erstellung bzw. Dokumentation des Sicherheitsnachweises (Safety Case) für das Projekt. Weiterhin macht dieser Band Vorgaben für die zu erstellenden Nachweisdokumente der funktionalen Sicherheit, z.B. hinsichtlich der Unabhängigkeit der Reviewinstanzen (Degree of Independency).

Hinweis zur ISO 26262:2018

In der ISO 26262:2018 ist dieser Band etwas umfangreicher geworden. Einzelne Aspekte werden jetzt ausführlicher dargestellt – z.B. der Umgang mit Anomalien und Auffälligkeiten (Management of safety anomalies regarding functional safety) oder die Verwendung bereits vorhandener Safety-Elemente. Die ursprünglich erst in Band 3 behandelte initiale Einflussanalyse (impact analysis) findet sich nun in einem eigenen Kapitel bereits in diesem Band. Ganz neu ist der Anhang über die mögliche Wechselwirkung zwischen funktionaler Sicherheit und IT-Sicherheit (Cybersecurity).

Band 3 – Concept phase

Konzeptphase

Dieser Band beschreibt die notwendigen Aktivitäten während der Konzeptphase eines Projekts, d.h. vor Beginn der eigentlichen Produktentwicklung. Es wird erläutert, wie im Rahmen der Gefährdungsanalyse und Risikobewertung (G&R) relevante Gefährdungen identifiziert und ihre Kritikalität in Form des Automotive Safety Integrity Level (ASIL) sowie die Sicherheitsziele bestimmt werden. Abschließend wird beschrieben, wie daraus das funktionale Sicherheitskonzept und die funktionalen Sicherheitsanforderungen abgeleitet werden.

Hinweis zur ISO 26262:2018

In der ISO 26262:2018 ist das Kapitel über den Beginn des Sicherheitslebenszyklus (Initiation of the safety lifecycle), in dem u.a. die Einflussanalyse und das Tailoring der Sicherheitsaktivitäten beschrieben werden, weggefallen. Diese Inhalte finden sich nun in Band 2 (s.o.). Darüber hinaus gibt es vereinzelte Ergänzungen zur Anwendung der Norm bei der Entwicklung von Lastkraftwagen und Bussen.

Band 4 – Product development at the system level

Produktentwicklung für Gesamtsystem

Die Anforderungen der ISO 26262 an die Produktentwicklung sind auf drei Bände verteilt: Band 4 beschreibt die Anforderungen auf (Gesamt-)Systemebene. Die Bände 5 und 6 decken die spezifischen Aspekte der Hardware- und Softwareentwicklung ab.

Band 4 beginnt mit der Planung der projekt- und sicherheitsbezogenen Aktivitäten und führt dann weiter über die Spezifikation der technischen Sicherheitsanforderungen und die Entwicklung des Systemdesigns bis hin zu Integration und Test. Es folgen Erläuterungen zur Validierung der Sicherheitsziele und der Durchführung eines Assessments zur Bewertung der funktionalen Sicherheit des entwickelten Produkts. Schlusspunkt ist die Freigabe des Produkts für die Serienproduktion. Aus Sicht des Testers liegt der Schwerpunkt dieses Bandes in den Ausführungen zu Integration und Test (Item integration and test). Hier findet der Tester u.a. geeignete Methoden zum Nachweis einer korrekten Implementierung der Schnittstellen oder der Sicherheitsmechanismen für die verschiedenen Integrationsstufen (HW/SW-Integration, Systemintegration, Fahrzeugintegration).

Hinweis zur ISO 26262:2018

In der ISO 26262:2018 hat sich dieser Band in seiner Struktur gegenüber der Version von 2011 deutlich geändert. Die Kapitel zu den technischen Sicherheitsanforderungen und zum Systemdesign wurden zu einem gemeinsamen Kapitel zusammengefasst und deutlich überarbeitet. Auch in den testrelevanten Kapiteln gab es einige Änderungen. So wurden z.B. die Methodentabellen zum Nachweis der korrekten Funktion der Sicherheitsmechanismen auf System- und Fahrzeugebene erweitert (neue Tabellen 10 und 14). Im Gegenzug sind die Tabellen zu Diagnostic Coverage und Failure Coverage entfallen. Die abschließenden Kapitel zum Assessment der funktionalen Sicherheit und der Freigabe für die Produktion sind in Band 2 verschoben worden.

Band 5 – Product development at the hardware level

Produktentwicklung für Hardware

Analog zu Band 4 werden zunächst die Planung der Sicherheitsaktivitäten, die Spezifikation der (hardwarebezogenen) Sicherheitsanforderungen und das Hardwaredesign behandelt. Schwerpunkt dieses Bandes sind aber die Kapitel zu Hardwarearchitekturmetriken und zufälligen Hardwarefehlern. Für den Tester ist vor allem das Kapitel zum Hardwareintegrationstest interessant (Hardware integration and testing). Hier werden u.a. Methoden zur Ableitung von Testfällen für den Hardwareintegrationstest benannt. Eine Besonderheit dieses Bandes ist, dass die ISO 26262 in den Methodentabellen explizit auch die Anwendung anderer Standards (z.B. ISO 16750 [ISO 16750] oder ISO 11452 [ISO 11452]) empfiehlt, in denen geeignete Testmethoden beschrieben werden.

Hinweis zur ISO 26262:2018

In der ISO 26262:2018 gab es Änderungen hinsichtlich der Hardwaremetriken, die vor allem den Einsatz von Legacy-Systemen erleichtern können. Im Anhang finden sich nun mehr Anwendungsbeispiele als bisher.

Band 6 – Product development at the software level

Produktentwicklung für Software

Dieser Band ist ähnlich strukturiert wie die Bände 4 und 5. Zunächst werden die Planung der Sicherheitsaktivitäten und die Spezifikation der (softwarebezogenen) Sicherheitsanforderungen behandelt. Anschließend beschreibt er die Anforderungen der Norm hinsichtlich Entwicklung und Dokumentation von Softwarearchitektur und Softwaredesign. Die testrelevanten Inhalte finden sich in den abschließenden Kapiteln zum Softwarekomponententest (Software unit testing), Softwareintegrationstest (Software integration and testing) und Verifizierung der Softwaresicherheitsanforderungen.

Hinweis zur ISO 26262:2018

In der ISO 26262:2018 wurde dieser Band umfangreich überarbeitet. Neben dem Kapitel zur Softwarearchitektur wurden vor allem die testrelevanten Kapitel neu arrangiert und erweitert. Diese Kapitel befassen sich nun allgemeiner mit dem Thema Verifizierung (und nicht nur mit Testen). Entsprechend sind in den Tabellen statische Testverfahren und Verifizierungsmethoden, wie Walkthrough oder Programmieren in Paaren (pair programming), neu hinzugekommen (neue Tabellen 7 und 10). Das bisherige Kapitel über die Verifizierung der Softwaresicherheitsanforderungen wurde in ein Kapitel zum Testen der eingebetteten Software umgearbeitet (Testing of the embedded software). Dieses geht neben der Auswahl der richtigen Testumgebung (z.B. HiL) nun auch auf geeignete Testverfahren und Methoden zur Herleitung von Testfällen für den Test der eingebetteten Software ein. Anhang B über modellbasierte Entwicklung ist nun deutlich ausführlicher. Zusätzlich gibt es noch einen neuen Anhang zur Anwendung von Sicherheitsanalysen (z.B. dependent failure analysis) auf Softwarearchitekturebene.

Band 7 – Production and operation

Produktion und Betrieb

Dieser Band befasst sich mit den Anforderungen an die Produktion eines sicherheitsrelevanten Produkts. Des Weiteren wird auf den Betrieb des in Verkehr gebrachten Produkts, die Wartung und die abschließende Außerbetriebnahme am Lebensende eingegangen. Die Norm fordert hier beispielsweise die Einführung einer Feldüberwachung (Field Monitoring Process), um sicherheitsrelevante Vorfälle im Kundenbetrieb zeitnah zu erfassen und die geeigneten Maßnahmen einleiten zu können.

Hinweis zur ISO 26262:2018

In der ISO 26262:2018 ist dieser Band, ähnlich wie in der 2011er-Version der Norm, sehr knapp gehalten. Umfangreiche Änderungen gibt es nicht. Produktionsplanung und die eigentliche Produktion sind besser voneinander abgegrenzt und in eigenen Kapiteln behandelt.

Band 8 – Supporting processes

Unterstützungsprozesse

Dieser Band fasst die Anforderungen an unterstützende Prozesse zusammen (z. B. Dokumentation, Änderungsmanagement, Tool-Qualifizierung). Für den Tester ist speziell das Kapitel zur Verifizierung (Verification) interessant, da die vorhergehenden Bände im Zusammenhang mit dem Thema Verifizierung oft auf dieses Kapitel verweisen. Die Norm fasst hier zusammen, welche Anforderungen hinsichtlich Planung, Spezifikation, Durchführung und Auswertung von Verifizierungsmaßnahmen gemacht werden. Weiterhin gibt die ISO 26262 in diesem Band Hilfestellung, wie z. B. mit Auffälligkeiten/Anomalien umzugehen ist.

Hinweis zur ISO 26262:2018

In der ISO 26262:2018 sind zwei Kapitel für die Entwicklung von Lastkraftwagen und Bussen (Trucks & Busses) hinzugekommen. Die Norm gibt Hilfestellung für den Umgang mit sicherheitsrelevanten Systemen, die nicht nach den Vorgaben der ISO 26262 entwickelt oder verwendet wurden.

Band 9 – Automotive Safety Integrity Level (ASIL)-oriented and safety-oriented analysis

ASIL- und sicherheitsgerichtete Analysen

Dieser Band geht ausführlich auf die verschiedenen sicherheitsorientierten Analysen ein, die im Verlauf einer Entwicklung nach ISO 26262 durchgeführt werden (z.B. fault tree analysis). Ein weiteres zentrales Thema ist die ASIL-Dekomposition: Unter bestimmten Umständen kann eine Funktion mit hohem ASIL durch mehrere unabhängige Teilfunktionen mit niedrigerem ASIL ersetzt werden.

Hinweis zur ISO 26262:2018

In der ISO 26262:2018 wurde dieser Band insgesamt leicht überarbeitet. Es sind neue Anhänge zur Dekomposition und zur Identifikation von Fehlerabhängigkeiten (dependent failures) hinzugekommen.

Band 10 – Guideline on ISO 26262

Leitlinien für die Anwendung der ISO 26262

Dieser Band enthält Leitlinien und Hinweise für die Verwendung der Norm. Ausgesuchte Themen werden durch konkrete Beispiele vertieft (z.B. Proven-in-use-Argumentation oder ASIL-Dekomposition). Es gibt ein ausführliches Kapitel zur Einstufung von zufälligen Hardwarefehlern. Ein weiteres Thema ist das sogenannte *Safety element out of context*. Dabei handelt es sich um ein generisches, sicherheitsrelevantes Subsystem für unterschiedliche Einsatzzwecke oder unterschiedliche Kunden.

Hinweis zur ISO 26262:2018

In der ISO 26262:2018 wurde das Kapitel zur Einstufung von zufälligen Hardwarefehlern stark überarbeitet und ist nun deutlich ausführlicher.

Band 11 – Guideline on application of ISO 26262 to semiconductors (nur ISO 26262:2018)

Leitlinien für die Anwendung der ISO 26262 auf Halbleiter

Dieser sehr umfangreiche neue Band geht auf die Besonderheiten bei der Anwendung der Norm auf sicherheitsrelevante Systeme mit Halbleitern ein.

Die erste Hälfte ist eine allgemeine Einführung über Hardwarefehler, detaillierte Fehlermodelle (auch für Speicherbausteine), Basisfehlerraten für Halbleiter und Fehlerabhängigkeiten. Hier wird speziell auf die Unterscheidung zwischen Cascading Failure und Common Cause Failure eingegangen, die in der Praxis oft schwierig ist.

In der zweiten Hälfte werden spezifische Anwendungsfälle und die damit verbundenen Technologien (Speicherbausteine, A/D-Bausteine, PLDs, Multi-Core, Sensoren) behandelt. Hier finden sich auch Beispiele für Sicherheitsmechanismen in digitalen Komponenten und Speicherbausteinen.

Band 12 – Adaption of ISO 26262 for motorcycles (nur ISO 26262:2018)

Adaption der ISO 26262 für Motorräder

Dieser neue Band bildet die Ergänzung für die Motorradindustrie. Er geht auf die Besonderheiten der Motorradentwicklung und die Unterschiede zur Pkw-Entwicklung ein. Für die Risikobewertung bei Motorrädern wird in diesem Band der *Motorcycle Safety Integrity Level (MSIL)* eingeführt und seine Bestimmung auf Basis der drei Parameter E, S und C erläutert. Zusätzlich gibt es eine Mapping-Tabelle MSIL-ASIL. Da die Methodentabellen in den übrigen Bänden nur den ASIL referenzieren, benötigt der Leser diesen Band, um die Tabellen für die Motorradentwicklung verwenden zu können.

Im Kapitel über Fahrzeugintegration und Test (Vehicle integration and testing) finden sich darüber hinaus die Methodentabellen 7 bis 10, welche die Tabellen 15, 16, 17 und 19 aus Band 4 ersetzen.

A.2 Übersicht der testrelevanten Methodentabellen

Kapitel/ Themenfeld	Thema	Zu finden in ...	
		ISO 26262:2011	ISO 26262:2018
Band 2			
Safety Management during the concept phase and the product development	Bestätigende Maßnahmen (confirmation measures) und Anforderungen an die Unabhängigkeit der durchführenden Instanz	Tabelle 1	Tabelle 1
Band 4			
Planning and specification of integration and testing (2011) Specification of integration and test strategy (2018)	Methoden zur Herleitung von Testfällen für den Integrationstest (z. B. Anforderungsanalyse)	Tabelle 4	Tabelle 3
Hardware/Software integration and testing	Methoden zum Nachweis der korrekten Implementierung der technischen Sicherheitsanforderungen auf HW/SW-Ebene (z. B. Back-to-Back-Test)	Tabelle 5	Tabelle 4
	Methoden zum Nachweis der korrekten Funktionalität der Sicherheitsmechanismen auf HW/SW-Ebene (z. B. Performanztest)	Tabelle 6	Tabelle 5
	Methoden zum Nachweis der korrekten Implementierung der internen und externen Schnittstellen auf HW/SW-Ebene (z. B. Schnittstellentest)	Tabelle 7	Tabelle 6
	Methoden zur Prüfung der Wirksamkeit der Diagnoseabdeckung eines Sicherheitsmechanismus auf Hardware-Software-Ebene (z. B. Fehlereinfügen)	Tabelle 8	Tabelle nicht vorhanden
	Methoden zur Prüfung der Effektivität der Sicherheitsmechanismen auf HW/SW-Ebene (z. B. Fehlereinfügen)	Tabelle nicht vorhanden	Tabelle 7
	Methoden zum Nachweis der Robustheit auf HW/SW-Ebene (z. B. Stresstest)	Tabelle 9	Tabelle 8
System integration and testing	Methoden für den Nachweis der korrekten Implementierung der funktionalen und technischen Sicherheitsanforderungen auf Systemebene (z. B. Back-to-Back-Test)	Tabelle 10	Tabelle 9
	Methoden zum Nachweis der korrekten Funktionalität der Sicherheitsmechanismen auf Systemebene (z. B. Performanztest)	Tabelle 11	Tabelle 10
	Methoden zum Nachweis der korrekten Implementierung der internen und externen Schnittstellen auf Systemebene (z. B. Schnittstellentest)	Tabelle 12	Tabelle 11

→

Kapitel/ Themenfeld	Thema	Zu finden in ...	
		ISO 26262:2011	ISO 26262:2018
Band 4			
System integration and testing (Fortsetzung)	Methoden zur Prüfung der Wirksamkeit der Fehlerabdeckung der Sicherheitsmechanismen auf Systemebene (z. B. Fehlereinfügen)	Tabelle 13	Tabelle nicht vorhanden
	Methoden zum Nachweis der Robustheit auf Systemebene (z. B. Test unter Umweltbedingungen)	Tabelle 14	Tabelle 12
Vehicle integration and testing	Methoden für den Nachweis der korrekten Implementierung der funktionalen Sicherheitsanforderungen auf Fahrzeugebene (z. B. Anforderungsbasierter Test)	Tabelle 15	Tabelle 13
	Methoden zum Nachweis der korrekten Funktionalität der Sicherheitsmechanismen auf Fahrzeugebene (z. B. Nutzertest unter realen Bedingungen)	Tabelle 16	Tabelle 14
	Methoden zum Nachweis der korrekten Implementierung der internen und externen Schnittstellen auf Fahrzeugebene (z. B. Interaktions- und Kommunikationstest)	Tabelle 17	Tabelle 15
	Methoden zur Prüfung der Wirksamkeit der Fehlerabdeckung der Sicherheitsmechanismen auf Fahrzeugebene (z. B. Fehlereinfügen)	Tabelle 18	Tabelle nicht vorhanden
	Methoden zum Nachweis der Robustheit auf Fahrzeugebene (z. B. Langzeittest)	Tabelle 19	Tabelle 16
Band 5			
Hardware integration and testing (2011) Hardware integration and verification (2018)	Methoden zur Herleitung von Testfällen für den Hardwareintegrationstest (z. B. Äquivalenzklassen- und Grenzwertanalyse)	Tabelle 10	Tabelle 10
	Methoden zum Nachweis der Vollständigkeit und Korrektheit der Implementierung der Sicherheitsmechanismen auf Hardwareebene (z. B. Fehlereinfügen)	Tabelle 11	Tabelle 11
	Methoden zum Nachweis der Robustheit und Stresstests (z. B. Over-Limit-Test)	Tabelle 12	Tabelle 12

→

Kapitel/ Themenfeld	Thema	Zu finden in ...	
		ISO 26262:2011	ISO 26262:2018
Band 6			
Software unit testing (2011) Software unit verification (2018)	Methoden für den Softwarekomponententest (z.B. anforderungsbasierter Test)	Tabelle 10	Tabelle nicht vorhanden
	Methoden zur Verifizierung der Softwarekomponente (z.B. Inspektion)	Tabelle nicht vorhanden	Tabelle 7
	Methoden zur Herleitung von Testfällen für den Softwarekomponententest (z.B. Herleitung und Analyse von Äquivalenzklassen)	Tabelle 11	Tabelle 8
	Empfohlene strukturelle Metriken auf Softwarekomponentenebene (z.B. MC/DC)	Tabelle 12	Tabelle 9
Software integration and testing (2011) Software integration and verification (2018)	Methoden für den Softwareintegrationstest (z.B. Back-to-Back-Test zwischen Modell und Code)	Tabelle 13	Tabelle nicht vorhanden
	Methoden zur Verifizierung der Software Integration (z.B. Schnittstellentest)	Tabelle nicht vorhanden	Tabelle 10
	Methoden zur Herleitung von Testfällen für den Softwareintegrationstest (z.B. Herleitung und Analyse von Äquivalenzklassen)	Tabelle 14	Tabelle 11
	Empfohlene strukturelle Metriken auf SW-Architekturebene (z.B. function coverage)	Tabelle 15	Tabelle 12
Verification of software safety requirements	Testumgebungen für die Verifizierung der SW-Sicherheitsanforderungen	Tabelle 16	Tabelle nicht vorhanden
Testing of the embedded software	Testumgebungen für den Softwaretest	Tabelle nicht vorhanden	Tabelle 13
	Methoden zum Test der Embedded Software	Tabelle nicht vorhanden	Tabelle 14
	Methoden zur Herleitung von Testfällen für den Test der Embedded Software (z.B. Herleitung und Analyse von Äquivalenzklassen)	Tabelle nicht vorhanden	Tabelle 15

B Automotive SPICE

B.1 Prozessspezifikation SWE.6

Prozess-ID	SWE.6
Prozessbezeichnung	Softwarequalifikationstest
Zweck	Der Zweck des Softwarequalifikationstestprozesses besteht darin, sicherzustellen, dass die integrierte Software getestet wird, um die Übereinstimmung mit den Softwareanforderungen nachzuweisen.
Ergebnisse	Als Ergebnis einer erfolgreichen Umsetzung dieses Prozesses 1. ist eine Softwarequalifikationsteststrategie für den Test der integrierten Software entwickelt, die eine Regressionstest-strategie enthält und konsistent zum Projekt- und Releaseplan ist; 2. ist eine Spezifikation des Softwarequalifikationstests für die integrierten Software gemäß der Softwarequalifikationstest-strategie entwickelt, die geeignet ist, um die Übereinstimmung mit den Softwareanforderungen nachzuweisen; 3. sind die Testfälle aus der Testfallspezifikation für den Software-qualifikationstests gemäß der Softwarequalifikationstest-strategie und dem Releaseplan ausgewählt; 4. ist die integrierte Software unter Verwendung der aus-gewählten Tests getestet und die Ergebnisse des Software-qualifikationstests sind aufgezeichnet; 5. ist die Konsistenz und bidirektionale Verfolgbarkeit zwischen den Softwareanforderungen und der Softwarequalifikations-testspezifikation (inkl. der Testfälle) und zwischen den Test-fällen und den Testergebnissen hergestellt; und 6. sind die Ergebnisse des Softwarequalifikationstests zusammen-gefasst und an alle betroffenen Parteien kommuniziert.

B.2 ASPICE-Prozesse und VDA-Scope

Nachfolgend sind alle Prozesse aus ASPICE V3.1 aufgelistet. Die Prozesse sind nach Prozesskategorie sortiert. Pro Prozesskategorie sind jeweils die Prozess-ID, der Prozessname sowie die Zugehörigkeit zum VDA-Scope dargestellt. Der VDA-Scope ist eine Auswahl der ASPICE-Prozesse, die der VDA als Gegenstand eines Assessments empfiehlt. Die nachstehenden Tabellen geben einen Überblick über die Prozesse. Details zu den einzelnen Prozessen finden sich in [VDA 2017].

Die Tabelle enthält die Originalnamen aus dem englischen ASPICE PAM. Dabei werden für die einzelnen Prozessgruppen folgende Abkürzungen verwendet:

- ACQ – Acquisition process group
- SPL – Supply process group
- SYS – System Engineering process group
- SWE – Software Engineering process group
- SUP – Supporting process group
- MAN – Management process group
- PIM – Process Improvement process group
- REU – Reuse process group

Tab. B–1
Primary Life Cycle Processes Category

Process ID	Process name	VDA Scope
ACQ.3	Contract Agreement	
ACQ.4	Supplier Monitoring	x
ACQ.11	Technical Requirements	
ACQ.12	Legal and Administrative Requirements	
ACQ.13	Project Requirements	
ACQ.14	Request for Proposals	
ACQ.15	Supplier Qualification	
SPL.1	Supplier Tendering	
SPL.2	Product Release	
SYS.1	Requirements Elicitation	
SYS.2	System Requirements Analysis	x
SYS.3	System Architectural Design	x
SYS.4	System Integration and Integration Test	x
SYS.5	System Qualification Test	x
SWE.1	Software Requirements Analysis	x

→

Process ID	Process name	VDA Scope
SWE.2	Software Architectural Design	x
SWE.3	Software Detailed Design and Unit Construction	x
SWE.4	Software Unit Verification	x
SWE.5	Software Integration and Integration Test	x
SWE.6	Software Qualification Test	x

Tab. B–2
Supporting Life Cycle Processes Category

Process ID	Process name	VDA Scope
SUP.1	Quality Assurance	x
SUP.2	Verification	
SUP.4	Joint Review	
SUP.7	Documentation	
SUP.8	Configuration Management	x
SUP.9	Problem Resolution Management	x
SUP.10	Change Request Management	x

Tab. B–3
Organisational Life Cycle Processes Category

Process ID	Process name	VDA Scope
MAN.3	Project Management	x
MAN.5	Risk Management	
MAN.6	Measurement	x
PIM.3	Process Improvement	
REU.2	Reuse Program Management	

B.3 Generische Praktiken und Ressourcen

Nachstehend sind alle generischen Praktiken und generischen Ressourcen für die Prozessattribute PA 2.1, PA 2.2, PA 3.1 und PA 3.2 gelistet. Es werden die englischen Begriffe aus ASPICE verwendet. Die nachstehenden Tabellen sollen einen Überblick über die generischen Praktiken und generischen Ressourcen geben. Die weiteren Details finden sich in [VDA 2017].

Tab. B–4
PA 2.1 Durchführungsmanagement

ID	Generic Practice
GP 2.1.1	Identify the objectives for the performance of the process.
GP 2.1.2	Plan the performance of the process to fulfill the identified objectives.
GP 2.1.3	Monitor the performance of the process against the plans.
GP 2.1.4	Adjust the performance of the process.
GP 2.1.5	Define responsibilities and authorities for performing the process.
GP 2.1.6	Identify, prepare, and make available resources to perform the process according to plan.
GP 2.1.7	Manage the interfaces between involved parties.

Generic Resources

- Human resources with identified objectives, responsibilities and authorities
- Facilities and infrastructure resources
- Project planning, management and control tools, including time and cost reporting
- Workflow management system
- Email and/or other communication mechanisms
- Information and/or experience repository
- Problem and issues management mechanisms

Tab. B–5
PA 2.2 Arbeitsproduktmanagement

ID	Generic Practice
GP 2.2.1	Define the requirements for the work products.
GP 2.2.2	Define the requirements for documentation and control of the work products.
GP 2.2.3	Identify, document and control the work products.
GP 2.2.4	Review and adjust work products to meet the defined requirements.

Generic Resources

- Requirement management method/toolset
- Configuration management system
- Documentation elaboration and support tool
- Document identification and control procedure
- Work product review methods and experiences
- Review management method/toolset
- Intranets, extranets and/or other communication mechanisms
- Problem and issue management mechanisms

Tab. B–6

PA 3.1 Prozessdefinition

ID	Generic Practices
GP 3.1.1	Define and maintain the standard process that will support the deployment of the defined process.
GP 3.1.2	Determine the sequence and interaction between processes so that they work as an integrated system of processes.
GP 3.1.3	Identify the roles and competencies, responsibilities, and authorities for performing the standard process.
GP 3.1.4	Identify the required infrastructure and work environment for performing the standard process.
GP 3.1.5	Determine suitable methods and measures to monitor the effectiveness and suitability of the standard process.
Generic Resources	
▪ Process modeling methods/tools ▪ Training material and courses ▪ Resource management system ▪ Process infrastructure ▪ Audit and trend analysis tools ▪ Process monitoring method	

Tab. B–7

PA 3.2 Prozessanwendung

ID	Generic Practices
GP 3.2.1	Deploy a defined process that satisfies the context specific requirements of the use of the standard process.
GP 3.2.2	Assign and communicate roles, responsibilities and authorities for performing the defined process.
GP 3.2.3	Ensure necessary competencies for performing the defined process.
GP 3.2.4	Provide resources and information to support the performance of the defined process.
GP 3.2.5	Provide adequate process infrastructure to support the performance of the defined process.
GP 3.2.6	Collect and analyze data about performance of the process to demonstrate its suitability and effectiveness.
Generic Resources	
▪ Feedback mechanisms (customer, staff, other stakeholders) ▪ Process repository ▪ Resource management system ▪ Knowledge management system ▪ Problem and change management system ▪ Working environment and infrastructure ▪ Data collection analysis system ▪ Process assessment framework ▪ Audit/review system	

B.4 Verfeinerte NPLF-Skala

Im Rahmen der Standardisierung der ISO 33020 [ISO 33020] wurde über die NPLF-Skala diskutiert. Es kam der Wunsch auf, auch kleine Verbesserungen im Projekt darstellen zu können. Aus diesem Grund wurde die verfeinerte NPLF-Skala entwickelt, die die zwei Bewertung *Partially achieved* und *Largely achieved* noch einmal unterteilt (siehe Tab. B–8). Die Anwendung der verfeinerten NPLF-Skala ist optional.

Tab. B–8
Verfeinerte NPLF-Skala

Akronym	Name	Perzentil-Intervall	Erläuterung
P-	Partially achieved -	> 15% to ≤ 32.5%	There is some evidence of an approach to, and some achievement of, the defined process attribute in the assessed process. Many aspects of achievement of the process attribute may be unpredictable.
P+	Partially achieved +	> 32.5 to ≤ 50%	There is some evidence of an approach to, and some achievement of, the defined process attribute in the assessed process. Some aspects of achievement of the process attribute may be unpredictable.
L-	Largely achieved -	> 50% to ≤ 67.5%	There is evidence of a systematic approach to, and significant achievement of, the defined process attribute in the assessed process. Many weaknesses related to this process attribute may exist in the assessed process.
L+	Largely achieved +	> 67.5% to ≤ 85%	There is evidence of a systematic approach to, and significant achievement of, the defined process attribute in the assessed process. Some weaknesses related to this process attribute may exist in the assessed process.

C Gegenüberstellung der Teststufen

Tabelle C–1 zeigt die Gegenüberstellung der Teststufen von ISTQB®, ISO 26262 und ASPICE aus dem CTFL-AuT-Lehrplan [ISTQB 2020].

Tab. C–1
Gegenüberstellung der Teststufen

ISTQB®	ISO 26262	ASPICE
Abnahmetest	Sicherheitsvalidierung (4–9)[a]	kein Äquivalent
Multisystemtest[b]	Item-Integration und Test (4–18)[c]	Systemqualifikationstest (SYS.5)
Systemintegrationstest	kein Äquivalent	Systemintegrationstest (SYS.4)
Systemtest	Verifizierung der Software-Sicherheitsanforderungen (6–11) Softwareintegration und Test (6–10)	Softwarequalifikationstest (SWE.6)
Integrationstest	kein Äquivalent	Softwareintegrationstest (SWE.5)
Komponententest	Software-Unit-Test (6–9)	Softwarekomponenten-verifikation (SWE.4)

a. Die Sicherheitsvalidierung deckt nur Teile eines Abnahmetests nach ISTQB® ab.
b. Das Testen von mehreren heterogenen verteilten Systemen, sogenannten Systemen von Systemen [ISTQB & GTB 2020].
c. Item-Integration und Test umfasst drei Teilphasen: die Integration und den Test von Hardware und Software eines Elements, die Integration und den Test aller zum Item gehörigen Elemente und die Integration und den Test des Items im Verbund mit anderen Items im Fahrzeug.

D Anforderungsspezifikation Antriebsstrang

Das System Antriebsstrang (Lieferumfang) stellt mehrere, für den Kunden erlebbare Features (Kundenfunktionen) zur Verfügung. Eine davon ist das Feature Tempomat.

D.1 Feature Tempomat

Im Folgenden steht der Einfachheit halber für *Feature Tempomat* nur die Bezeichnung *Tempomat*. Die Angabe der Geschwindigkeit bezieht sich immer auf das Fahrzeug.

Tab. D–1
Featurespezifikation Tempomat

REQ-ID	Anforderung
TEMP-01	Der Tempomat muss dem Fahrer über ein Bedienelement am Lenkrad die Möglichkeit bieten, das Feature Tempomat zu aktivieren.
TEMP-02	Der Tempomat muss die Wunsch-Geschwindigkeit (v_{wunsch}) gleich der Ist-Geschwindigkeit (v_{ist}) setzen, sobald der Kunde das Feature Tempomat aktiviert.
TEMP-03	Der Tempomat muss dem Fahrer über ein Bedienelement am Lenkrad die Möglichkeit bieten, die Wunsch-Geschwindigkeit (v_{wunsch}) in 1 km/h-Schritten zu korrigieren, solange das Feature Tempomat aktiviert ist.
TEMP-04	Der Tempomat muss die Ist-Geschwindigkeit (v_{ist}) auf die eingestellte Wunschgeschwindigkeit (v_{wunsch}) einregeln, solange das Feature Tempomat aktiviert ist.
TEMP-05	Der Tempomat muss dem Fahrer über ein Bedienelement am Lenkrad die Möglichkeit bieten, das Feature Tempomat zu deaktivieren.
TEMP-06	Der Tempomat muss das Feature Tempomat deaktivieren, sobald die Anforderung durch den Sicherheitskoordinator vorliegt.
TEMP-07	Der Tempomat muss die Regelung der Geschwindigkeit unterbrechen, solange eine Betätigung des Fahrpedals (>10 %) vorliegt.
TEMP-08	Der Tempomat muss das Feature Tempomat deaktivieren, solange die Ist-Geschwindigkeit (v_{ist}) um 5 km/h größer als die Wunschgeschwindigkeit (v_{wunsch}) ist.

→

REQ-ID	Anforderung
TEMP-09	Der Tempomat muss das Feature Tempomat deaktivieren, sobald eine Betätigung des Bremspedals (>10 %) vorliegt.
TEMP-10	Der Tempomat muss das Feature Tempomat deaktivieren, solange die Ist-Geschwindigkeit (v_{ist}) kleiner als die minimal erlaubte Geschwindigkeit (v_{min}) ist.
TEMP-11	Der Tempomat muss das Feature Tempomat deaktivieren, solange die Ist-Geschwindigkeit (v_{ist}) größer als die maximal erlaubte Geschwindigkeit (v_{max}) ist.
TEMP-12	Der Tempomat darf die Ist-Geschwindigkeit (v_{ist}) nicht beeinflussen, solange das Feature Tempomat deaktiviert ist.
TEMP-13	Der Tempomat darf die Ist-Geschwindigkeit (v_{ist}) nicht über das Bremssystem oder durch Rekuperation (Energierückgewinnung) beeinflussen.
TEMP-14	Der Tempomat darf das Fahrzeug mit höchstens $a_{max,T} = 4\ m/s^2$ beschleunigen.
TEMP-15	Der Tempomat muss Geschwindigkeiten mit einer Genauigkeit von 1 km/h ermitteln.
TEMP-16	Der Tempomat muss dem Fahrer über eine Meldung im Kombiinstrument den Zustand der Regelung (*aktiv/inaktiv*) anzeigen.

D.2 Komponentenspezifikation

Unter Komponente versteht diese Spezifikation alle Elemente des Systems, die für das Systemverhalten benötigt werden. Dies können sowohl Hardware, Software sowie logische (funktionale) Komponenten sein.

Aufbereitung Raddrehzahl

Tab. D–2 *Komponentenspezifikation Aufbereitung Raddrehzahl*

REQ-ID	Anforderung
AR-01	Die Komponente Aufbereitung Raddrehzahl muss die Drehzahl ($n_{ist,1...4}$) der 4 Drehzahlgeber (je Radnabe ein Drehzahlgeber) einlesen.
AR-02	Die Komponente Aufbereitung Raddrehzahl muss die Ist-Geschwindigkeit (v_{ist}) aus den Drehzahlen ($n_{ist,1...4}$) ermitteln.
AR-03	Die Komponente Aufbereitung Raddrehzahl muss die ermittelte Ist-Geschwindigkeit (v_{ist}) bereitstellen.

Aufbereitung Fahrerwunsch

Tab. D–3 Komponentenspezifikation Aufbereitung Fahrerwunsch

REQ-ID	Anforderung
AF-01	Die Komponente Aufbereitung Fahrerwunsch muss den Aktivierungswunsch ($T_{on/off}$) einlesen.
AF-02	Die Komponente Aufbereitung Fahrerwunsch muss die gewünschte Änderung der Wunschgeschwindigkeit ($v_{wunsch+/-}$) einlesen.
AF-03	Die Komponente Aufbereitung Fahrerwunsch muss die Ist-Geschwindigkeit (v_{ist}) einlesen.
AF-04	Die Komponente Aufbereitung Fahrerwunsch muss die Bremspedalstellung ($r.s_{brems}$) [0...100 ≙ 0...100%] einlesen.
AF-05	Die Komponente Aufbereitung Fahrerwunsch muss die Fahrpedalstellung ($r.s_{fahr}$) [0...100 ≙ 0...100%] einlesen.
AF-06	Die Komponente Aufbereitung Fahrerwunsch muss die Deaktivierungsanforderung für den Tempomaten (T_{off}) einlesen.
AF-07	Die Komponente Aufbereitung Fahrerwunsch muss den Zustand des Tempomaten T_{aktiv} auf *aktiv* setzen, solange die Aktivierungsbedingung $B_{T,aktiv} := (T_{on/off} = ON \land r.s_{brems} < 10\% \land r.s_{fahr} < 10\% \land T_{off} = Falsch \land v_{ist} \leq v_{soll} + 5\ km/h \land v_{ist} \geq v_{T,min} \land v_{ist} \leq v_{T,max})$ für mindestens 500 ms erfüllt ist.
AF-08	Die Komponente Aufbereitung Fahrerwunsch muss den Zustand des Tempomaten T_{aktiv} auf *inaktiv* setzen, solange die Bedingung $B_{T,aktiv}$ nicht erfüllt ist.
AF-09	Die Komponente Aufbereitung Fahrerwunsch muss die Soll-Geschwindigkeit (v_{soll}) auf die Ist-Geschwindigkeit (v_{ist}) setzen, sobald der Aktivierungswunsch ($T_{on/off}$) auf ON wechselt.
AF-10	Die Komponente Aufbereitung Fahrerwunsch muss die Soll-Geschwindigkeit (v_{soll}) um 1 km/h erhöhen (bis maximal v_{max}), sobald die Änderung der Wunschgeschwindigkeit ($v_{wunsch+/-}$ auf »speed up« wechselt und der Zustand des Tempomaten (T_{aktiv}) = *aktiv* ist.
AF-11	Die Komponente Aufbereitung Fahrerwunsch muss die Soll-Geschwindigkeit (v_{soll}) um 1 km/h verringern (bis minimal v_{min}), sobald die Änderung der Wunschgeschwindigkeit ($v_{wunsch+/-}$ auf »speed down« wechselt und der Zustand des Tempomaten (T_{aktiv}) = *aktiv* ist.
AF-12	Die Komponente Aufbereitung Fahrerwunsch muss die Soll-Geschwindigkeit (v_{soll}) = 0 km/h bereitstellen, solange der Zustand des Tempomaten (T_{aktiv}) = *inaktiv* ist.
AF-13	Die Komponente Aufbereitung Fahrerwunsch muss die Soll-Geschwindigkeit (v_{soll}) bereitstellen.
AF-14	Die Komponente Aufbereitung Fahrerwunsch muss den Zustand des Tempomaten (T_{aktiv}) bereitstellen.
AF-15	Alle Parameter sind vom Datentyp Integer (INT) mit 16-Bit-Auflösung.
AF-16	Die Genauigkeit aller Parameter beträgt ein Digit.

Tempomat-Regler

Tab. D–4
Komponentenspezifikation Tempomat-Regler

REQ-ID	Anforderung
TR-01	Die Komponente Tempomat-Regler muss die Soll-Geschwindigkeit (v_{soll}) einlesen.
TR-02	Die Komponente Tempomat-Regler muss die Ist-Geschwindigkeit (v_{ist}) einlesen.
TR-03	Die Komponente Tempomat-Regler muss die Regelabweichung (e_T) aus der Soll-Geschwindigkeit (v_{soll}) abzüglich der Ist-Geschwindigkeit (v_{ist}) ermitteln.
TR-04	Die Komponente Tempomat-Regler muss das benötigte Drehmoment ($M_{soll,T}$) anfordern, solange die Regelabweichung (e_T) positiv ist ($v_{soll} \geq v_{ist}$).
TR-05	Die Komponente Tempomat-Regler darf kein Drehmoment ($M_{soll,T}$) anfordern, solange die Regelabweichung (e_T) negativ ist ($v_{soll} < v_{ist}$), d. h. $M_{soll,T}=0$.
TR-06	Die Komponente Tempomat-Regler muss die Drehmomentanforderung ($M_{soll,T}$) so begrenzen, dass die Beschleunigung des Fahrzeugs ($a_{ist} = v'_{ist}$) kleiner oder gleich der maximalen Beschleunigung ($a_{max,T}$) ist.
TR-07	Die Komponente Tempomat-Regler muss das Drehmoment ($M_{soll,T}$) bereitstellen.

Momentenkoordination

Die Komponente Momentenkoordination koordiniert die von mehreren Systemen (bzw. Komponenten) angeforderten Drehmomente. Hier betrachten wir nur die Drehmomentenanforderung durch das Feature Tempomat (bzw. durch die Komponente Tempomat-Regler).

Tab. D–5
Komponentenspezifikation Momentenkoordination

REQ-ID	Anforderung
MK-01	Die Komponente Momentenkoordination muss die Anforderung des Drehmoments durch den Tempomaten ($M_{soll,T}$) einlesen.
MK-02	Die Komponente Momentenkoordination muss den Zustand des Tempomaten (T_{aktiv}) einlesen.
MK-03	Die Komponente Momentenkoordination muss die Drehmomentanforderung (M_{soll}) gleich der Drehmomentanforderung durch den Tempomaten ($M_{soll,T}$) setzen, solange der Tempomat aktiv ist (T_{aktiv} = *aktiv*).
MK-04	Die Komponente Momentenkoordination muss die Drehmomentanforderung (M_{soll}) bereitstellen.

Ansteuerung Leistungselektronik

Tab. D–6 Komponentenspezifikation Ansteuerung Leistungselektronik

REQ-ID	Anforderung
AL-01	Die Komponente Ansteuerung Leistungselektronik muss die Drehmomentanforderung (M_{soll}) einlesen.
AL-02	Die Komponente Ansteuerung Leistungselektronik muss die Tastgradkennlinie ($\tau/T = f(M_{soll})$) einlesen.
AL-03	Die Komponente Ansteuerung Leistungselektronik muss den Tastgrad (τ/T) aus der Drehmomentanforderung (M_{soll}) und der Tastgradkennlinie ($\tau/T = f(M_{soll})$) ermitteln.
AL-04	Die Komponente Ansteuerung Leistungselektronik muss das 3-phasige PWM-Signal (PWM_{EM}) aus dem Tastgrad (τ/T) erzeugen.
AL-05	Die Komponente Ansteuerung Leistungselektronik muss das 3-phasige PWM-Signal (PWM_{EM}) bereitstellen.

E Gegenüberstellung Lehrplan

Tabelle E–1 stellt dar, wo im Buch die einzelnen Abschnitte des Lehrplans zum CTFL-AuT behandelt werden. Damit ist es einfacher, bei der Prüfungsvorbereitung die Inhalte zu bestimmten Lernzielen der Lehrplans im Buch zu finden.

Tab. E–1
Gegenüberstellung Lehrplan und Buch

Lehrplan		**Buch**	
1	Einleitung	Kapitel 2	Grundlagen
1.1	Anforderungen aus gegenläufigen Projektzielen und steigender Produktkomplexität	Abschnitt 2.1	Grundsätze des Testens
1.2	Durch Normen und Standards beeinflusste Projektaspekte	Kapitel 3	Normen und Standards
1.3	Die sechs generischen Phasen im Systemlebenszyklus	Abschnitt 2.3	Testen im Systemlebenszyklus
1.4	Der Beitrag/die Mitwirkung des Testers am Freigabeprozess	Abschnitt 2.3	Testen im Systemlebenszyklus
2	Normen und Standards für das Testen von E/E-Systemen	Kapitel 3	Normen und Standards
2.1	Automotive SPICE (ASPICE)	Abschnitt 3.1	Automotive SPICE
2.1.1	Aufbau und Struktur des Standards	Abschnitt 3.1.1	Aufbau und Struktur
2.1.2	Forderungen durch den Standard	Abschnitt 3.1.2	Anforderungen an den Test
2.2	ISO 26262	Abschnitt 3.2	ISO 26262
2.2.1	Funktionale Sicherheit und Sicherheitskultur	Abschnitt 3.2.1	Funktionale Sicherheit von E/E-Systemen
2.2.2	Einordnung des Testers in den Sicherheitslebenszyklus	Abschnitt 3.2.3	Der Tester im Sicherheitslebenszyklus

→

Lehrplan		Buch	
2.2.3	Gliederung und testspezifische Anteile der Norm	Abschnitt 3.2.4	Gliederung der Norm
2.2.4	Einfluss der Kritikalität auf die Testumfänge	Abschnitt 3.2.5	Kritikalitätsabstufungen des ASIL
2.2.5	Anwendung des aus CTFL® bekannten Wissens im Kontext der ISO 26262	Abschnitt 3.2.6	Auswahl der Testmethoden
2.3	AUTOSAR	Abschnitt 3.3	AUTOSAR
2.3.1	Ziele von AUTOSAR	Abschnitt 3.3.1	Ziele
2.3.2	Prinzipieller Aufbau von AUTOSAR [informativ]	Abschnitt 3.3.3 Abschnitt 3.3.4 Abschnitt 3.3.5 Abschnitt 3.3.6	Logische Systemarchitektur Technische Systemarchitektur Steuergeräte-Softwarearchitektur Generierung der Steuergerätesoftware
2.3.3	Einfluss von AUTOSAR auf die Arbeit des Testers	Abschnitt 3.3.7	Einfluss auf den Test
2.4	Gegenüberstellung	Abschnitt 3.4	Gegenüberstellung der Standards
2.4.1	Zielsetzung ASPICE und ISO 26262	Abschnitt 3.4.1	Zielsetzung
2.4.2	Gegenüberstellung der Teststufen	Abschnitt 3.4.2 Anhang C	Teststufen Gegenüberstellung der Teststufen
3	Testen in virtueller Umgebung	Kapitel 4	Virtuelle Testumgebungen
3.1	Testumgebung allgemein	Abschnitt 4.1	Grundlagen
3.1.1	Motivation für eine Testumgebung in der automobilen Entwicklung	Abschnitt 4.3	Auswahl und Einsatz der Testumgebungen
3.1.2	Allgemeine Bestandteile einer Testumgebung	Abschnitt 4.1.2	Testrahmen
3.1.3	Unterschiede von Closed Loop und Open Loop	Abschnitt 4.2	Arten von Testumgebungen
3.1.4	Wesentliche Schnittstellen, Datenbasen und Kommunikationsprotokolle eines elektronischen Steuergerätes	Abschnitt 4.1.1	Testobjekt
3.2	Testen in XiL-Testumgebungen	Abschnitt 4.2	Arten von Testumgebungen
3.2.1	Model in the Loop (MiL)	Abschnitt 4.2.1	Model-in-the-Loop-Testumgebung (MiL)

→

Lehrplan		Buch	
3.2.2	Software in the Loop (SiL)	Abschnitt 4.2.2	Software-in-the-Loop-Testumgebung (SiL)
3.2.3	Hardware in the Loop (HiL)	Abschnitt 4.2.3	Hardware-in-the-Loop-Testumgebung (HiL)
3.2.4	Gegenüberstellung der XiL-Testumgebungen	Abschnitt 4.3	Auswahl und Einsatz der Testumgebungen
4	Statische und dynamische Testverfahren	Kapitel 5	Testansätze und Testverfahren
4.1	Statische Testverfahren	Abschnitt 5.2	Statische Testverfahren
4.1.1	Die MISRA-C:2012-Richtlinien	Abschnitt 5.2.3	MISRA-C-Programmierrichtlinien
4.1.2	Qualitätsmerkmale für Reviews von Anforderungen	Abschnitt 5.2.2	Reviewverfahren
4.2	Dynamische Testverfahren	Abschnitt 5.3	Dynamische Testverfahren
4.2.1	Bedingungstest, Mehrfachbedingungstest, modifizierter Bedingungs-/Entscheidungstest	Abschnitt 5.3.3.3	Bedingungstest
4.2.2	Back-to-Back-Test	Abschnitt 5.3.4.1	Back-to-Back-Test
4.2.3	Fehlereinfügungstest	Abschnitt 5.3.4.2	Fehlereinfügungstest
4.2.4	Anforderungsbasierter Test	Abschnitt 5.1.1	Anforderungsbasiertes Testen
4.2.5	Kontextabhängige Auswahl von Testverfahren	Abschnitt 5.4	Gegenüberstellung und Auswahl

F Abkürzungen

ALM	Application Lifecycle Management
ARXML	AUTOSAR XML
ASAM	Association for Standardization of Automation and Measuring Systems
ASIL	Automotive Safety Integrity Level
ASPICE	Automotive SPICE
AUTOSAR	Automotive Open System Architecture
BEC	Bavarian Electric Vehicle
BOB	Breakout-Box
BP	Basispraktik
BSW	Basissoftware
CAN	Controller Area Network
CTFL	Certified Tester Foundation Level
CTFL-AuT	CTFL Automotive Software Tester
DIN	Deutsches Institut für Normung
DTC	Diagnostic Trouble Code
E/E	Elektrisch bzw. elektronisch
ECU	Engine Control Unit
EE	Eddison Electronics
EM	Elektromotor
FIU	Fault Injection Unit
FMEA	Failure Mode and Effects Analysis
FuSi	Funktionale Sicherheit
G&R	Gefährdungsanalyse und Risikobewertung
GASQ	Global Association for Software Quality
GTB	German Testing Board
HiL	Hardware-in-the-Loop
HIS	Herstellerinitiative Software der deutschen Automobilhersteller

HSI	Hardware Software Interface
IAEA	International Atomic Energy Agency
ISO	International Organization for Standardization
ISTQB	International Software Testing Qualifications Board
LE	Leistungselektronik
LIN	Local Interconnect Network
MBSE	Modellbasierte Softwareentwicklung
MBT	Modellbasiertes Testen
MD/DC	Modified Condition/Decision Coverage
MiL	Model-in-the-Loop
MISRA	Motor Industry Software Reliability Association
MOST	Media Oriented Systems Transport
MSIL	Motorcycle Safety Integrity Level
MTW	Modelltestwerkzeug
OEM	Original Equipment Manufacturer
PA	Prozessattribut
PAM	Prozessassessmentmodell
PEP	Produktentstehungsprozess
PiL	Processor-in-the-Loop
PLD	Programmable Logic Device
PRM	Prozessreferenzmodell
RTE	Runtime Environment
SAE	Society of Automotive Engineers
SiL	Software-in-the-Loop
SOP	Start of Production
SOTIF	Safety of the Intended Functionality
SPICE	Software Process Improvement and Capability Determination
STW	Softwaretestwerkzeug
UDS	Unified Diagnostic Services
ULV	Urban Lite Vehicle
VDA	Verband der Automobilindustrie
VFB	Virtual Functional Bus
ViL	Vehicle-in-the-Loop
WP	Work Product
XCP	Universal Measurement and Calibration Protocol
XML	Extensible Markup Language

G Literaturverzeichnis

G.1 Weiterführende Literatur

Dieser Abschnitt fasst Hinweise auf weiterführende Literatur zu den Themen, die das Buch behandelt, zusammen. Die Reihenfolge der Themen orientiert sich an der Reihenfolge im Buch.

Grundlagen (CTFL)

Dieses Buch setzt die Grundkenntnisse aus dem CTFL [ISTQB 2018] voraus. Eine ausführliche Abhandlung der Lehrinhalte findet sich in [Spillner & Linz 2019]. Eine Einführung in die zugrunde liegende ISO 29119 bietet [Daigl & Glunz 2016].

Automotive SPICE

Eine allgemeine Einführung in Automotive SPICE findet sich in [Müller et al. 2016] und [Höhn et al. 2009]. Die Anforderungen der ASPICE-Fähigkeitsstufen 2 und 3 erklärt im Detail [Metz 2016]. Das ASPICE V3.1 PAM ist unter [VDA 2017] frei verfügbar.

ISO 26262

Eine umfassende Abhandlung über die Verwendung der ISO 26262 in der Praxis findet sich in [Gebhardt et al. 2013] und in [Ross 2014].

AUTOSAR

Alle Dokumente zum AUTOSAR-Standard sind auf der AUTOSAR-Website [AUTOSAR] kostenlos abrufbar. Eine vertiefende Einführung in AUTOSAR findet sich in [Kindel & Friedrich 2009].

Virtuelle Testumgebungen

Eine Einführung in das automobilspezifische Testen und seine Testumgebungen findet sich in [Baumann 2006], eine Vertiefung zu den dafür nötigen Testumgebungen in [Sax 2008]. Konzepte virtueller Testumgebungen für die Integration modellbasiert entwickelter AUTOSAR-Systeme stellt [Michailidis 2012] vor.

Testansätze und Testverfahren

Die ISO/IEC/IEEE 29119-4 [ISO 29119] liefert eine formale Beschreibung der meisten hier aufgeführten Testverfahren. Eine Erläuterung der grundlegenden Testverfahren aus dem CTFL findet sich in [Spillner & Linz 2019]. Insbesondere strukturbasierte Tests sind mit konkreten Beispielen auch in [Bath & McKay 2015] und [Spillner & Breymann 2016] beschrieben.

G.2 Referenzen

Dieser Abschnitt führt die im Buch referenzierte Quellen auf.

[ASAM MCD-1 XCP] Association for Standardization of Automation and Measuring Systems (ASAM): ASAM MCD-1 XCP; *https://www.asam.net/standards/detail/mcd-1-xcp/.*

[ASAM MCD-2 D] Association for Standardization of Automation and Measuring Systems (ASAM): ASAM MCD-2 D; *https://www.asam.net/standards/detail/mcd-2-d/.*

[ASAM MCD-2 MC] Association for Standardization of Automation and Measuring Systems (ASAM): ASAM MCD-2 MC; *https://www.asam.net/standards/detail/mcd-2-mc/.*

[ASAM MCD-2 NET] Association for Standardization of Automation and Measuring Systems (ASAM): ASAM MCD-2 NET; *https://www.asam.net/standards/detail/mcd-2-net/.*

[AUTOSAR] AUTOSAR; *https://www.autosar.org.*

[AUTOSAR 2019a] AUTOSAR: AUTOSAR Classic Release R19-11, 2019; *https://www.autosar.org.*

[AUTOSAR 2019b] AUTOSAR: AUTOSAR Layered Software Architecture, 2019; *https://www.autosar.org/fileadmin/user_upload/standards/classic/19-11/AUTOSAR_EXP_LayeredSoftwareArchitecture.pdf.*

[AUTOSAR 2019c] AUTOSAR: AUTOSAR Project Objectives, 2019; *https://www.autosar.org/fileadmin/user_upload/standards/foundation/19-11/AUTOSAR_RS_ProjectObjectives.pdf.*

[AUTOSAR 2019d] AUTOSAR: AUTOSAR XML Schema Production Rules, 2019; *https://www.autosar.org/fileadmin/user_upload/standards/classic/19-11/AUTOSAR_TPS_XMLSchemaProductionRules.pdf.*

[AUTOSAR Classic] AUTOSAR: AUTOSAR Classic Platform; *https://www.autosar.org/standards/classic-platform/.*

[AUTOSAR FAQ] AUTOSAR FAQ; *https://www.autosar.org/faq/.*

[AUTOSAR VFB] AUTOSAR: AUTOSAR Virtual Functional Bus; *https://www.autosar.org/fileadmin/user_upload/standards/classic/19-11/AUTOSAR_EXP_VFB.pdf.*

[Bath & McKay 2015] Bath, G.; McKay, J.: Test Analyst und Technical Test Analyst. dpunkt.verlag, Heidelberg, 2015.

[Baumann 2006] Baumann, G.: Was verstehen wir unter Test? Abstraktionsebenen, Begriffe und Definitionen. 1. AutoTest, Stuttgart, 2006.

[Beizer 1990] Beizer, B.: Software Testing Techniques. John Wiley & Sons, New York, 1990.

[Cox 1991] Cox, T. C. S.: The structure of employee attitudes to safety – a European example. Bd. 5, 1991, pp. 93-106.

[Daigl & Glunz 2016] Daigl, M.; Glunz, R.: ISO 29119 – Die Softwaretest-Normen verstehen und anwenden. dpunkt.verlag, Heidelberg, 2016.

[DoD 2012] Department of Defense (DoD): MIL-STD 882E: DEPARTMENT OF DEFENSE STANDARD PRACTICE: SYSTEM SAFETY. U.S.o.A. Department of Defense, 2012.

[Doll 2018] Doll, N.: VW beendet den Unikate-Wahnsinn, 07.12.2018; *https://www.welt.de/wirtschaft/article185131950/VW-nimmt-seinen-Kunden-die-grosse-Auswahl-weg.html.*

[EU 2019] EU Parlament: »EUR-Lex«, Amtsblatt der Europäischen Union, L325, 16.12.2019; *https://eur-lex.europa.eu/legal-content/DE/TXT/?uri=OJ:L:2019:325:TOC;* Zugriff am 20.04.2020.

[FAZ 2017] dpa: Treffen sich zwei A-Klasse-Fahrer: Gehen wir einen kippen?. Frankfurter Allgemeine Zeitung, 20.10.2017; *https://www.faz.net/aktuell/wirtschaft/20-jahre-elchtest-der-a-klasse-15255212.html*; Zugriff am 02.05.2020.

[Gebhardt et al. 2013] Gebhardt, V.; Rieger, G. M.; Mottok, J.; Gießelbach, C.: Funktionale Sicherheit nach ISO 26262 – Ein Praxisleitfaden zur Umsetzung. dpunkt.verlag, Heidelberg, 2013.

[Höhn et al. 2009] Höhn, H.; Sechser, B.; Dussa-Zieger, K.; Messnarz, R.; Hindel, B.: Software Engineering nach Automotive SPICE. dpunkt.verlag, Heidelberg, 2009.

[IEC 61508] International Electrotechnical Commission (IEC): IEC 61508:2010 – Functional Safety of Electrical/Electronic/Programmable Electronic Safety-related Systems, I. 6. -. F. S. o. E. E. S. Systems, 2010.

[IEC 61511] International Electrotechnical Commission (IEC): IEC 61511:2016 – Functional safety – Safety instrumented systems for the process industry sector, 2016.

[IEC 62061] International Electrotechnical Commission (IEC): IEC 62061:2005 – Safety of machinery – Functional safety of safety-related electrical, electronic and programmable electronic control systems, 2005.

[INSAG 1986] International Nuclear Safety Advisory Group (INSAG): Summary Report on the Post-Accident Review Meeting on the Chernobyl Accident. Safety Series No.75-INSAG-l, International Atomic Energy Agency, Wien, 1986.

[INSAG 1991] International Nuclear Safety Advisory Group (INSAG): Safety Culture – A report by the international nuclear safety advisory group. Safety Series No.75-INSAG-4, International Atomic Energy Agency, Wien, 1991.

[ISO 9000] International Organization for Standardization (ISO); Europäischen Normen (EN); Deutsches Institut für Normung e.V. (DIN): DIN/EN/ISO 9000:2015 Qualitätsmanagementsysteme – Grundlagen und Begriffe, 2015.

[ISO 9001] International Organization for Standardization (ISO): ISO 9001:2015 Quality management systems – Requirements, I.O.f.S. (ISO), Genf, 2015.

[ISO 9899] International Organization for Standardization (ISO); International Electrotechnical Commission (IEC): ISO/IEC 9899:2018 Information technology – Programming languages – C, 2018.

[ISO 11452] International Organization for Standardization (ISO): ISO 11452:2019 Road vehicles – Component test methods for electrical disturbances from narrowband radiated electromagnetic energy, I.O.f.S. (ISO), Genf, 2019.

[ISO 11898] International Organization for Standardization (ISO): ISO 11898:2015 Road vehicles – Controller area network (CAN), 2015.

[ISO 12207] International Organization for Standardization (ISO); International Electrotechnical Commission (IEC): ISO/IEC 12207:2008 Systems and software engineering – Software life cycle processes, 01.02.2008.

[ISO 14229] International Organization for Standardization (ISO): ISO 14229:2020 Road vehicles – Unified diagnostic services (UDS), 2020.

[ISO 15288] International Organization for Standardization (ISO); International Electrotechnical Commission (IEC); Institute of Electrical and Electronics Engineers (IEEE): ISO/IEC/IEEE 15288:2015 Systems and software engineering – System life cycle processes, 15.05.2015.

[ISO 15504] International Organization for Standardization (ISO); International Electrotechnical Commission (IEC): ISO/IEC 15504:2012 Information technology – Process assessment, 2012.

[ISO 16750] International Organization for Standardization (ISO): ISO 16750:2018 Road vehicles – Environmental conditions and electrical testing for electrical and electronic equipment, I.O.f.S. (ISO), Genf, 2018.

[ISO 17987] International Organization for Standardization (ISO): ISO 17987:2016 Road vehicles – Local interconnect network (LIN), 2016.

[ISO 21434] International Organization for Standardization (ISO); Society of Automotive Engineers (SAE): ISO/SAE DIS 21434:2020 – Road vehicles – Cybersecurity engineering, 2020.

[ISO 21448] International Organization for Standardization (ISO): ISO/PAS 21448:2019 Road vehicles – Safety of the intended functionality, I.O.f.S. (ISO), Genf, 2019.

[ISO 24748] International Organization for Standardization (ISO); International Electrotechnical Commission (IEC): ISO/IEC/IEEE 24748-1:2018 Systems and software engineering – Life cycle management – Part 1: Guidelines for life cycle management, 2018.

[ISO 25010] International Organization for Standardization (ISO); International Electrotechnical Commission (IEC): ISO/IEC 25010:2011 Systems and software engineering — Systems and software Quality Requirements and Evaluation (SQuaRE) — System and software quality models, 2011.

[ISO 26262:2011] International Organization for Standardization (ISO): ISO 26262:2011 – Road vehicles – Functional safety, I.O.f.S. (ISO), Genf, 2011.

[ISO 26262:2018] International Organization for Standardization (ISO): ISO 26262:2018 Road vehicles – Functional safety, I. O. f. S. (ISO), Genf, 2018.

ISO 26262-2:2018 – Part 2: Management of functional safety.

ISO 26262-3:2018 – Part 3: Concept phase.

ISO 26262-4:2018 – Part 4: Product development at the system level.

ISO 26262-6:2018 – Part 6: Product development at the software level.

[ISO 29119] International Organization for Standardization (ISO); International Electrotechnical Commission (IEC); Institute of Electrical and Electronics Engineers (IEEE): ISO/IEC/IEEE 29119 Software and systems engineering – Software testing, 2013/2015.

ISO 29119-1:2013 – Part 1: Concepts and definitions.

ISO 29119-3:2013 – Part 3: Test documentation.

ISO 29119-4:2015 – Part 4: Test techniques.

[ISO 29148] International Organization for Standardization (ISO); International Electrotechnical Commission (IEC); Institute of Electrical and Electronics Engineers (IEEE): ISO/IEC/IEEE 29148:2011 – Systems and software engineering – Life cycle processes – Requirements engineering, 12.01.2011.

[ISO 33020] International Organization for Standardization (ISO); International Electrotechnical Commission (IEC): ISO/IEC 33020:2015 Informationstechnik – Prozessbewertung – Rahmenwerk für Prozessmessungen zur Beurteilung der Prozessfähigkeit, 2015.

[ISTQB 2018] International Software Testing Qualifications Board (ISTQB): Lehrplan Certified Tester Foundation Level, Austrian Testing Board, German Testing Board e.V. & Swiss Testing Board, V3.1D, 2018.

[ISTQB 2020] International Software Testing Qualifications Board (ISTQB): Lehrplan CTFL Automotive Software Tester (CTFL® AuT), V2.0.2, 2020.

[ISTQB & GTB 2020] International Software Testing Qualifications Board (ISTQB); German Testing Board e.V. (GTB): ISTQB/GTB Standardglossar der Testbegriffe Version 3.3. German Testing Board e.V. (GTB), Erlangen, 25. Februar 2020.

[KBA 2020] Kraftfahrt-Bundesamt (KBA): Feldüberwachung. Kraftfahrt-Bundesamt; *https://www.kba.de/DE/Marktueberwachung/Feldueberwachung/feldueberwachung_node.html*; Zugriff am 19.04.2020.

[Kindel & Friedrich 2009] Kindel, O.; Friedrich, M.: Softwareentwicklung mit AUTOSAR. Grundlagen, Engineering, Management in der Praxis. dpunkt.verlag, Heidelberg, 2009.

[Kuder 2008] Kuder, H.: HIS Source Code Metrics. HIS AK Softwaretest, 2008.

[Linz 2016] Linz, T.: Testen in Scrum-Projekten – Leitfaden für Softwarequalität in der agilen Welt. dpunkt.verlag, Heidelberg, 2016.

[McCabe 1976] McCabe, T. J.: A Complexity Measure. IEEE Transactions on Software Engineering, Volume SE-2, Issue 4, pp. 308-320, Dec 1976.

[Metz 2016] Metz, P.: Automotive SPICE Capability Level 2 und 3 in der Praxis. dpunkt.verlag, Heidelberg, 2016.

[Michailidis 2012] Michailidis, A.: Konzepte für eine virtuelle Integration von AUTOSAR-konformer Fahrzeug-Software in frühen Entwicklungsphasen. Shaker Verlag, Aachen, 2012.

[MISRA 2013] Motor Industry Software Reliability Association (MISRA): MISRA-C:2012 Guidelines for the use of the C language in critical systems. UK, Warwickshire, 2013.

[Müller et al. 2016] Müller, M.; Hörmann, K.; Dittmann, L.; Zimmer, J.: Automotive SPICE in der Praxis – Interpretationshilfe für Anwender und Assessoren. dpunkt.verlag, Heidelberg, 2016.

[Ross 2014] Ross, H.-L.: Funktionale Sicherheit im Automobil: ISO 26262, Systemengineering auf Basis eines Sicherheitslebenszyklus und bewährten Managementsystemen. Carl Hanser Verlag, München, 2014.

[SAE 2018] Society of Automotive Engineers (SAE): J2980 – Considerations for ISO 26262 ASIL Hazard Classification, 2018.

[Sauer et al. 2000] Sauer, C.; Jeffery, D. R.; Land, L.; Yetton, P.: The effectiveness of software development technical reviews: a behaviorally motivated program of research. IEEE Transactions on Software Engineering, Volume 26, Issue 1, pp. 1-14, Jan 2000.

[Sax 2008] Sax, E. (Hrsg.): Automatisiertes Testen Eingebetteter Systeme in der Automobilindustrie. Carl Hanser Verlag, München, 2008.

[Simon et al. 2019] Simon, F.; Grossmann, J.; Graf, C. A.; Mottok, J.; Schneider, M. A.: Basiswissen Sicherheitstests. dpunkt.verlag, Heidelberg, 2019.

[Spillner & Breymann 2016] Spillner, A.; Breymann, U.: Lean Testing für C++-Programmierer. dpunkt.verlag, Heidelberg, 2016.

[Spillner & Linz 2019] Spillner, A.; Linz, T.: Basiswissen Softwaretest – Aus- und Weiterbildung zum Certified Tester Foundation Level nach ISTQB®-Standard. dpunkt.verlag, Heidelberg, 2019.

[Spillner et al. 2014] Spillner, A.; Roßner, T.; Winter, M.; Linz, T.: Praxiswissen Softwaretest – Testmanagement: Aus- und Weiterbildung zum Certified Tester – Advanced Level nach ISTQB®-Standard. dpunkt.verlag, Heidelberg, 2014.

[VDA 2015] Verband der Automobilindustrie (VDA): VDA 702 Situationskatalog E-Parameter nach ISO 26262-3, V. d. A. e.V., Berlin, 2015.

[VDA 2017] Verband der Automobilindustrie e.V. (VDA); QMC Working Group 13; Automotive SIG: Automotive SPICE® Process Reference Model; Version 3.1, 2017; *http://www.automotivespice.com/fileadmin/software-download/AutomotiveSPICE_PAM_31.pdf*; Zugriff am 03.05.2020.

[Winter et al. 2016] Winter, M.; Roßner, T.; Brandes, C.; Götz, H.: Basiswissen modellbasierter Test. dpunkt.verlag, Heidelberg, 2016.

[ZVEI 2016] ZVEI: Best Practice Guideline – Software Release. ZVEI, Frankfurt am Main, 2016.

Index

S

T

U

V

Z

Simon • Grossmann • Graf • Mottok • Schneider

Basiswissen Sicherheitstests

Aus- und Weiterbildung zum ISTQB® Advanced Level Specialist Certified Security Tester

2019
414 Seiten, Festeinband
€ 39,90 (D)

ISBN:
Print 978-3-86490-618-3
PDF 978-3-96088-617-4
ePub 978-3-96088-618-1
mobi 978-3-96088-619-8

Die Sicherheit von IT-Systemen ist heute eine der wichtigsten Qualitätseigenschaften. Wie für andere Eigenschaften gilt auch hier das Ziel, fortwährend sicherzustellen, dass ein IT-System den nötigen Sicherheitsanforderungen genügt, dass diese in einem Kontext effektiv sind und etwaige Fehlerzustände in Form von Sicherheitsproblemen bekannt sind.

Die Autoren geben einen fundierten, praxisorientierten Überblick über die technischen, organisatorischen, prozessoralen, aber auch menschlichen Aspekte des Sicherheitstestens und vermitteln das notwendige Praxiswissen, um für IT-Anwendungen die Sicherheit zu erreichen, die für eine wirtschaftlich sinnvolle und regulationskonforme Inbetriebnahme von Softwaresystemen notwendig ist.

Dabei orientiert sich das Buch am Lehrplan »ISTQB® Advanced Level Specialist – Certified Security Tester«.